AF331077

PRÉPARATION AU BREVET ET AUX ÉCOLES NORMALES

PHYSIQUE

Par M. et Mme H. GRANDMONTAGNE

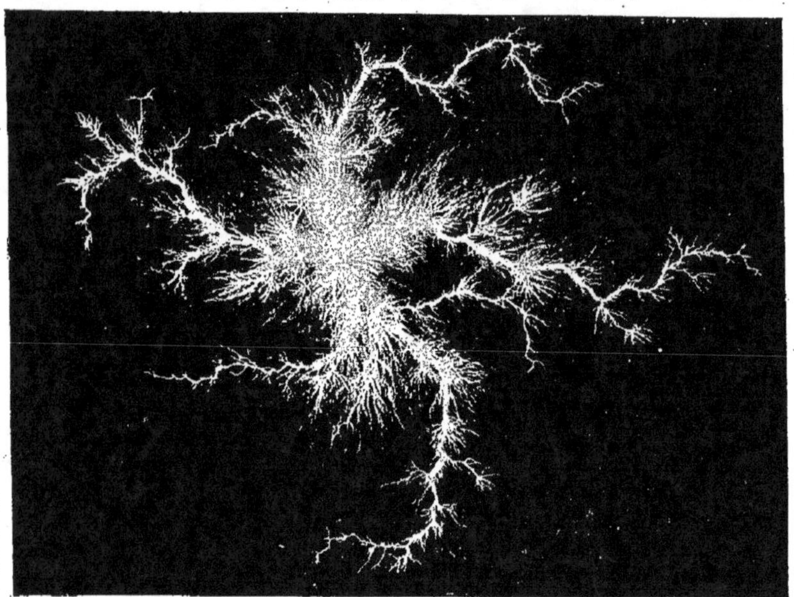

ÉTINCELLE ÉLECTRIQUE POSITIVE (EFFLUVE) PRODUITE PAR
UNE BOBINE DE RUHMKORFF DE 20 CENTIMÈTRES D'ÉTINCELLE.
(Photographie directe obtenue par E. Ducretet)

Paris — Librairie Larousse

Cours expérimental
DE PHYSIQUE

QUATRIÈME ÉDITION

COURS EXPÉRIMENTAL DE PHYSIQUE ET DE CHIMIE, PAR M. ET Mme H. GRANDMONTAGNE

Enseignement primaire supérieur : garçons.

Première année. 225 gravures. Cartonné . . . . 1 fr. 80
Deuxième année. 237 gravures. Cartonné . . . . 2 fr. 50
Troisième année. 282 gravures. Cartonné. . . . . 2 fr. 80

Enseignement primaire supérieur : filles.

Première année. 219 gravures. Cartonné . . . . 1 fr. 80
Deuxième année. 150 gravures. Cartonné . . . . 1 fr. 80
Troisième année. 188 gravures. Cartonné. . . . . 1 fr. 75

Brevet et écoles normales.

Physique. 330 gravures. Cartonné . . . . 2 fr. 25
Chimie. 140 gravures. Cartonné. . . . . 2 fr. 25

Cours expérimental
DE PHYSIQUE

à l'usage des Candidats au
brevet et aux Écoles normales

PAR

M. et Mme H. GRANDMONTAGNE

PROFESSEURS AUX ÉCOLES NORMALES DE BLOIS.

PARIS. — LIBRAIRIE LAROUSSE

RUE MONTPARNASSE, 13-17. — SUCC^{le} : RUE DES ÉCOLES, 58 (SORBONNE)

AVANT-PROPOS

Les programmes des concours d'entrée des Écoles normales primaires, en ce qui concerne la physique et la chimie, offrent une remarquable unité de vues.

Deux idées ont présidé à leur élaboration :

1° Amener les candidats à concentrer leur attention sur des questions qui leur sont accessibles, au lieu de les laisser disperser leurs efforts sur toute l'étendue du programme ;

2° Les matières figurant au programme ont été choisies de façon que leur enseignement, *même au cours supérieur des écoles primaires,* puisse revêtir le caractère expérimental. On demandera aux candidats le détail des expériences qui leur ont été faites pour la vérification de telle ou telle loi ; on pourra même les inviter à faire eux-mêmes quelques démonstrations simples. En un mot, on veut, dans la mesure du possible, supprimer le verbalisme dans l'enseignement scientifique.

Les questions qui figurent dans cet ouvrage sont précisément celles sur lesquelles portaient exclusivement les interrogations aux concours d'entrée des écoles normales. Il se trouve aussi qu'en pratique ce sont à peu près les seules questions qui sont posées aux épreuves orales des brevets élémentaires. Aussi le présent volume peut convenir aux candidats et aux candidates aux deux examens.

Pour permettre aux maîtres de donner un enseignement expérimental, nous nous sommes préoccupés de faire construire un matériel simple, de prix abordable, robuste, permettant des démonstrations rapides et, malgré tout, probantes. Ce *matériel, dont nous avons construit nous-mêmes les appareils originaux, nous l'avons utilisé dans nos cours à l'école normale, avant de le faire figurer dans nos ouvrages.* Ainsi les élèves trouveront dans leurs livres l'appareil même qui a servi aux démonstrations. Nous avons par ce moyen évité l'inconvénient grave résultant du fait que l'élève trouve dans son livre un appareil complètement différent de celui dont le maître s'est servi au cours de sa leçon.

Nous pensons que cet ouvrage sera utile aux élèves et aux maîtres qui les dirigent ; nous accueillerons avec reconnaissance les observations qui pourront nous être présentées.

LES AUTEURS.

BIOGRAPHIES DES GRANDS PHYSICIENS

AMPÈRE (André-Marie). — Savant français (1775-1836). A fait en physique de remarquables travaux qui ont immortalisé son nom. Il est le créateur de la science électrique moderne, comme Lavoisier est le créateur de la chimie. Il a découvert l'action réciproque des champs magnétiques produits par les aimants et des champs magnéti-

Ampère.

ques créés par les courants électriques. C'est en souvenir de lui qu'on a appelé *ampère* l'unité d'intensité du courant électrique.

ANDREWS (Thomas). — Physicien anglais (1813-1886). Ses études sur la liquéfaction du gaz carbonique l'amenèrent à établir la notion de *température critique*, point de départ des expériences sur la liquéfaction des gaz permanents.

ARCHIMÈDE (287 à 212 av. J.-C.). — L'un des plus grands savants de l'antiquité, né à Syracuse, dans l'île de Sicile. Il a écrit un *Traité des corps flottants* où il formula le principe qui porte aujourd'hui son nom.

ARSONVAL (Arsène d'). — Physicien français, né en 1851. Il a perfectionné le poste transmetteur et le poste récepteur téléphoniques. On le connaît par diverses applications à la médecine des courants électriques dits à « haute fréquence ». A inventé, avec le physicien français DEPREZ, un galvanomètre à cadre mobile très employé dans l'industrie.

BOURDON (Eugène). — Ingénieur français (1808-1884). Est connu par le baromètre et le manomètre métalliques qui portent son nom.

BRANLY (Édouard). — Physicien français, né en 1846. A inventé le *radioconducteur* ou *cohéreur*, qui est le point de départ de la télégraphie sans fil. On lui doit aussi d'importants travaux sur la conductibilité des poudres métalliques.

CAILLETET (Louis-Paul). — Physicien français (1832-1913), connu par ses travaux remarquables sur la compressibilité et la liquéfaction des gaz. Il a appliqué la *détente* pour obtenir le refroidissement des gaz et, en 1877, montra la possibilité de liquéfier les gaz permanents. Le principe de la détente est appliqué aujourd'hui pour la liquéfaction industrielle de l'air.

COULOMB (Charles-Augustin de). — Mathématicien et physicien français (1736-1806). Est connu par ses travaux sur les forces magnétiques et électriques. Il inventa, pour mesurer ces actions, la *balance de torsion*, appliquée au galvanomètre à cadre mobile. Il établit la loi des actions qui s'exercent entre deux pôles d'aimant ou entre deux sphères électrisées. On a donné le nom de *coulomb* à l'unité pratique de quantité d'électricité.

CROOKES (William). — Physicien anglais contemporain, connu surtout par sa découverte des propriétés des *rayons cathodiques*. Il a inventé l'ampoule qui porte son nom et qui est utilisée pour la production des rayons X.

EDISON (Thomas-Alva). — Savant américain, né en 1847. Il a inventé ou perfectionné un grand nombre d'appareils. On lui doit le *phonographe* et la lampe électrique à incandescence.

FARADAY (Michaël). — Physicien et chimiste anglais (1791-1867). Il a établi les lois quantitatives de l'électrolyse. Il a fait de nombreux travaux sur l'électro-magnétisme et a découvert les phénomènes d'induction, point de départ du développement moderne de l'industrie électrique. On a donné le nom de *farad* à l'unité de capacité électrique.

FOUCAULT (*Jean-Bernard-Léon*). — Physicien français (1819-1868). Il a déterminé la vitesse de la lumière, a perfectionné le télescope. Son expérience du Panthéon (1852) a prouvé de façon irréfutable le mouvement de rotation de la Terre sur elle-même.

FRANKLIN (*Benjamin*). — Philosophe, physicien et homme d'État américain (1706-1790).

Il a établi l'identité de la foudre et des décharges électriques obtenues au moyen des machines électrostatiques. Il a inventé le paratonnerre qui porte son nom.

GALILÉE. — Savant italien, mathématicien, astronome, physicien (1564-1642). On peut le considérer comme le fondateur de la méthode expérimentale. Il confirma les idées de Copernic relativement au mouvement de translation de la Terre autour du Soleil et inventa la lunette qui porte son nom. On lui doit encore d'avoir établi les lois de la chute des corps au moyen du plan incliné, ainsi que les lois du mouvement pendulaire.

GAY-LUSSAC (*Joseph-Louis*). — Physicien et chimiste français (1778-1850). A fait en physique et en chimie d'innombrables travaux : vaporisation, mesure des tensions maxima des vapeurs, hygrométrie, etc. Il s'occupa de la mesure des coefficients de dilatation et énonça les lois des combinaisons des gaz. A inventé l'alcoomètre qui porte son nom.

Gay-Lussac.

GEISSLER (*Henri*). — Mécanicien et physicien allemand (1814-1879). A imaginé les tubes qui portent son nom et destinés à produire des décharges électriques dans les gaz raréfiés.

GRAMME (*Zénobe*). — Mécanicien belge (1826-1901). Imagina en 1872 la première machine dynamo pratique.

HERTZ (*Heinrich-Rudolf*). — Savant allemand (1857-1894). Il a mis en évidence la propagation des *ondes électriques*.

HOPE (*Thomas-Charles*). — Physicien anglais (1766-1844). Il nous est connu par l'expérience classique au moyen de laquelle on met en évidence le maximum de densité de l'eau.

HUGHES (*David-Edwin*). — Physicien anglais (1831-1900). Célèbre par l'invention d'un télégraphe imprimant. Il a découvert aussi le *microphone*.

JOULE (*James-Prescott*). — Ingénieur anglais (1818-1889). On lui doit des recherches sur la transformation de l'énergie mécanique en chaleur. L'unité C. G. S. pratique de travail a été appelée *joule*.

LENZ (*Henri-Frédéric-Émile*). — Physicien russe (1804-1865). Est connu par la loi qui porte son nom sur les phénomènes d'induction.

LINDE (*Samuel-Théophile*). — Physicien allemand qui a perfectionné la méthode de Cailletet pour la liquéfaction des gaz par détente. Ses appareils ont été modifiés et perfectionnés par l'ingénieur français Claude.

MARCONI (*Guglielmo*). — Électricien italien, né en 1875. Connu par ses expériences sur la télégraphie sans fil et dont le principe a été posé par le professeur français Branly.

MARIOTTE (*Edme*). — Prieur d'une abbaye de Bourgogne (1620-1684), qui fit sur les propriétés générales des gaz de remarquables travaux pour l'époque. Il énonça d'une façon très nette la loi de compressibilité des gaz qui porte son nom.

MONTGOLFIER (Les frères). — Fabricants de papier à Annonay (Ardèche); ils sont connus par la découverte des aérostats (1783).

MORSE (Samuel). — Savant américain (1791-1872), inventeur du télégraphe qui porte son nom et qui est encore utilisé dans les petites stations.

NEWTON (Isaac). — Mathématicien, astronome et physicien anglais (1642-1727), un des plus grands génies de l'humanité. Il a généralisé les lois de la chute des corps et a énoncé la loi de la gravitation universelle.

Pour expliquer les phénomènes lumineux, il imagina la théorie dite de l'*émission*, d'après laquelle la lumière aurait pour origine

Newton.

l'impression produite sur l'œil par des particules émanées des corps lumineux. Cette théorie est aujourd'hui très discutée.

OHM (Georges-Simon). — Physicien allemand (1787-1854). S'occupa surtout d'électricité. Énonça les lois qui portent son nom et qui lient l'intensité, la force électromotrice et la résistance d'un circuit électrique.

PAPIN (Denis). — Médecin et physicien français (1647-1714). Est l'inventeur de la machine à vapeur.

Pascal.

PASCAL (Blaise). — Un des plus grands génies français (1623-1662). Aussi remarquable comme mathématicien et physicien que comme écrivain et philosophe. Il a établi les conditions d'équilibre des liquides, imaginé la *presse hydraulique*, réalisé les expériences qui démontrent l'existence de la pression atmosphérique et en permettent la mesure.

RENARD (Charles). — Officier et ingénieur français (1847-1905). A fait faire, avec le capitaine Krebs, de grands progrès à la dirigeabilité des ballons. A organisé scientifiquement l'aérostation militaire.

ROBERVAL (Gilles de). — Mathématicien français (1602-1675). A établi le principe de la balance qui porte son nom très employée pratiquement.

RŒNTGEN (William-Konrad). — Physicien allemand, né en 1845, connu surtout par la découverte des rayons X.

TORRICELLI (Evangelista). — Physicien italien, disciple de Galilée (1608-1647). Est connu par ses travaux sur la pression atmosphérique. Il est l'inventeur du baromètre.

VOLTA (Alexandre). — Savant italien (1745-1827). S'occupa surtout des phénomènes électriques. Il inventa l'électrophore, l'électroscope, l'eudiomètre. Il est l'inventeur de la *pile*

Volta.

électrique. On a donné le nom de *volt* à l'unité de force électromotrice.

WATT (James). — Mécanicien écossais (1736-1819). Apporta à la machine à vapeur les perfectionnements qui la rendirent pratique. Il inventa le tiroir, le condensateur, imagina la détente, le régulateur centrifuge. L'unité de puissance électrique est appelée *watt*.

PHYSIQUE

<hr>

1re LEÇON

NOTIONS PRÉLIMINAIRES.

Matériel : Corps solides divers; morceau de craie, tige de bois, lame de plomb, caillou. — Marteau. — Couteau. — Divers liquides : eau, huile, pétrole, mercure. — Vases de formes différentes : verres, flacons, tubes à essais. — Pompe à bicyclette. — Appareils (*fig.* 4 à 9). — Glace : en préparer en plongeant un tube à essais rempli à moitié d'eau dans un mélange réfrigérant (eau 100 grammes, azotate d'ammonium 100 grammes; faire évaporer ensuite la solution pour récupérer le sel, qui peut ainsi servir indéfiniment.)

Les trois états des corps.

1. *État solide.* — Voici une pierre (*fig.* 1), une lame de plomb, une règle, un morceau de craie.

Ces corps ont une forme déterminée ; cette forme ne variera pas si aucune cause extérieure ne vient agir. Pour changer cette forme, nous devons exercer un certain effort : nous pouvons briser la pierre d'un coup de marteau, casser la règle, le morceau de craie en cherchant à plier ces corps avec les doigts; nous pouvons plier. tordre la lame de plomb, la couper avec un couteau, etc.

Les corps précédents peuvent être tenus à la main ; il suffit de saisir l'un d'eux par une portion limitée, de le fixer par un point même pour entraîner le corps tout entier.

On appelle *corps solides* les corps qui possèdent comme les précédents une forme déterminée et invariable. Un corps solide occupe une certaine portion de l'espace qu'on appelle *volume* de ce corps.

Nous verrons qu'on peut faire varier le volume d'un corps sous l'action de pressions mécaniques ou sous l'action de la chaleur.

Fig. 1. — Corps solide (pierre).

Le volume des corps solides varie peu sous ces deux causes. Ainsi, prenons une tige de fer de 10 centimètres de longueur; pour faire varier sa longueur de 1/10 de millimètre, il faudrait exercer sur l'extrémité de cette tige une pression d'environ 2000 kilogrammes par centimètre carré de surface. C'est pourquoi on dit que les solides sont pratiquement *incompressibles.*

Prenons la même tige de fer à la température ordinaire, plongeons-la dans l'eau bouillante : son volume augmentera de 3/1000 environ.

2. *État liquide.* — Voici un verre dans lequel il y a de l'eau ordinaire. Le corps qui remplit le verre peut être versé dans un flacon, dans un autre vase, et toujours il prend la forme du vase qui le contient (*fig.* 2). L'eau n'a donc pas une forme déterminée.

On ne peut saisir à la main l'eau contenue dans un vase. On peut déformer ce corps sans effort. L'eau est un *corps liquide.* On dit encore que c'est un *fluide.*

Il en est de même de l'huile, du pétrole, du mercure, du lait, etc.

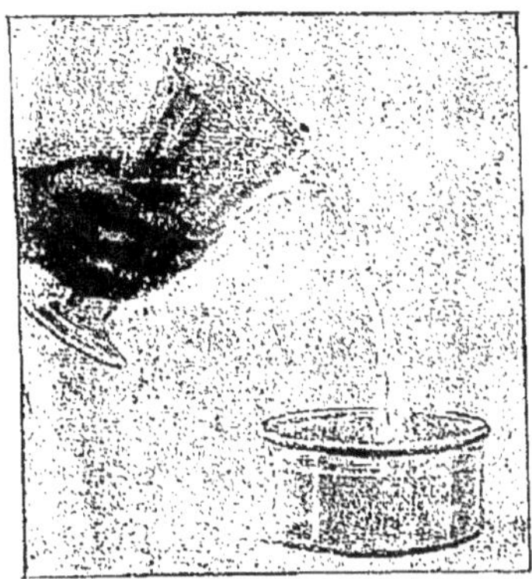

Fig. 2. — Corps liquide (eau).

Le volume d'un liquide est peu variable sous les actions mécaniques. Supposons un litre d'eau enfermé dans un vase cylindrique ; au moyen d'un piston nous pouvons exercer une pression à la surface du liquide. Pour faire varier de 1 centimètre cube le volume du liquide, il faut exercer une pression de 25 kilogrammes par centimètre carré du piston. Avec le mercure, pour obtenir le même résultat il faudrait une pression 10 fois plus considérable.

1 litre d'eau, pris à la température ordinaire et porté à la température d'ébullition, augmente de volume : cette augmentation est de 40 centimètres cubes environ, soit 40/1000. On voit que la variation de volume sous l'action de la chaleur est plus considérable pour les liquides que pour les solides.

Fig. 3. — Corps gazeux. (Le verre, qui nous semble vide, est rempli par de l'air.)

3. *État gazeux.* — EXPÉRIENCES. I. Voici un verre vide. Je le retourne et je le plonge dans l'eau en mettant l'orifice en bas (*fig.* 3). L'eau ne remplit pas le verre. Il y a donc dans le verre quelque chose qui s'oppose à l'entrée de l'eau.

Je penche légèrement le verre. On voit des bulles qui s'échappent du verre, traversent le liquide et disparaissent à la surface. Ces bulles sont formées par ce « quelque chose » qui se trouvait dans le verre. On ne peut pas non plus saisir ce quelque chose : c'est un *fluide.* On l'appelle l'*air ;* c'est un *gaz* ou un corps *gazeux.*

II. Je reprends le verre de tout à l'heure et je le plonge dans l'eau, l'orifice en bas (*fig.* 4). D'autre part, j'ai rempli d'eau un petit flacon que je retourne dans le liquide. Je soulève ce flacon, l'orifice plongeant toujours dans le liquide. Je place l'orifice du verre sous l'orifice du flacon et je penche lentement le verre. Comme tout à l'heure, des bulles d'air s'échappent du verre, mais elles montent dans le flacon qui se trouve bientôt rempli. On a *transvasé* le gaz. Nous voyons ainsi que le gaz prend comme un liquide la forme des vases qui le renferment.

III. Faire décrire l'appareil représenté par la figure 5 et expliquer ce qui se passe.

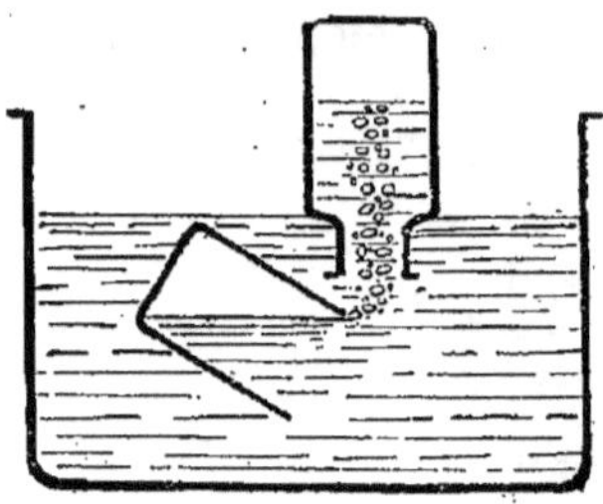

Fig. 4. — Moyen simple de transvaser un gaz.

C'est là un autre moyen de transvaser un gaz.

Nous aurons maintes fois, dans la suite du cours, à réaliser des expériences analogues à celles-ci. Nous aurons à étudier bon nombre de gaz dont les élèves ont déjà entendu parler à l'école primaire. — En citer.

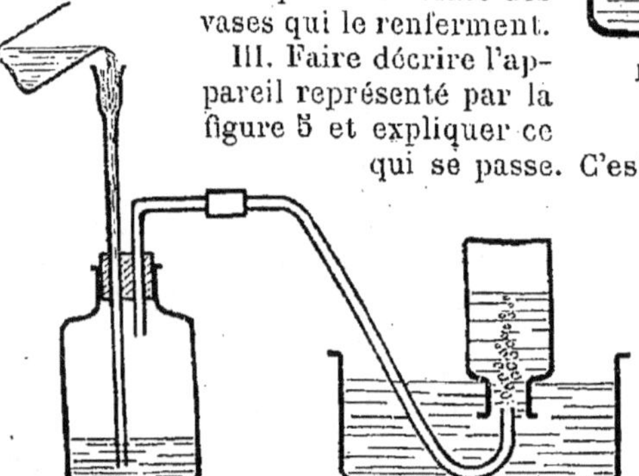

Fig. 5. — Autre moyen de transvaser un gaz.

Ainsi, un gaz se rapproche d'un liquide par le fait qu'il n'a pas de forme déterminée et qu'on ne peut le saisir. Il en diffère par des propriétés importantes que nous allons mettre en évidence.

IV. Je prends une pompe à bicyclette (*fig.* 6) dont je ferme l'orifice de dégagement, puis je presse sur le piston. Le volume du gaz diminue de façon appréciable. Il suffit d'une pression de 1 kilogramme par centimètre carré du piston pour faire diminuer le volume du gaz de moitié.

Ainsi, contrairement aux solides et aux liquides, les gaz sont *compressibles*. Quand la pression cesse, le piston remonte et le

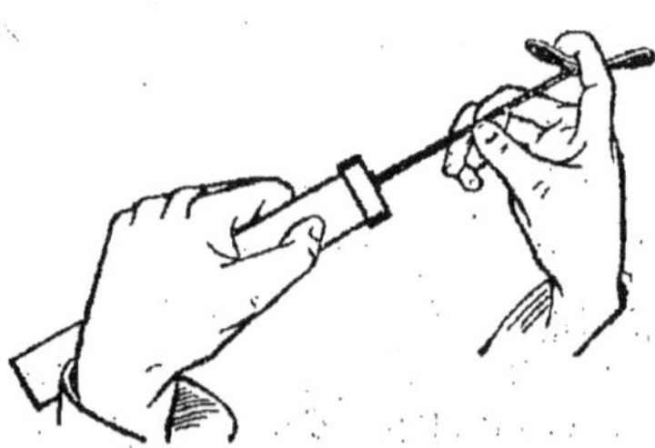

Fig. 6. — Quand on presse sur le piston, le volume d'air diminue.

gaz reprend son volume primitif : on dit que les gaz sont *élastiques*.

V. On sait, par exemple, par le gonflement d'un ballon de caoutchouc, par le gonflement des chambres à air des bicyclettes, etc., que les gaz exercent une certaine force, une pression sur les parois des vases qui les renferment. Nous aurons plus tard à préciser ce qu'on entend par cette pression appelée encore *force élastique* ou *tension* du gaz. L'expérience suivante va nous montrer comment il est possible de mesurer cette pression.

Décrire les appareils que représentent les figures 7 et 8. — Figure 8, quand on donne un coup de piston, on envoie dans le flacon l'air qui remplissait la pompe. Un plus grand volume d'air occupe alors un espace moindre ; aussi le gaz comprimé exerce sur la paroi du vase une pression plus forte que l'air ordinaire ; il presse sur le mercure et soulève une colonne de liquide. Nous apprendrons que l'augmentation de pression sur 1 centimètre carré de la surface des parois du vase est précisément égale au poids d'une colonne de mercure de 1 centimètre carré de base et dont la hauteur serait celle de la colonne soulevée.

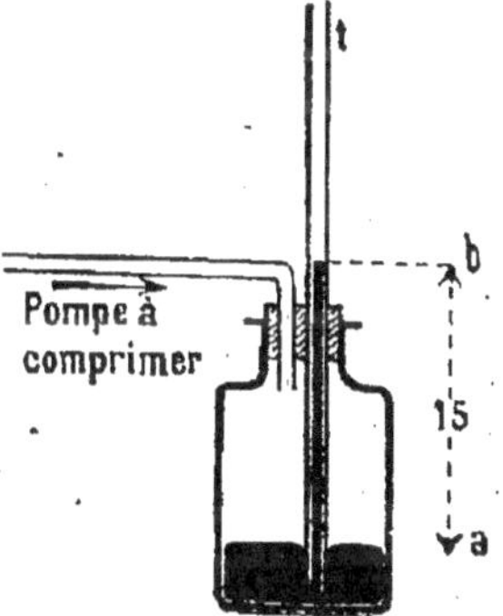

Fig. 7. — Quand on souffle dans le flacon, l'air comprimé augmente de pression et chasse le liquide par le tube effilé.

D'autre part, nous avons déjà montré que l'air presse sur tous les corps et que la pression atmosphérique se mesure au moyen du baromètre. Dire que cette pression est de 75 centimètres de mercure, signifie : l'air exerce sur une surface de 1 centimètre carré une pression égale au poids d'une colonne de mercure de 1 centimètre carré de base et de 75 centimètres de hauteur. Nous savons aussi qu'on appelle *pression normale* la pression moyenne au bord de la mer. Elle est de 76 centimètres de mercure.

4. *Variation du volume d'un gaz sous l'action de la chaleur.* — EXPÉRIENCE. Décrire l'appareil représenté par la figure 9 et expliquer ce qui se passe.

Contentons-nous ici de donner le résultat suivant :

Un litre d'air pris à la température ordinaire, étant porté dans l'eau qui bout, subit un accroissement de volume qui est de de 300 centimètres cubes environ.

Fig. 8. — Quand on a comprimé l'air dans le flacon, le poids de la colonne liquide *a b* mesure l'augmentation de pression du gaz sur une surface de 1 cm².

L'énorme variation de volume que subit un gaz sous l'action des pressions mécaniques ou de la chaleur sera pour nous la propriété caractéristique qui nous permettra pour le moment de définir l'état gazeux et de le différencier de l'état liquide.

Changements d'état.

5. L'eau existe sous les trois états. — Nous voyons le plus habituellement l'eau sous l'état liquide. Mais nous savons qu'en hiver elle passe à l'état solide : c'est alors la neige ou la glace (*fig.* 10).

Expériences. I. Dans un tube fermé d'un bout (tube à essais), j'ai placé quelques centimètres cubes d'eau. Je plonge le tube dans un vase où j'ai fait un *mélange réfrigérant*. Au bout de quelque temps, l'eau est passée à l'état solide, à l'état de glace. Ainsi, un liquide suffisamment refroidi passe à l'état solide. Inversement, la glace chauffée passe à l'état liquide (*fig.* 11).

Nous savons par l'expérience journalière que le beurre, la graisse, le plomb, l'étain, le zinc solides, peuvent passer à l'état liquide quand on les chauffe suffisamment.

II. Chauffer de l'eau liquide dans une casserole : elle passe à l'état gazeux, à l'état de *vapeur* (*fig.* 12). Les liquides chauffés peuvent ainsi se transformer en vapeurs.

Inversement, au-dessus d'un ballon où l'eau bout, plaçons une assiette froide ou un verre froid. La vapeur se refroidit sur le corps froid et repasse à l'état liquide; on dit qu'elle se *condense*.

Les corps gazeux peuvent ainsi, par un refroidissement suffisant, être amenés à l'état liquide. Nous ne ferons pas ici une étude complète des faits que nous examinons : cette étude sera reprise plus tard.

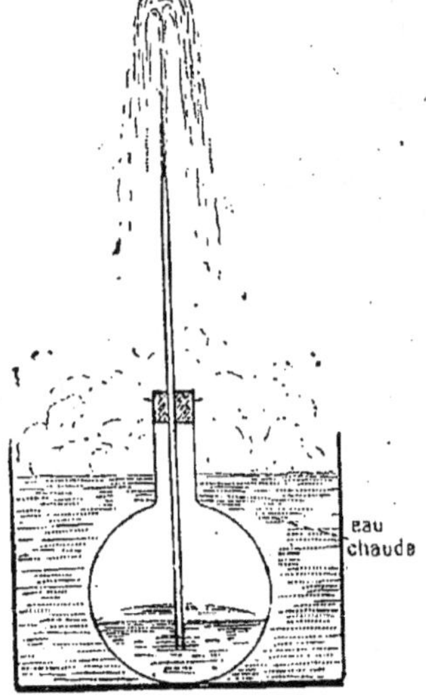

Fig. 9. — Quand on plonge le ballon dans l'eau chaude, le gaz augmente de volume et chasse le liquide par le tube effilé.

6. Ce qu'on appelle phénomène. — Considérons les faits que représentent les figures 10 à 12. Ce sont des *phénomènes*. Le mot phénomène, dans le langage vulgaire, éveille l'idée de quelque chose d'extraordinaire, de contraire à ce que nous avons l'habitude d'observer. Dans les études qui vont nous occuper, le terme phénomène s'applique à tout changement survenu dans la position, la forme ou les dimensions, l'état ou la nature d'un corps.

Ainsi, la glace chauffée passe à l'état liquide ; c'est là un phénomène appelé *fusion*. L'eau chauffée se change en vapeur ; c'est un phénomène appelé *vaporisation*. J'allume une allumette ; le phosphore, puis le soufre, puis le bois disparaissent, ne laissant qu'un peu de cendres,

mais il y a production de chaleur, production de lumière et formation de plusieurs corps nouveaux. L'un au moins de ces corps nous a
révélé son existence : c'est celui qui est la cause des picotements que
nous éprouvons aux yeux, au nez ; ce corps a été produit par le soufre
qui brûle. Nous apprendrons plus tard à connaître les autres corps
formés.

Ainsi ce fait banal, la combustion d'une allumette, met en jeu un
nombre considérable de phénomènes que nous étudierons en détail
et séparément. Il en est de même de la plupart des faits qui nous
sont familiers.

7. *Phénomènes physiques et phénomènes chimiques.* — Quand je
laisse tomber une balle de plomb, il y a seulement changement de

Fig. 10. — La glace est   Fig. 11. — La glace chauffée   Fig. 12. — L'eau liquide
de l'eau à l'état solide.   donne de l'eau liquide.   chauffée se transforme en
                                           vapeur, corps gazeux.

position du morceau de métal, mais la nature du corps n'est pas
changée : après comme avant la chute, j'ai toujours du plomb.

Si je frappe sur cette balle de plomb avec un marteau, je change
la forme du morceau de métal, je n'altère pas sa nature. Je fais
fondre cette même balle de plomb dans une cuiller en fer placée
sur un feu bien ardent ; j'ai changé l'état du corps : le plomb est
passé à l'état liquide. J'ai aussi changé la forme du métal. Mais, en
se refroidissant, le corps reprendra l'état solide ; ce sera toujours du
plomb.

J'ai jeté tout à l'heure un morceau de sucre dans l'eau ; le sucre
semble avoir disparu. Cependant si je fais évaporer l'eau, je recueille
un résidu solide : c'est le sucre qui avait été dissous.

Les phénomènes précédents altèrent donc seulement la forme, la
position, l'état d'un corps ; ils sont sans effet sur la nature de ce
corps. Ces phénomènes sont dits *phénomènes physiques.*

Quand j'allume une allumette, le phosphore, le soufre, le bois semblent disparaître et donnent naissance à des corps nouveaux. Ces

corps n'ont plus les propriétés du phosphore, du soufre, du bois. La nature des corps a été altérée, modifiée, transformée. Les phénomènes tels que les précédents, qui altèrent la nature des corps, sont dits *phénomènes chimiques*.

On a l'habitude de séparer ces deux ordres de phénomènes pour en rendre l'étude plus facile; d'où deux sciences : la *Physique* et la *Chimie*. Ces deux sciences présentent dans nos cours un caractère assez nettement tranché; cependant elles ne sont pas indépendantes l'une de l'autre. Il est de nombreux phénomènes qu'on peut à volonté ranger dans la physique ou dans la chimie. De plus, tel phénomène physique peut être accompagné de faits chimiques et réciproquement.

RÉSUMÉ

1. Les corps se présentent à nous sous l'état *solide*, sous l'état *liquide* ou sous l'état *gazeux*.

2. Un *corps solide* a une forme déterminée; sa déformation exige un certain effort.

Il peut être saisi ou entraîné tout entier si on agit sur un seul de ses points.

Il est pratiquement incompressible et varie peu de volume sous l'action de la chaleur.

3. Un *corps liquide* prend la forme du vase qui le renferme; il se déforme et se divise sous le moindre effort; il ne peut être entraîné tout entier en agissant sur un de ses points; on ne peut le saisir à la main, il coule: c'est un *fluide*.

Il est comme un solide pratiquement incompressible. Sa variation de volume sous l'action de la chaleur est encore faible.

4. Un *corps gazeux* prend comme un liquide la forme du vase qui le contient; il ne peut être saisi à la main: c'est un *fluide*.

Mais son volume subit des variations considérables sous les actions mécaniques: il est *compressible*.

Il exerce sur les parois du vase qui le contient un certain effort. Cet effort sur une surface de 1 centimètre carré s'appelle *pression*, *force élastique*, *tension* du gaz. On l'évalue généralement en donnant la hauteur d'une colonne de mercure de 1 centimètre carré de base et dont le poids est égal à la pression du gaz considéré.

On sait que la pression atmosphérique moyenne au bord de la mer est mesurée par le poids d'une colonne de mercure de 76 centimètres de hauteur et de 1 centimètre carré de base.

5. Un même corps peut prendre les trois états : il suffit pour

obtenir ce résultat de le chauffer ou de le refroidir suffisamment.

Exemple: l'eau (liquide) passe à l'état de glace (solide) par refroidissement; elle passe à l'état de vapeur (gaz) sous l'action de la chaleur.

6. Nous appelons *phénomène* tout fait qui apporte une modification dans l'état, la forme, les dimensions, la position ou la nature des corps qui nous entourent.

Les phénomènes *physiques* n'altèrent pas la nature des corps; les phénomènes *chimiques* altèrent la nature des corps. Il n'y a pas de distinction absolue entre ces deux ordres de phénomènes.

EXERCICES

Citez des corps solides. — Quels caractères présentent les corps solides? — Comment peut-on modifier la forme d'un corps solide? Exemples. — Citez des corps liquides. — Ces corps ont-ils une forme? — Peut-on les saisir à la main? — Quelles causes sont susceptibles de faire varier le volume d'un corps liquide? — Comparer avec l'action des mêmes causes sur les corps solides. — Citez des corps gazeux. — Montrer qu'un verre dit « vide » est en réalité plein de gaz. — Comment peut-on transvaser un gaz? Faites l'expérience et dessinez le dispositif. — Comment peut-on faire varier le volume d'un gaz? — Comparer à ce point de vue les gaz avec les liquides et avec les solides. — Peut-on faire passer un solide à l'état liquide? — Comment? — Exemples. — Peut-on faire l'inverse? — Comment fait-on passer un liquide à l'état gazeux? — Exemples. — Exemples du phénomène inverse.

2ᵉ LEÇON

PESANTEUR. — VERTICALE. — CENTRE DE GRAVITÉ.

MATÉRIEL : 2 fils à plomb (balle de filet de pêche de 1 centimètre de diamètre suspendue à un fil fin). — Large terrine avec eau colorée. — Équerre. — Niveau des maçons. — Morceaux de craie. — Règle ordinaire et règle plate. — Planchette triangulaire en carton. — Planchettes ou morceaux de carton de formes diverses. — Fil fin. — Feuille de papier ordinaire et feuille de papier d'étain. — Pièce de 5 francs en argent et rondelle de papier de diamètre un peu moindre que la pièce. — Tube de Newton et machine pneumatique, si on possède ces appareils.

Existence de la pesanteur.

8. *Tous les corps sont pesants.* — Une pierre, un crayon, un morceau de plomb que nous tenons à la main se dirigent vers le sol quand nous les abandonnons à eux-mêmes. Nous disons que ces corps

tombent. Ils se comportent comme s'ils étaient attirés par la terre. On appelle *pesanteur* la cause qui les fait tomber.

Tous les corps se dirigent ainsi vers le sol, tous sont soumis à l'action de la pesanteur. Il semble cependant qu'il y ait des exceptions : la fumée, les ballons s'élèvent dans l'air, les nuages s'y maintiennent à des hauteurs considérables. Ces exceptions ne sont qu'apparentes, et nous verrons plus tard que les phénomènes précédents sont précisément une conséquence de l'action de la pesanteur sur l'air atmosphérique.

9. Notion de force. — Nous appelons *force* toute cause qui tend à mettre un corps en mouvement. *La pesanteur est une force.* Si un corps est suspendu à un fil, la pesanteur agit quand même sur ce corps, son action a pour résultat de tendre le fil ; si on rompt le fil, le corps tombe. Lorsque le corps repose sur un support, la pesanteur a pour effet de lui faire exercer une certaine pression sur le support.

Toute force est déterminée par trois qualités fondamentales.

1° Le point où elle exerce son action : *point d'application ;*

2° La *direction* dans laquelle elle tend à entraîner son point d'application ;

3° L'*intensité* de son action.

La notion de force nous est très familière. Les êtres vivants capables de se mouvoir et de mettre en mouvement les corps inanimés possèdent une force dite *force musculaire.* Nous connaissons la *force du vent,* qui se manifeste de façon désastreuse dans les ouragans et que nous utilisons pour faire marcher les navires à voiles, les moulins à vent. Nous employons la *force de l'eau* qui coule pour faire tourner des roues, des turbines. La *force d'un ressort* qui se détend sert à actionner certains mécanismes d'horlogerie (montres, pendules, phonographes, etc.), à lancer des projectiles. Nous trouverons dans ce cours la *force de la vapeur,* la *force élastique* des gaz, les *forces magnétiques, électriques,* etc.

10. Équilibre des forces. — Expérience. Voici un morceau de bois que j'ai placé sur la table. En deux points j'ai fixé deux clous et à chaque clou j'ai attaché une ficelle. Je choisis deux élèves qui vont tirer chacun sur une ficelle. Le morceau de bois se déplace, et quand il est au repos, vous constatez que les deux ficelles sont dans le prolongement l'une de l'autre. De plus, vous avez l'intuition que les élèves tirent avec une égale force et dans deux directions opposées. On dit que les *forces qu'ils exercent se font équilibre.*

Cette simple expérience, que vous avez répétée maintes fois, vous montre que :

Deux forces se font équilibre quand, appliquées à un corps susceptible de se mouvoir, elles ne produisent aucun déplacement de ce corps.

Vous voyez aussi que :

Deux forces se font équilibre quand elles sont égales et qu'elles agissent dans des directions opposées.

Considérons maintenant un corps suspendu à un fil ; ce corps ne tombe pas, il est pourtant soumis à l'action de la pesanteur, mais la *résistance* du fil empêche le corps de tomber. On dit que le fil exerce une *réaction* égale à l'action de la pesanteur. Quand le corps repose sur une table, il presse sur la table, et la table exerce une réaction opposée à l'action de la pesanteur ; si nous tenons le corps à la main, c'est l'effort musculaire nécessaire pour empêcher le corps de tomber qui s'oppose à l'action de la pesanteur.

Direction de la pesanteur.

11. *Verticale.* — *Fil à plomb.* — Nous nous occuperons d'abord de la direction de la pesanteur. C'est celle d'un corps qui tombe librement. Si ce corps laissait dans l'espace la trace de ses diverses positions, on aurait la direction de la pesanteur. Mais en suspendant un corps à un fil flexible, la direction du fil donne précisément celle de la force qui agit sur le corps. Plaçons un autre corps tout près du fil et laissons tomber ce corps. Nous voyons qu'il suit le fil dans sa chute (*fig.* 13). La direction du fil est donc bien celle d'un corps qui tombe.

Fig. 13. — Un corps qui tombe suit la direction du fil.

Généralement, on met au bout du fil une masse de plomb : d'où le nom de *fil à plomb* donné à l'appareil précédent. Mais on peut remplacer le plomb par une pierre, un morceau de fer, de cuivre, etc.

On appelle *verticale* la direction d'un corps qui tombe. La verticale est donnée par le fil à plomb.

12. *Propriétés de la verticale.* — Expérience. On fait arriver un fil à plomb à la surface d'une large terrine remplie d'eau colorée et formant miroir. On peut toujours placer une équerre, de façon que l'un des côtés de l'angle droit touche la surface du liquide, l'autre suivant la direction du fil. La direction du fil est donc perpendiculaire à toutes les lignes que l'on peut tracer par son pied à la surface du liquide (*fig.* 14). Cette surface est d'ailleurs un plan, car on peut y appliquer dans tous les sens l'arête de l'équerre. On dit que *la verticale est perpendiculaire à la surface des eaux tranquilles.*

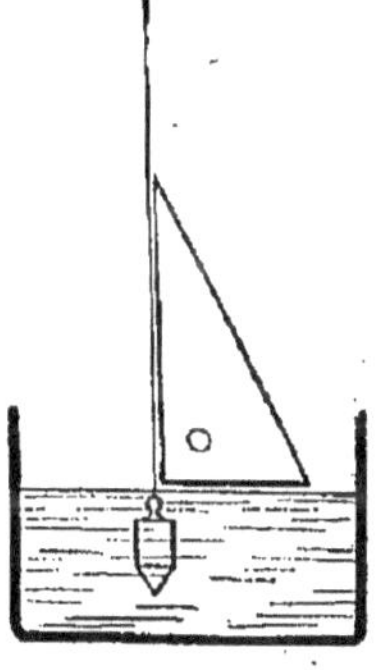

Fig. 14. — Le fil à plomb est perpendiculaire à la surface des eaux tranquilles.

Remarquons aussi que l'image du fil à plomb est dans le prolongement du fil (*fig.* 15). Nous savons que l'image d'un objet est symétrique de l'objet par rapport à la surface réfléchissante (V. *Miroirs plans*). D'après cela, l'image du fil ne peut être dans son prolongement qui si le fil est perpendiculaire à la surface réfléchissante.

On appelle *plan horizontal* une surface plane perpendiculaire à la verticale. La surface des eaux tranquilles, lorsqu'on ne considère que de petites étendues, est un plan horizontal. Toute droite contenue dans un plan horizontal est une *droite horizontale.*

Expérience. Suspendre deux fils à plomb à quelque distance l'un de l'autre. On peut placer l'œil de façon que le fil de l'un cache le fil de l'autre. Ceci prouve que les deux fils sont dans un même plan. Or, deux droites dans un même plan sont parallèles ou bien elles se coupent; il en est de même des verticales.

Nous savons que la surface de la terre est sphérique. Mais sur une petite étendue, la surface des eaux tranquilles peut être confondue avec une surface plane qui serait tangente à la sphère terrestre. Une ligne perpendiculaire à une telle surface au point où elle touche la sphère est un rayon de la sphère terrestre.

Ainsi la verticale en un point est une ligne qui joint ce point au centre de la terre; c'est un rayon de la sphère terrestre (*fig.* 16). Toutes les verticales se rencontrent donc au centre de la terre ; mais si nous considérons deux verticales menées en des points voisins, elles sont pratiquement parallèles, parce que l'angle qu'elles forment échappe à nos moyens de mesure. Il n'en est pas de même de deux verticales suffisamment éloignées. Ainsi, pour Dunkerque et Perpignan, l'angle des deux verticales est de 9° environ.

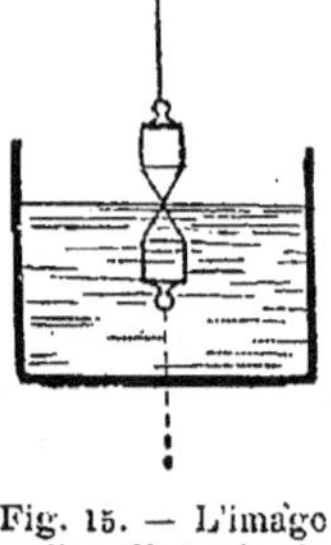

Fig. 15. — L'image d'un fil à plomb donnée par la surface d'une eau tranquille, est dans le prolongement du fil.

Applications.

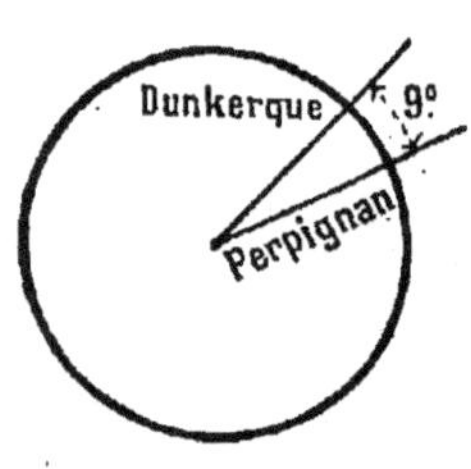

Fig. 16.. — Deux verticales très éloignées font entre elles un angle appréciable.

13. *Usages du fil à plomb.* — 1° Le fil à plomb sert à reconnaître si une droite est verticale. On se place à une certaine distance de cette ligne, et on vérifie que cette ligne peut être cachée par le fil à plomb. On recommence en plaçant le fil à plomb à un autre endroit. Si, dans les deux visées, la droite est cachée par le fil, c'est qu'elle est verticale.

2° Les maçons vérifient au moyen du fil à plomb si les murs qu'ils construisent sont bien verticaux. Leur fil à plomb (*fig.* 17) se compose d'une masse cylindrique de cuivre terminée par un cône et parfaitement tournée. Le fil est fixé au centre de la base supérieure.

Une plaque de fer carrée est percée en son centre d'un trou. La distance de ce trou à l'une des arêtes est juste égale au diamètre du cylindre. On appuie une arête du carré contre la surface examinée et, en laissant glisser le fil par le trou central, on vérifie si la masse cylindrique rase constamment la surface du mur (*fig.* 18).

Niveau des maçons. Il sert à vérifier si une surface est *horizontale*. Il se compose généralement de deux montants assemblés à angle droit et réunis par une traverse (*fig.* 19). Lorsque le niveau repose sur une surface horizontale, un fil à plomb fixé en A, au sommet, passe par une ligne F, dite *ligne de foi,* tracée sur la traverse.

14. *Caractères d'un fait scientifique.* — Reprenons l'exemple de la pierre qui tombe quand elle n'est pas soutenue. Voilà un fait qui

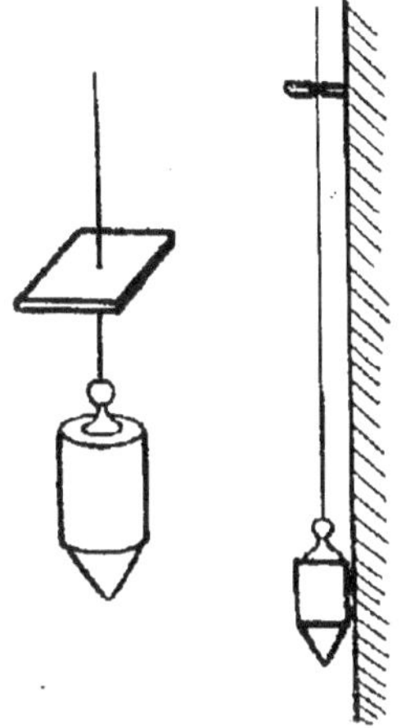

Fig. 17 et 18. — Fil à plomb de précision. A droite : manière de reconnaître qu'un mur est vertical.

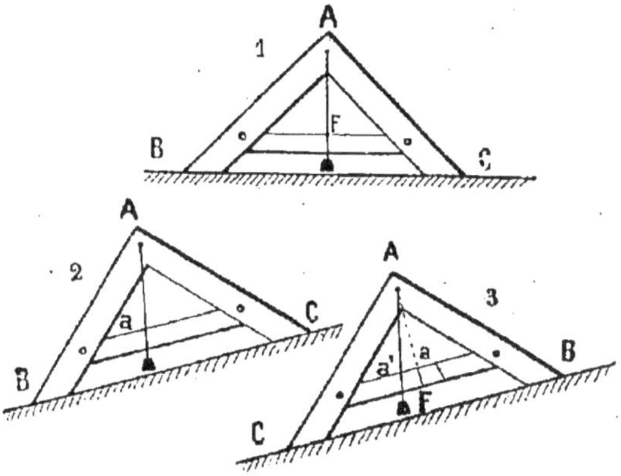

Fig. 19 à 21. — Niveau des maçons. — Pour déterminer la ligne de foi F (1), on place le niveau sur une surface quelconque (2), on note sur la traverse la direction du fil. On retourne le niveau (3) et on note la nouvelle direction du fil. La ligne de foi se trouve au milieu de l'intervalle $a'\,a$.

peut être observé par chacun de nous. Prenons dix, cent personnes qui observent ce fait, elles font la même constatation. Le résultat de l'observation ne dépend donc pas de la personne qui observe. C'est là le caractère essentiel d'un fait scientifique.

Mettez cent personnes en face d'un tableau, d'un paysage, vous n'en aurez peut-être pas deux sur lesquelles l'impression produite sera la même. Vous n'avez aucun moyen de comparer ces impressions. Vous ne pouvez pas non plus comparer la douleur causée à *différentes* personnes par l'annonce d'un malheur ou la joie éprouvée en apprenant un événement heureux. Lorsque plusieurs personnes différentes ne peuvent faire des constatations identiques au sujet d'un même fait, ce fait n'est pas un fait scientifique.

Reprenons le fil à plomb suspendu au-dessus d'une terrine pleine d'eau (*fig.* 14). Quiconque examinera ce système pourra constater :

1° Qu'on peut placer l'arête d'une équerre de façon à raser la surface du liquide, l'autre côté de l'angle droit étant parallèle au fil ;

2° Que l'image du fil dans l'eau est dans le prolongement de celui-ci.

Ces deux constatations, indépendantes de l'observateur, sont encore indépendantes du moment ainsi que du lieu où se fait l'opération.

15. *Notion de principe ou de loi.* — L'expérience précédente nous amène à formuler la conclusion que voici : *Le fil à plomb est perpendiculaire à la surface des eaux tranquilles.*

Cette conclusion est un *principe* ou une *loi.*

Nous l'avons vérifiée dans un certain nombre de cas ; nous constatons qu'elle subsiste quand nous remplaçons la masse de plomb par un certain nombre de masses pesantes, et de ces observations nous concluons qu'elle se vérifiera pour toutes les masses pesantes, pour tous les lieux et dans tous les temps.

Pour établir une loi physique, nous faisons une opération appelée *généralisation.*

Une loi physique est une relation constante entre deux phénomènes.

Ainsi, dans l'énoncé de la loi précédente, nous trouvons deux faits :

1° La direction du fil à plomb, c'est-à-dire d'un fil flexible auquel est suspendu un corps pesant ;

2° La surface des eaux tranquilles.

Entre ces deux faits, il existe une relation définie géométriquement : la direction du fil est perpendiculaire (on dit encore normale à la surface du liquide).

Chaque fois que dans le cours nous énoncerons un principe, une loi, les élèves devront chercher à reconnaître nettement les deux phénomènes physiques qui figurent dans l'énoncé de cette loi, ainsi que la relation qui les lie.

16. *Utilité des expériences.* — Produire, répéter un phénomène en vue de l'étudier, c'est faire une *expérience.* L'expérience nous permet de produire un phénomène dans des conditions variées, ou de séparer plusieurs phénomènes qui ne sont pas toujours suffisamment distincts pour qu'on puisse les étudier séparément. C'est ce que vont nous montrer les faits suivants.

Expériences. I. Je prends à la main une pierre, une balle de plomb, un morceau de craie, un clou, et j'abandonne ces objets en même temps. Ils tombent et atteignent le sol sensiblement au même moment.

J'ai fait une expérience, de laquelle j'ai le droit de tirer la loi suivante : *Les corps qui tombent parcourent des espaces égaux dans le même temps ;* ou encore : *Les corps tombent également vite.*

II. Je prends maintenant un morceau de plomb, une feuille de papier, quelques brins de duvet et j'abandonne ces corps au même moment et de la même hauteur : le plomb arrive à terre avant le papier, celui-ci avant le duvet. La loi précédente semble en défaut.

III. Je coupe en deux parties ma feuille de papier : de l'une des parties, je fais une boulette serrée en la roulant entre les doigts, et cette fois je laisse tomber de la même hauteur la balle de plomb, la boulette et la feuille de papier. La boulette arrive en même temps que le plomb, mais avant la feuille de large surface. Je recommence avec du papier d'étain, après avoir coupé une feuille en deux parties égales et roulé en boulette l'une des parties. La boulette arrive sur le sol en même temps qu'une balle de plomb, qu'un caillou, un morceau d'étain massif lâchés au même moment, mais la feuille de papier d'étain atteint le sol bien après les corps précédents.

Ces expériences, que je puis répéter autant de fois que je le voudrai, me prouvent ceci : si les différents corps ne tombent pas également vite, ce n'est pas parce qu'ils sont de nature différente, mais parce que la même masse de matière présente une surface plus ou moins considérable. Or nous savons que l'air nous oppose une certaine résistance quand nous voulons déplacer une large feuille de papier, de carton, dans une direction perpendiculaire à sa surface. Nous sommes donc amenés à penser que la différence de vitesse de chute pour les divers corps est due à la résistance que l'air oppose à la chute. Si notre conclusion est vraie, les corps tomberont également vite lorsque nous supprimerons l'action de l'air : nous allons imaginer des expériences pour supprimer cette action.

IV. Un premier moyen de supprimer l'action de l'air consiste à faire tomber les corps différents dans un long tube d'où l'on a enlevé l'air.

Cette expérience est due à Newton ; c'est pourquoi le tube représenté par la figure 22 porte le nom de *tube de Newton*. On met dans ce tube des morceaux de papier, du duvet, du plomb, du liège. On enlève l'air du tube au moyen d'une machine que nous étudierons plus tard. Le tube étant placé alors verticalement, on le retourne brusquement : tous les corps mettent le même temps à parcourir le tube.

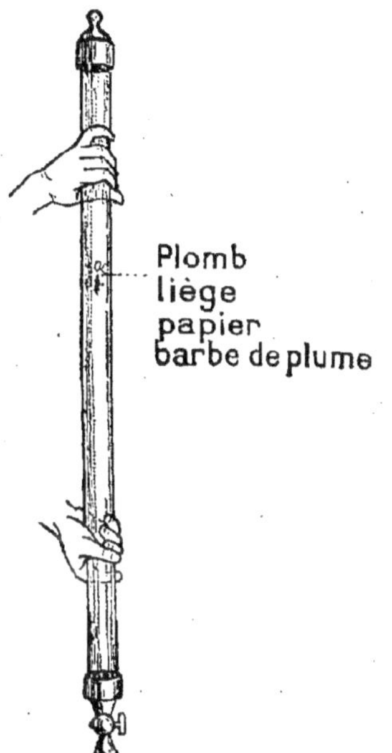

Fig. 22. — Tube de Newton.

Si l'on n'a pas de tube de Newton ni de machine à enlever l'air, on peut supprimer l'action de l'air par le moyen simple que voici :

V. On prend une pièce d'argent de 5 francs et on découpe une rondelle de papier de diamètre un peu inférieur à celui de la pièce de monnaie (*fig.* 23). On laisse tomber séparément la pièce d'argent et la rondelle, mais en les abandonnant au même moment et de la même hauteur ; la rondelle arrive au sol bien après la pièce de monnaie. On place ensuite la rondelle au-dessus de la pièce et on laisse tomber celle-ci, qu'on tenait bien à plat entre les doigts. La rondelle de papier accompagne la pièce dans sa chute. Elle n'est cependant pas collée au métal, mais la pièce de monnaie a soustrait la rondelle à l'action de l'air et le papier est tombé aussi vite que l'argent, tout comme si la chute avait eu lieu dans le vide.

Ces expériences nous permettent donc de rectifier là loi énoncée précédemment, et nous disons : *Tous les corps tombent également vite dans le vide.*

L'expérience nous a servi à séparer deux phénomènes qui n'étaient pas primitivement distincts :

1º L'action de la pesanteur sur les corps;

2º La résistance de l'air au mouvement des corps qui tombent.

Le rôle de l'expérience apparaîtra de mieux en mieux, à mesure que nous avancerons dans le cours.

Aussi souvent que cela nous sera possible, les propriétés des corps, les lois et les principes physiques seront établis ou vérifiés par quelques expériences simples que nous ferons ensemble. Vous aurez, à bien examiner les appareils,

Fig. 23. — La résistance de l'air retarde inégalement la chute des corps. — 1. La pièce et la rondelle de papier qu'elle protège tombent avec la même vitesse; 2. La rondelle, isolée, est retardée par la résistance de l'air.

les dispositifs que nous utiliserons, à suivre attentivement les différentes phases de l'expérience, à vous demander les conclusions qu'on peut tirer des faits dont vous avez été témoins.

Point d'application de la pesanteur. Centre de gravité.

17. *Définition.* — Un morceau de craie qu'on tient à la main tombe lorsqu'on l'abandonne ; divisons-le en petits fragments : chacun des fragments tombe aussi, quelque petit qu'il puisse être. Ainsi, la pesanteur agit sur toutes les particules d'un corps. Cependant, prenons un autre morceau de craie : nous pouvons l'empêcher de tomber en soutenant seulement un de ses points que nous placerons, par exemple, sur la pointe d'un crayon. Nous trouvons ce point par tâtonnement.

Tout se passe comme si l'action de la pesanteur était concentrée en un certain point du corps. Ce point s'appelle *centre de gravité.*

18. *Détermination pratique du centre de gravité.* — Expérience. Prenons un triangle en carton A B C, et déterminons par tâtonnement son centre de gravité en essayant de le maintenir sur la pointe d'un crayon (*fig.* 24).

Fixons maintenant de petites épingles en des points quelconques du périmètre et suspendons le triangle à un fil fin par chacun de ces points. Dans chaque position, nous constatons que, lorsque le carton est en repos, en prolongeant la verticale du point de suspension, c'est-à-dire la direction du fil, cette verticale passe par le centre de gravité.

Il est facile de concevoir qu'il doit en être ainsi : tout se passe en effet comme si la pesanteur agissait seulement sur le centre de gravité du corps. Comme ce corps est fixé par un autre point, il ne sera en repos que lorsque la direction du fil de suspension et la verticale du centre de gravité seront dans le prolongement l'une de l'autre. C'est un fait analogue à celui qui se produit quand deux élèves attachent chacun une ficelle en un point d'une table et tirent dans des directions différentes. S'ils sont d'égale force, la table est en repos quand les deux ficelles sont dans le prolongement l'une de l'autre.

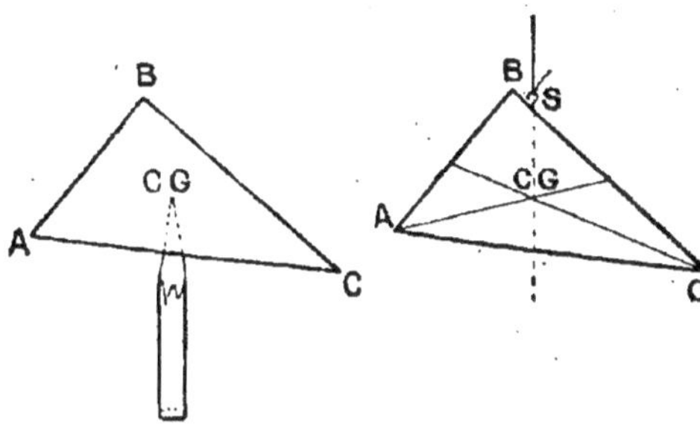

Fig. 24. — Le triangle de carton est en équilibre sur la pointe d'un crayon qui supporte le centre de gravité.

Fig. 25. — La verticale du point de suspension passe par le centre de gravité. — Dans un triangle, le centre de gravité est au point de concours des médianes.

Ainsi, pour déterminer pratiquement le centre de gravité d'un corps, il suffit de le suspendre successivement par deux de ses points et de tracer la verticale du point de suspension quand le corps est au repos (*fig.* 25).

Dans le cas d'un triangle, on trouve que le centre de gravité est au point où se coupent les médianes (le vérifier). — Dans le cas d'un carré, d'un cercle, le centre de gravité est au centre de la figure.

Le centre de gravité peut se trouver en dehors de la masse du corps ; c'est le cas d'un anneau, d'une boîte, etc.

Équilibre des corps solides.

19. *Définitions.* — Lorsqu'un corps est en repos, on dit qu'il est en *équilibre*.

Un livre placé à plat sur la table est en *équilibre stable*, car si on l'écarte légèrement de sa position, il tend à y revenir.

Une règle dressée sur un de ses bouts est en *équilibre instable*; si on l'écarte légèrement de sa position, elle tend à s'en écarter davantage.

Une bille placée sur une table bien horizontale est en équilibre dans toutes les positions. On dit qu'elle est en *équilibre indifférent*. Il en est de même d'un crayon cylindrique reposant par une de ses génératrices sur une surface horizontale.

20. *Équilibre d'un corps suspendu par un de ses points ou tournant autour d'un axe.* — Reprenons la planchette triangulaire précédente.

1° Elle est en équilibre *stable* quand le centre de gravité est situé sur la verticale du point de suspension et *au-dessous* de ce point. Le centre de gravité est en effet le point où l'action de la pesanteur

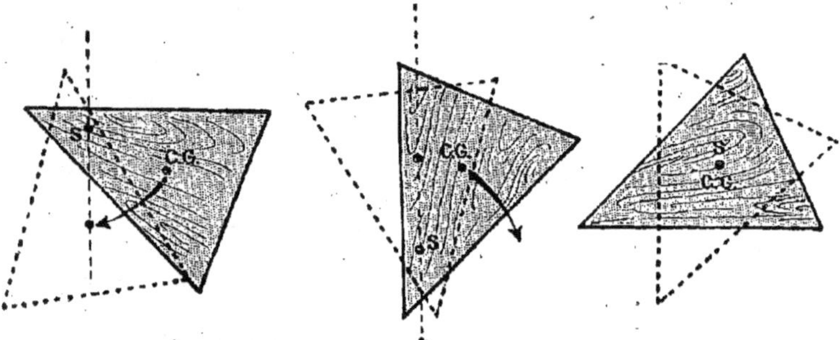

Fig. 26. — L'équilibre est stable quand le centre de gravité C G est sur la verticale du point de suspension S et au-dessous de celui-ci.	Fig. 27. — L'équilibre est instable quand le centre de gravité C G est sur la verticale et au-dessus de S.	Fig. 28. — L'équilibre est indifférent quand le centre de gravité C G coïncide avec le point de suspension S.

semble concentrée ; il tend à se placer le plus bas possible. Aussi, lorsqu'on écartera la planchette de sa position d'équilibre, elle y reviendra rapidement (*fig.* 26).

2° On peut maintenir la planchette en équilibre en plaçant le centre de gravité sur la verticale du point de suspension, mais *au-dessus* de ce point (*fig.* 27). L'équilibre ainsi réalisé est *instable*, car la moindre poussée amène la planchette à pivoter autour du point de suspension ; le centre de gravité revient dans la position d'équilibre stable. — On arrive à réaliser quelque temps cet équilibre instable quand on tient sur le bout du doigt l'extrémité d'une règle, mais alors on déplace le point de suspension de façon qu'il reste constamment sur la verticale du centre de gravité.

3° Suspendons la planchette par le centre de gravité : quelle que soit la position que nous lui donnons, elle est en équilibre ; l'équilibre est *indifférent* (*fig.* 28).

Dans la pratique, on a souvent à réaliser l'équilibre stable, ou l'équilibre indifférent lorsqu'il s'agit d'un corps mobile autour d'un axe.

Le fléau d'une balance est en équilibre stable. Une roue doit être construite de façon qu'en tournant autour de son axe, elle soit en équilibre indifférent.

21. *Équilibre d'un corps reposant sur un plan horizontal.* — Considérons un cube reposant sur une de ses faces. Cette face s'appelle la *base de sustentation.* Faisons tourner ce cube autour d'une de ses arêtes de base C C' (*fig.* 29); nous trouvons une position d'équilibre instable pour laquelle le tube tombera sur la face de droite ou sur celle de gauche, sous l'influence du moindre déplacement. Cette position est précisément celle pour laquelle la diagonale de la face d'avant est verticale; alors, le centre de gravité du cube se trouve dans le plan vertical de l'arête C C'. A droite de cette position, la verticale du centre de gravité tombera dans la base C C' B' B; à gauche, elle tombera dans la base A A' C' C.

Il en est de même pour un corps de forme quelconque reposant sur un plan horizontal. La figure obtenue en joignant les points de contact *extrêmes* du corps et du plan constitue la *base de sustentation.* Si la verticale du centre de gravité tombe à l'intérieur de cette base, l'équilibre est stable. — Comme précédemment, *le centre de gravité tend à se placer le plus bas possible.* Plus la base sera étendue, plus le centre de gravité sera bas et plus stable sera l'équilibre.

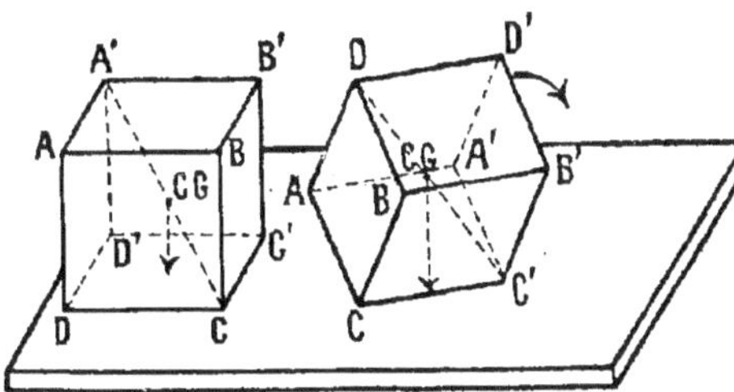

Fig. 29. — L'équilibre est stable quand la verticale du centre de gravité rencontre la base de sustentation.

Dans le cas de la bille, du crayon, le centre de gravité étant toujours à la même distance de la base, l'équilibre est indifférent.

RÉSUMÉ

1. On appelle *pesanteur* la cause qui tend à faire tomber les corps. Tous les corps sont soumis à l'action de la pesanteur; les exceptions, fumée, nuages, ballons, ne sont qu'apparentes.

2. La direction de la pesanteur est celle d'un corps qui tombe librement; cette direction s'appelle *verticale.* Elle est donnée par le *fil à plomb,* formé d'une masse pesante suspendue à un fil flexible.

3. On appelle *plan horizontal* une surface plane perpendiculaire à la verticale: la surface des eaux tranquilles est un plan horizontal quand on ne considère que de faibles étendues.

4. Les verticales se rencontrent au centre de la terre; deux

verticales éloignées font donc entre elles un angle appréciable, mais en deux points voisins les verticales sont pratiquement parallèles.

5. Le fil à plomb sert à reconnaître si une ligne est verticale; les maçons s'en servent pour reconnaître la verticalité d'un mur.

Le *niveau des maçons* sert à vérifier si une surface est horizontale.

6. La pesanteur agit sur toutes les particules d'un corps, mais son action semble concentrée en un point qui est le *centre de gravité du corps*.

En suspendant un corps par un de ses points, le centre de gravité se place sur la verticale du point de suspension. Pour déterminer le centre de gravité, il suffit donc de suspendre le corps par deux de ses points et de déterminer chaque fois la verticale du point de suspension. Ces deux verticales se rencontrent au centre de gravité.

7. Quand un corps est au repos, on dit qu'il est en *équilibre*.

On distingue l'équilibre *stable*, l'équilibre *instable* et l'équilibre *indifférent*.

8. Lorsqu'un corps est suspendu par un de ses points, ou lorsqu'il peut tourner autour d'un axe, l'équilibre est stable quand le centre de gravité est sur la verticale du point ou de l'axe de suspension, mais au-dessous de ce point ou de cet axe. Ex. : fléau de balance.

Quand le corps est suspendu par son centre de gravité, ou quand l'axe de suspension passe par le centre de gravité, l'équilibre est indifférent. Ex. : roue bien construite.

9. Quand un corps repose sur un plan horizontal, l'équilibre est stable quand la verticale menée par le centre de gravité rencontre la *base de sustentation*.

L'équilibre est d'autant plus stable que la base est plus étendue et que le centre de gravité est situé plus bas.

L'équilibre est indifférent quand le centre de gravité reste dans toutes les positions à la même distance de la base.

EXERCICES

Que signifie l'expression : un corps est *pesant* ? — Qu'appelez-vous *pesanteur* ? — Peut-on dire : une pierre tombe parce qu'elle est pesante ? — Qu'appelez-vous poids d'un corps ? — Quelle est la direction de la pesanteur en un lieu ? — Doit-on dire : je détermine *une* verticale en un lieu ? — Qu'est-ce que le fil à plomb ? — Montrer que le fil à plomb donne la direction verticale. — Qu'appelle-t-on plan horizontal, ligne horizontale ? — Que signifie l'expression : un plan horizontal est perpendiculaire à la verticale d'un lieu ? — Un plan est-il déterminé quand on sait qu'il est horizontal ? — Peut-on définir la verticale : une droite perpendiculaire à la surface des eaux tranquilles ? — A quoi sert le fil à plomb ? — Une visée est-elle suffisante pour s'assurer qu'une droite est verticale ? — Décrivez le fil à plomb dont se servent les maçons; comment l'utilisent-ils ? — Décrivez le niveau des maçons. A quoi sert cet instrument ? — Peut-on dans un plan quelconque tracer une ligne horizontale ? — Existe-t-il un plan horizontal passant par une ligne quelconque ?

Quelle idée vous faites-vous du centre de gravité d'un corps ? — Comment pouvez-vous déterminer pratiquement le centre de gravité d'une règle plate, d'une feuille de carton ? — Que signifie l'expression : un corps est en équilibre ? — Citez des cas d'équilibre stable, instable, indifférent. — Comment pourriez-vous réaliser ces trois sortes d'équilibre avec une bouteille, avec une feuille de carton ou une règle plate fixée par un de ses points ? — A quelle condition l'équilibre est-il stable : 1° pour un corps suspendu; 2° pour un corps reposant sur un plan horizontal ? — Quelle position prenez-vous quand vous portez une charge sur le dos, sur le côté, devant vous ? — De deux voitures identiques, chargées, l'une de 1000 kilos de pierres et l'autre de 1 000 kilos de foin, quelle est celle dont l'équilibre est le plus stable ? — Avez-vous, par rapport à la route, la même position, quand vous marchez sur un terrain plat, quand vous gravissez ou quand vous descendez une pente ? — Montrez l'influence de la résistance de l'air sur la chute des corps.

3ᵉ LEÇON

POIDS DES CORPS. — BALANCES.

Matériel : Balance ordinaire à plateaux suspendus et balance Roberval. — Balance de précision si on en a une. — Boîte de poids marqués. — Ressort en fil d'acier (corde de piano) de 1 millimètre de diamètre. On fait une centaine de spires distantes de 1 millimètre environ. On note l'allongement du ressort quand on y suspend des poids augmentant de 500 en 500 grammes. Un serrurier ou un horloger fera facilement ce ressort. — A défaut, on peut utiliser un peson ordinaire, moins sensible, ou un bracelet de caoutchouc qu'on trouve dans tous les bazars ou dans les grands magasins de mercerie. — Ciseaux de couturière, casse-noisettes, pincettes. — Planchette représentée par la figure 40. — Balance romaine.

22. *Définition*. — Expérience. Prenons un fil de caoutchouc, ou mieux un ressort à boudin en fil d'acier (*fig.* 30) auquel nous suspendons un corps quelconque C. Le ressort s'allonge. Enlevons le corps, le ressort reprend sa longueur primitive. On dit que le ressort est *élastique*. Quand on suspend le corps C, l'action de la pesanteur sur ce corps est équilibrée par la force élastique du ressort.

On appelle *poids d'un corps* l'action exercée par la pesanteur sur ce corps.

Notons l'allongement du ressort sous l'action du corps C, soit 5 centimètres.

Suspendons maintenant au ressort un autre corps C', une boîte, que nous remplirons de sable par exemple, jusqu'au moment où le ressort se sera allongé de nouveau de 5 centimètres. A ce moment, nous dirons que les corps C et C' ont le même poids.

Nous avons ainsi un moyen de réaliser deux *poids égaux*.

Suspendons maintenant à la fois les corps C et C' : l'allongement du ressort est de 9 centimètres par exemple. Si nous déterminons un troisième corps qui donne au ressort un allongement de 9 centimètres, nous dirons que le poids de ce troisième corps est la *somme* des poids des corps C et C'. Comme ici, les poids de C et C' sont égaux, le poids du troisième corps est le *double* du poids de C ou de C'.

On peut donc mesurer les poids, puisqu'on sait obtenir deux poids égaux et ajouter les poids de deux corps. Il suffit de choisir une unité.

23. Unité de poids. — Lors de l'établissement du système métrique, on a choisi comme unité de poids un poids égal à celui d'un centimètre cube d'eau pure, prise à la température de 4° du thermomètre centigrade, température à laquelle l'eau est à son maximum de densité. Cette unité a été appelée *gramme*.

On a réalisé un cylindre de platine dont le poids est égal à 1 000 fois l'unité précédente. Ce cylindre, appelé *kilogramme*, a

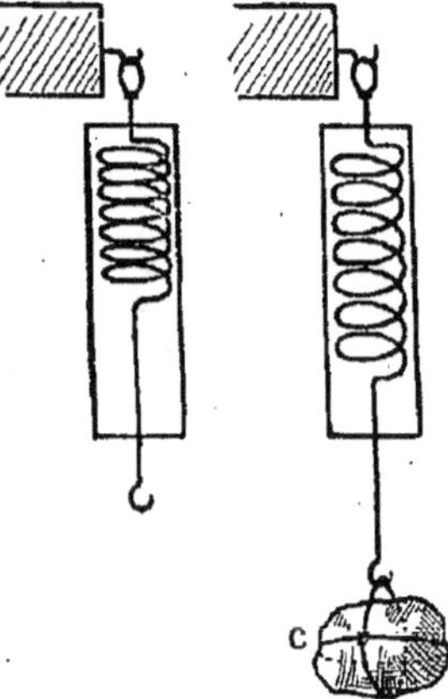

Fig. 30. — L'allongement du ressort permet de mesurer le poids du corps C.

été déposé au Bureau international des Poids et Mesures à Sèvres, près Paris. La Commission internationale réunie à Paris en 1889 adopta pour unité de poids le poids du cylindre précédent. Des copies furent établies par le Bureau international et remises aux différents États qui avaient participé à la Conférence. La France eut la copie n° 35, déposée aux Archives nationales à Paris. Cette copie est l'*étalon légal* pour la France.

Le décret du 28 juillet 1903, complétant la loi du 11 juillet, donne du kilogramme la définition suivante : -

« Le kilogramme est la masse du prototype international en platine iridié qui a été sanctionné par la Conférence des Poids et Mesures tenue à Paris en 1889 et qui est déposé au Pavillon de Breteuil à Sèvres.

« La copie n° 35 de ce prototype, déposée aux Archives nationales, est l'*étalon légal* pour la France.

« La masse du kilogramme est très approximativement celle du décimètre cube d'eau au maximum de densité qui a été prise comme point de départ pour l'établir. »

On remarque dans cette définition l'expression *masse* du kilogramme. Une note annexée au décret donne l'explication suivante :

« La masse d'un corps correspond à la quantité de matière qu'il contient; son poids est l'action que la pesanteur exerce sur lui. En un même lieu, ces deux grandeurs sont proportionnelles l'une à l'autre. Dans le langage courant, le terme poids est employé dans le sens de masse. »

La distinction entre poids et masse est assez difficile à faire comprendre : nous ne l'essayerons pas ici.

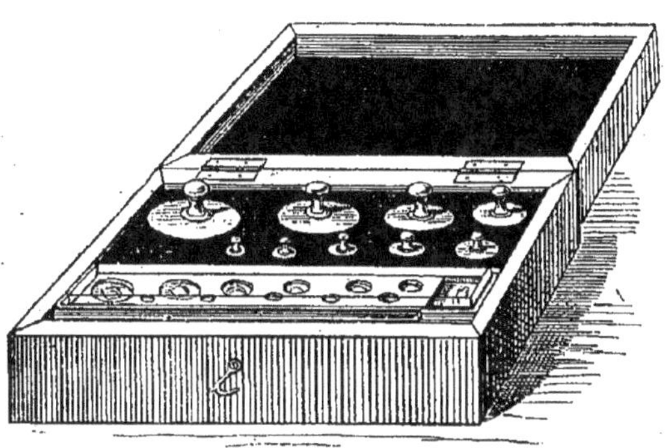

Fig. 31. — Boîte à poids pour balance de précision.

Bornons-nous à constater que si deux corps ont des poids égaux en un même lieu, leurs masses sont égales, et qu'en un même lieu, si un corps A a un poids 2, 3, ... n fois plus grand ou plus petit qu'un corps B, la masse de A est aussi 2, 3, ... n fois plus grande ou plus petite que la masse du corps B.

24. Masses marquées. — On a construit en fonte, en laiton, en nickel, etc., des masses qui sont des multiples ou des sous-multiples du gramme. On a inscrit sur ces masses leur valeur en grammes. Ce sont des *masses marquées*. (On dit généralement poids marqués [*fig.* 31].) .

Examiner une boîte de masses marquées en laiton, allant du gramme au demi-kilogramme, par exemple ; remarquer comment est constituée la série. — Quel est le plus petit poids en fonte ? — Comment sont établies les masses marquées du gramme au milligramme ? — Comment peut-on constituer une série aussi complète que possible de masses depuis l'hectogramme jusqu'au demi-myriagramme, depuis le centigramme jusqu'au gramme inclus ?

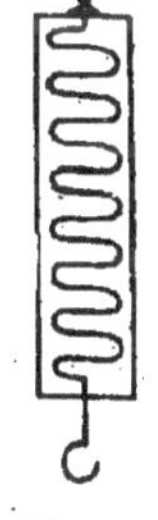

Fig. 32.
Peson
ordinaire.

25. Mesure des forces. — Pour mesurer les forces, on a choisi comme unité le kilogramme. Si nous suspendons successivement 1 kilogr., 2 kilogr., ... etc., au ressort que nous avons utilisé précédemment, nous pourrons noter les allongements du ressort. L'appareil ainsi gradué nous servira à mesurer les forces : ce sera un *dynamomètre*. Le *peson* ordinaire (*fig.* 32), utilisé pour peser les matières de peu de valeur, est un dynamomètre. Faisons agir une force sur le ressort. L'allongement du ressort indique en kilogrammes la valeur de la force.

Balance.

26. Parties essentielles. — *La balance sert à constater que les masses de deux corps sont égales.* Si l'un des corps est constitué par des masses marquées, la balance donne en grammes la masse du second.

La partie la plus importante de la balance est le *fléau*. C'est une barre rigide, traversée en son milieu par une pièce d'acier appelée *couteau*, de section triangulaire. L'arête du couteau est tournée vers le bas ; elle constitue un axe de suspension du fléau et repose sur un plan bien poli : acier ou agate. Vers les deux extrémités, le fléau est traversé par deux *couteaux* dont l'arête est tournée vers le haut. Ces couteaux supportent les plateaux, qui doivent être de même poids. Les arêtes des trois couteaux sont dans un même plan et bien parallèles entre elles.

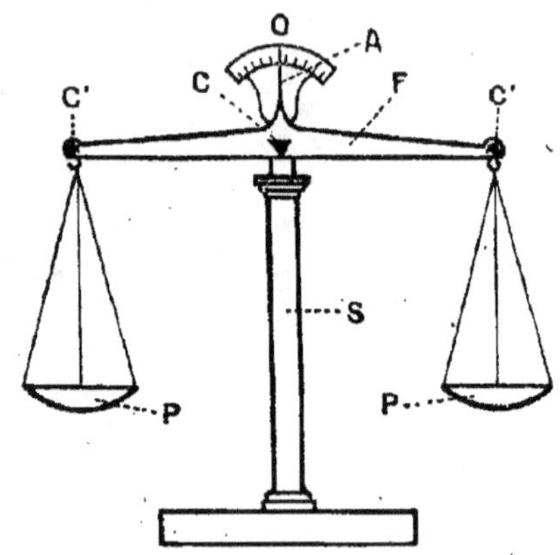

Fig. 33. — Schéma d'une balance ordinaire : F, fléau ; C, couteau ; A, aiguille ; S, support ; P P, plateaux ; C' C, couteaux qui supportent les plateaux.

. Enfin une *aiguille*, fixée au fléau, se déplace sur une graduation, soit au-dessus, soit au-dessous du fléau.

On a marqué la position de l'aiguille pour laquelle le fléau est horizontal. C'est la position la plus commode à observer dans la pratique. Elle est généralement indiquée sur la graduation par le chiffre 0 (zéro).

La balance ordinaire (*fig.* 33) repose sur un pied en métal fixé sur une table où elle est suspendue au moyen d'un crochet.

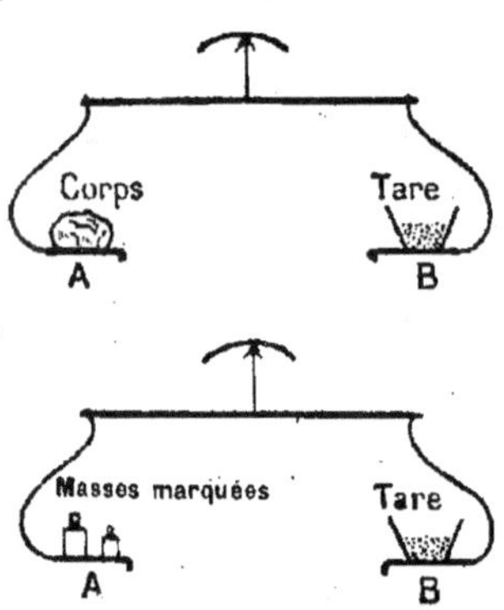

Fig. 34. — Double pesée.

27. Masses égales. Double pesée. — Expérience. Plaçons un corps quelconque dans le plateau A d'une balance (*fig.* 34). Sur l'autre plateau, mettons de la grenaille de plomb, du sable, ou, comme on dit, de la *tare,* jusqu'à ce que l'aiguille soit au zéro (fléau horizontal).

Enlevons le corps et à la place mettons des masses marquées, de manière à ramener l'aiguille au zéro. Les masses marquées pro-

duisent le même effet que le corps à peser; leur somme est égale à
la masse du corps.

Déterminer la masse d'un corps avec la balance, c'est faire une pesée.

L'opération précédente est dite *double pesée;* on doit toujours l'effectuer dans les mesures de précision, mais dans la pratique on cherche
à déterminer la masse d'un corps par une seule opération, par simple
pesée. Il faut dans ce cas que la balance soit *juste.*

28. *Justesse de la balance.* — Expérience. S'assurer par la double
pesée que deux masses marquées (de 100 grammes par exemple) sont
égales. Prendre une balance dont l'ai-
guille est au zéro quand les plateaux
sont vides. Mettre sur chaque plateau
l'une des masses dont on a constaté
l'égalité. Si l'aiguille revient au zéro,
la balance est juste.

Ainsi, *une balance est juste quand des
masses égales placées dans les plateaux
ne modifient pas la position du fléau.* On
démontre qu'une balance est juste
quand les deux parties du fléau sont
bien égales en longueur et en poids.

Pesée ordinaire. Expérience. Pour
faire une pesée avec une balance juste,
il suffit de placer le corps à peser dans
l'un des plateaux de la balance et de
mettre dans l'autre plateau des masses
marquées jusqu'à ce que l'aiguille soit
au zéro.

Il faut donc que les balances des
commerçants soient justes et que les
masses dont ils se servent aient bien la valeur marquée, puisque
dans le commerce on ne fait jamais que de simples pesées. Un agent
appelé vérificateur des Poids et Mesures est chargé de vérifier chez
les commerçants l'exactitude des masses et la justesse des balances.

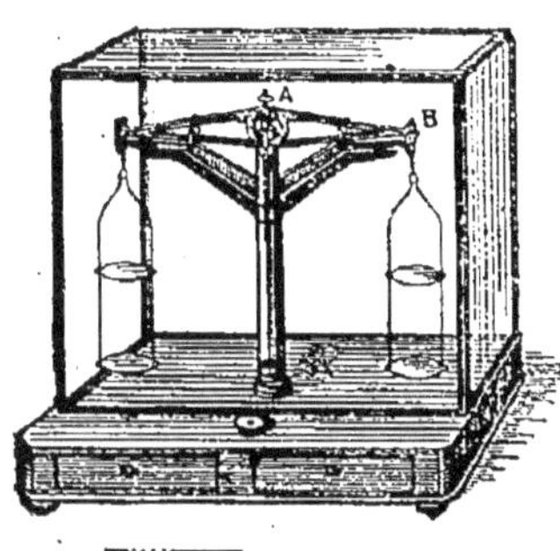

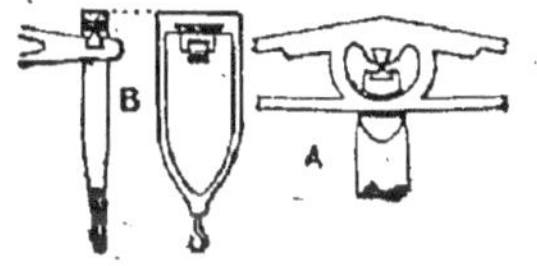

Fig. 35. — Balance de précision et
détail des couteaux : A, couteau
du fléau; B, couteau à l'attache
des plateaux.

29. *Sensibilité de la balance.* — Expérience. Prendre une balance
ordinaire, les plateaux n'étant pas chargés : l'aiguille est au zéro.
Mettre une masse de 1 gramme dans un plateau : le fléau s'incline.
Noter la division de la graduation à laquelle s'arrête l'aiguille.

Charger ensuite chaque plateau de masses égales, 5 kilogrammes
par exemple, et mettre une surcharge de 1 gramme sur l'un des
plateaux. Le fléau s'incline à peine, et il faut une surcharge de plusieurs grammes pour avoir la même déviation que précédemment.

On dit *qu'une balance est sensible au gramme lorsqu'une surcharge de
1 gramme dans l'un des plateaux produit une déviation visible de l'aiguille.*

L'expérience précédente montre que la sensibilité décroît quand la charge augmente ; quand on achète une balance, il faut donc vérifier sa sensibilité sous la charge la plus forte qu'elle peut supporter.

Les balances des pharmaciens sont sensibles au milligramme. Les balances de haute précision (*fig.* 35) permettent de peser 1 kilogramme et sont sensibles au 1/10 de milligramme. Si on pèse 100 grammes sur une pareille balance, l'erreur commise sur le poids est moindre qu'un millionième du poids considéré (1/1 000 000). Aussi les pesées sont-elles en physique des mesures très précises.

Les balances dont se servent les commerçants doivent être sensibles à un deux millième (1/2 000), ce qui signifie qu'une balance étant établie pour 10 kilogr. au maximum, si on charge chaque plateau de 10 kilogr., le fléau doit s'incliner de façon visible quand on met dans l'un des plateaux une surcharge de 5 grammes.

Avec une pareille balance, la pesée est encore très précise ; en effet, pour mesurer une longueur avec la même précision, il ne faudrait pas faire une erreur supérieure à 1 centimètre pour une longueur de 20 mètres.

Notions sommaires sur les leviers.
Diverses balances.

30. *Définitions.* — Considérons une barre rigide, mobile autour d'un point fixe (*fig.* 36), et en deux autres points, B et C, appliquons des forces F_1 et F_2 qui tendent à faire tourner la barre en sens inverse. Cette barre est un *levier*.

Le point fixe s'appelle *point d'appui*, l'une des forces est la *puissance*, l'autre s'appelle *résistance*. On appelle *bras de levier* la longueur de la perpendiculaire abaissée du point d'appui sur la direction de chacune des forces (1).

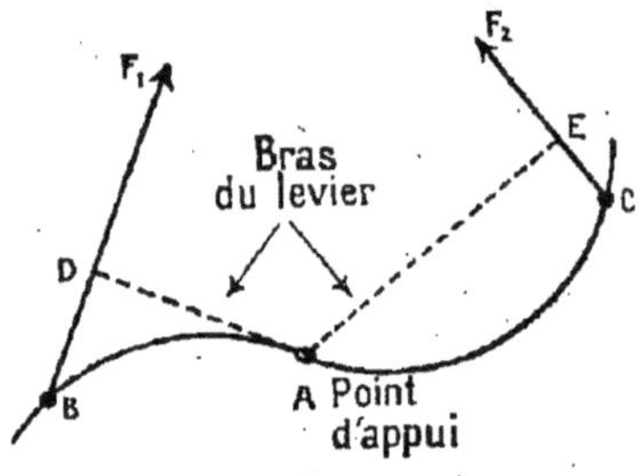

Fig. 36. — Levier.

Selon la position relative du point d'appui, de la puissance et de la résistance, on a trois genres de leviers :

1er genre : type, ciseaux de couturière (*fig.* 37), tenailles. Le point d'appui est entre la puissance et la résistance ;

---

(1) Ne pas dire que le bras du levier est la longueur de la barre entre le point d'appui et le point d'application de chacune des forces.

2ᵉ genre : type, casse-noisettes, brouette (*fig.* 38). La résistance est entre la puissance et le point d'appui ;

3ᵉ genre : type, pincettes (*fig.* 39). La puissance est entre la résistance et le point d'appui.

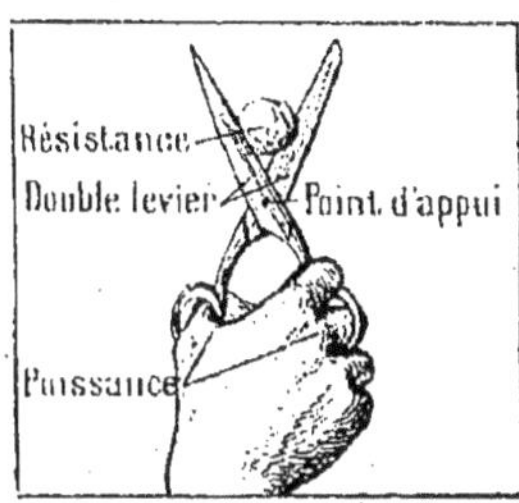

Fig. 37. — Ciseaux.
Type de levier du 1ᵉʳ genre.

31. *Condition d'équilibre.* — EXPÉRIENCE. Soit un levier du premier genre dont A (*fig.* 40) est le point l'appui. Ce levier est constitué par une règle plate suspendue en A, et portant des crochets placés à des distances égales de A.

1° Suspendons en B un poids de 500 gr.: l'équilibre est rétabli en plaçant en C un poids de 500 gr. On a AB = AC et P = P'.

2° En B, au 2ᵉ crochet de gauche, sus-

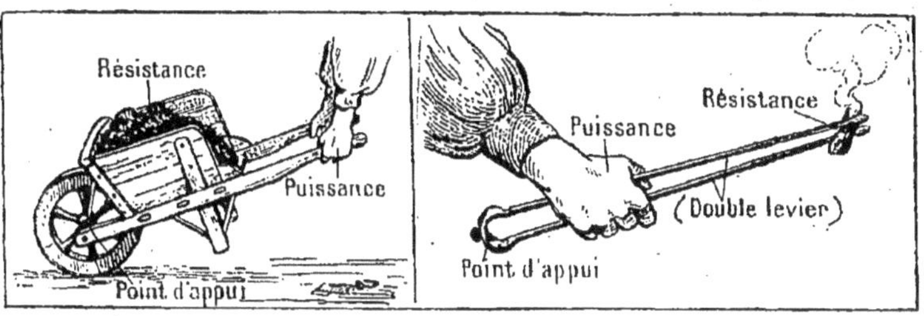

Fig. 38. — Brouette.
Type de levier du 2ᵉ genre.

Fig. 39. — Pincettes.
Type de levier du 3ᵉ genre.

pendons un poids de 1 000 gr.; nous rétablissons l'équilibre en plaçant 500 gr. au 4ᵉ crochet de droite, en C. On a :

$$P = 2\,P' \text{ et } AB = \frac{AC}{2}.$$

3° Au 1ᵉʳ crochet à gauche de **A**, suspendons un poids de 1 000 gr. Nous lui faisons équilibre avec un poids de 200 gr. suspendu au 5ᵉ crochet à droite. On a :

$$P = 5\,P' \text{ et } AB = \frac{AC}{5}.$$

Nous pourrions varier autant que nous le voudrions l'expérience précédente ; nous constaterions chaque fois ceci :

Un levier est en équilibre quand le rapport des forces qui agissent sur lui est inverse du rapport des bras de levier. Il est à remarquer, en effet, que, dans l'appareil précédent, quand la barre est horizontale, les longueurs AB, AC représentent les bras de levier.

Nous nous bornerons à cette étude du levier du premier genre, qui nous permet de donner le principe des diverses balances.

La balance ordinaire à plateaux suspendus est un levier du premier genre à bras égaux.

31. *Balance Roberval.* — Dans la balance ordinaire, les attaches des plateaux peuvent gêner pour placer des matières encombrantes. Roberval imagina la balance qui porte son nom et où les plateaux sont placés au-dessus du fléau. Elle se compose de deux leviers égaux A B et A' B' (*fig.* 41 et 42), mobiles autour des points O et O'. Les extrémités de ces leviers sont articulées à des tiges métalliques qui supportent les plateaux.

O et O' sont les milieux des leviers, et lorsque la ligne OO' est verticale, les tiges qui supportent les plateaux sont elles-mêmes verticales; de plus, ces tiges ne peuvent se mouvoir que dans une direction verticale, puisqu'elles sont constamment parallèles à OO'.

L'expérience, ainsi que la théorie que nous ne ferons pas ici, montrent que la pesée est indépendante de la position du corps sur les plateaux.

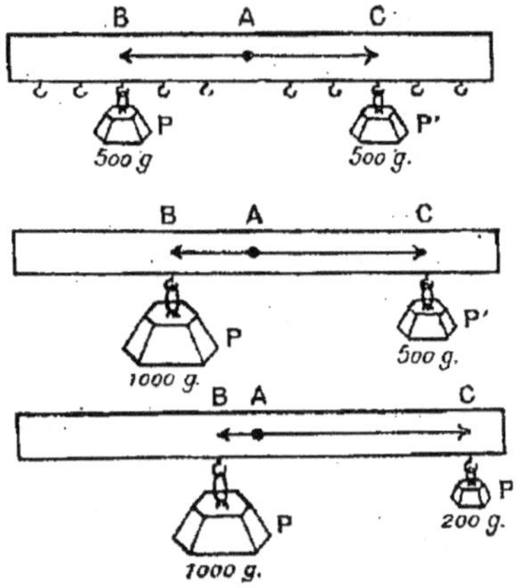

Fig. 40. — Principe de l'équilibre du levier du 1er genre.

32. *Balance romaine.* — C'est un levier du premier genre à bras inégaux. Elle se compose d'une barre rigide, mobile autour du point O. Le corps à peser est suspendu à un crochet C; la distance OC est fixe. Sur l'autre bras du levier peut glisser un poids qu'on déplace jusqu'à ce que l'équilibre soit établi (*fig.* 43).

La condition d'équilibre est la suivante :

$$P \times OC = p \times OD.$$

(Nous négligeons ici le poids de la barre.)

Cet appareil est peu précis et ne peut être utilisé que pour les marchandises de faible valeur. Sa sensibilité légale est de 1/200.

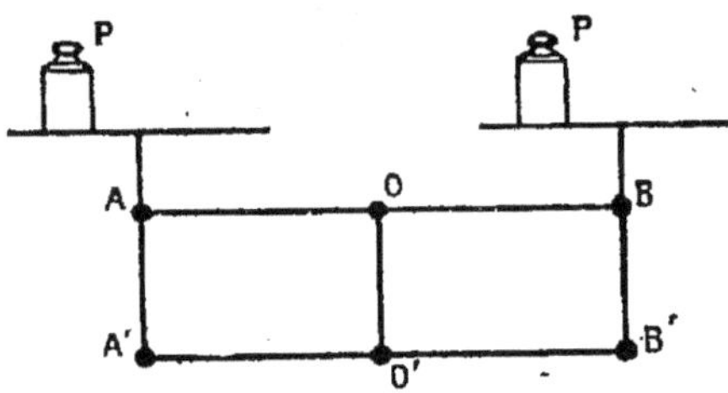

Fig. 41. — Principe de la balance Roberval.

33. *Bascule* ou *Balance au dixième.* — C'est une balance dans laquelle un poids P placé sur l'un des plateaux est équilibré par un poids dix fois plus faible placé sur l'autre plateau.

La figure 44 montre le principe de la bascule. Le corps à peser P est placé sur le *tablier*. Un jeu de leviers a une action telle que tout se passe comme si le corps P était suspendu au point D. Le levier D F tourne autour du point d'appui E.

Or, on a E F = 10 D E. De sorte que lorsque l'appareil est en équilibre, les poids placés sur le plateau F font équilibre à un poids dix fois plus considérable placé sur le tablier.

La sensibilité légale de la bascule est de 1/500.

On trouve dans les gares des bascules avec combinaison de romaine (*fig.* 45).

34. *Utilité de la balance dans un ménage.* — Tout ménage devrait être pourvu d'une balance. Cet appareil est de la plus grande utilité pour contrôler le poids des livraisons faites par les fournisseurs, ainsi que pour déterminer les quantités de matières alimentaires

Fig. 42. — Balance Roberval.

utilisées pour les repas. Nous verrons de plus en hygiène que le seul moyen scientifique de contrôler l'accroissement d'un nouveau-né est de faire des pesées régulières· La balance Roberval de 10 kilogr. peut servir à cet usage et on la transforme avec facilité en balance pèse-bébé (*fig.* 46).

RÉSUMÉ

1. L'action de la pesanteur sur un corps s'appelle encore *poids* de ce corps.

Avec les pesons, on évalue le poids d'un corps par l'allongement d'un ressort d'acier auquel on suspend ce corps. Deux poids égaux produisent le même allongement.

2. Dans la pratique courante, on se propose de comparer non des poids, mais des quantités de matière. On appelle *masse* d'un corps la quantité de matière qu'il renferme. La masse d'un corps est invariable.

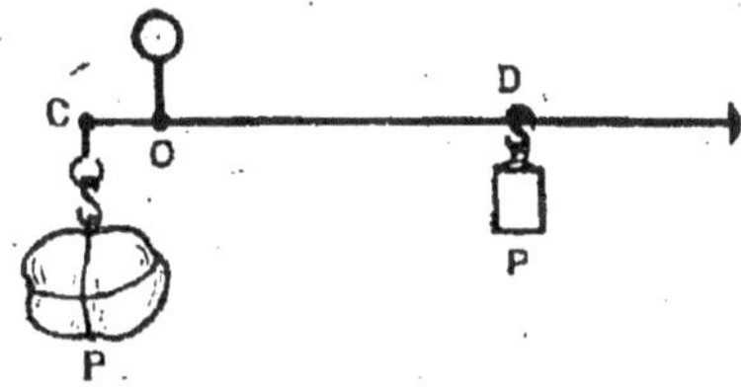

Fig. 43. — Romaine

Deux corps ont des masses égales lorsque leurs poids sont égaux en un même lieu.

3. L'unité de masse adoptée est le *kilogramme*. C'est la masse d'un cylindre de platine déposé au Bureau international des Poids et Mesures.

Ce cylindre est le kilogramme étalon.

Le kilogramme équivaut très sensiblement à la masse du décimètre cube d'eau pure à la température de 4 degrés centigrades.

4. *La balance sert à constater que les poids de deux corps sont égaux. Par suite, les masses de ces corps sont aussi égales.*

Une balance se compose essentiellement d'un *fléau*, barre rigide, traversée en son milieu par un *couteau* d'acier. L'arête du couteau repose sur un plan bien poli. Aux deux extrémités, deux autres couteaux supportent des plateaux. Au fléau est fixée une aiguille qui sert à constater la position pour laquelle le fléau est horizontal.

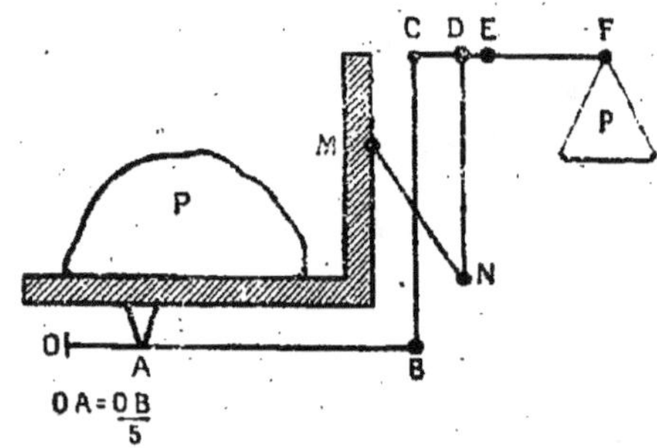

Fig. 44. — Principe de la bascule.

5. Constater l'égalité de deux masses, c'est faire une *pesée*. On obtient deux masses égales par *double pesée* avec n'importe quelle balance, mais les balances ordinaires donnent la masse d'un corps par simple pesée : on met le corps dans un des plateaux, et des masses marquées dans l'autre jusqu'à ce que l'aiguille soit au zéro.

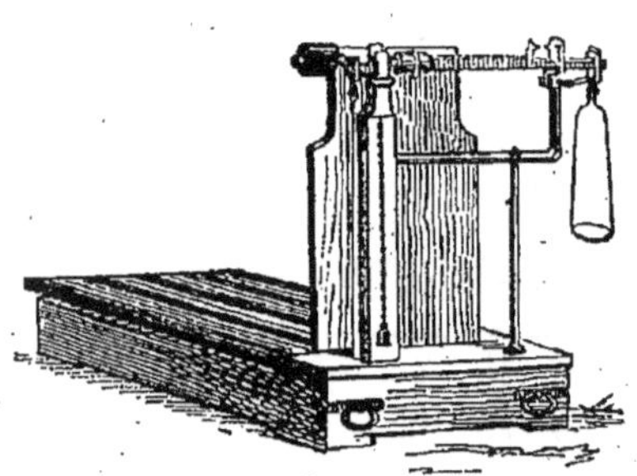

Fig. 45. — Bascule avec combinaison de romaine.

6. Les balances doivent être *justes* et *sensibles*.

Une balance est *juste* quand des masses égales, placées dans les plateaux, ne modifient pas la position du fléau.

Une balance est dite *sensible au gramme* quand une surcharge de 1 gramme dans un des plateaux produit une déviation appréciable de l'aiguille.

7. On appelle *levier* une barre rigide, mobile autour d'un de ses points et en deux autres points de laquelle sont appliquées deux forces, appelées *puissance* et *résistance*.

Le bras de levier est la distance du point d'appui à la direction de chacune des forces.

Il y a trois genres de leviers représentés par les ciseaux, le casse-noisettes, les pincettes, selon la position des point d'application des forces par rapport au point d'appui.

Un levier est en équilibre quand le rapport des forces qui agissent sur lui est inverse du rapport des bras de levier.

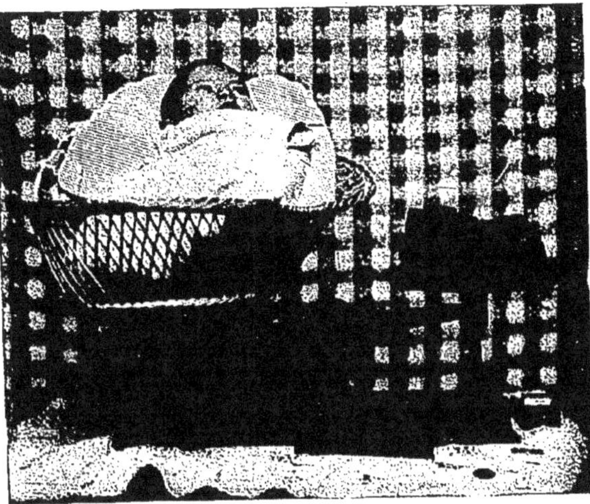
Fig. 46. — Balance pèse-bébé.

8. *La balance Roberval* est une balance à plateaux placés au-dessus du fléau; c'est la plus usitée des balances de commerce.

La *balance romaine* est utilisée pour peser les matières de peu de valeur. La résistance est constituée par une masse fixe qui se déplace sur une tige graduée.

La *balance bascule* est construite de façon qu'une masse placée dans l'un des plateaux fasse équilibre à une masse 10 fois plus considérable placée sur le tablier.

EXERCICES

Comment peut-on évaluer le *poids* d'un corps? — Qu'entendez-vous par le mot : masse d'un corps? — Comment s'évalue la masse d'un corps? — Quelle est l'unité de masse? — A quoi sert la balance? — Décrivez une balance ordinaire à plateaux suspendus? — Comment, avec la balance, peut-on obtenir deux masses égales? — Qu'appelle-t-on masses marquées? — Décrivez une masse marquée en fonte, une masse marquée en laiton, une masse marquée inférieure à 1 gramme. — De quelles masses se compose une série en laiton allant du gramme au kilogramme? — Qu'est-ce qu'une balance juste? — Comment peut-on vérifier qu'une balance est juste? Faire cette vérification avec la balance que possède l'école. — Que signifie l'expression : une balance sensible au gramme sous une charge de 2 kilos? — Étudier la sensibilité de la balance de l'école sous des charges croissantes : à vide, sous 1 kilo, 2 kilos, etc. — Quelles sont les balances utilisées pratiquement?

4ᵉ LEÇON

LES FLUIDES. — PROPRIÉTÉS GÉNÉRALES. — SURFACE LIBRE DES LIQUIDES. — VASES COMMUNICANTS.

MATÉRIEL : Pompe à bicyclette ordinaire et pompe pour aspiration, à cuir retourné. — Vessie en caoutchouc pour petit ballon d'enfant. — Appareil représenté par la figure 47. Balance sensible au 1/2 gramme. — Ballon de 1 litre au moins fermé par un bon bouchon, en caoutchouc de préférence. — Eau, pétrole, mercure. — Appareil (*fig.* 53) et tube effilé pour le transformer comme à la figure 57. — Niveau d'eau. — Tube en U. — Ballon de jeu de football.

Propriétés générales des fluides.

35. Dans la première leçon, nous avons appelé *fluides* deux sortes de corps : les liquides et les gaz. Nous avons caractérisé les fluides par les propriétés suivantes :

1º Un fluide ne peut être saisi à la main; on ne peut, en agissant sur un de ses points, entraîner la masse entière;

2º Un fluide n'a pas de forme déterminée : il prend la forme du vase qui le contient. Nous savons transvaser un liquide; nous avons indiqué plusieurs moyens de transvaser un gaz;

3º Nous avons montré la différence fondamentale entre un liquide et un gaz :

Un *liquide* est pratiquement *incompressible*; ses variations de volume sous l'action de la chaleur sont assez faibles.

Un *gaz* est *compressible* et *élastique*; les variations de volume d'une masse gazeuse sous l'action de la chaleur sont considérables.

Voici une autre différence capitale entre un liquide et un gaz.

36. *Les gaz sont expansibles.* — EXPÉRIENCE. Prenons une pompe à bicyclette dont nous avons retourné le cuir de façon à en faire une pompe à aspirer l'air (*fig.* 47). Dans un flacon à large goulot, plaçons une petite vessie en caoutchouc (ballon d'enfant) à moitié pleine d'air. Enlevons l'air du flacon : la vessie se gonfle.

Ainsi, le volume occupé par le gaz n'est pas limité : il varie avec la pression supportée par le gaz. Nous reviendrons bientôt sur ce point, mais cette propriété constitue entre les liquides et les gaz une

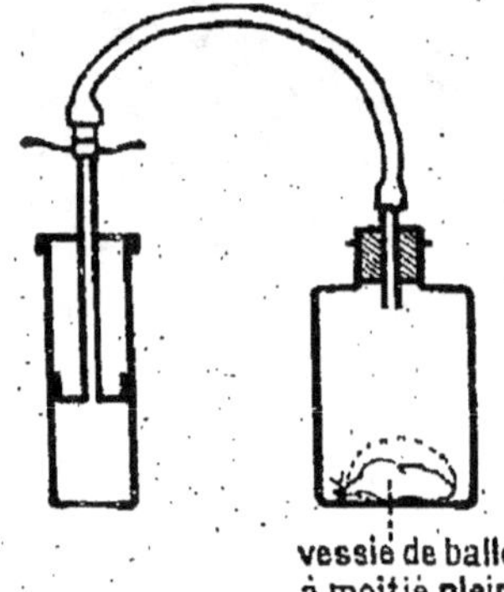

Fig. 47. — Quand on enlève l'air du flacon, la vessie se gonfle. — Il suffit de mettre dans le bouchon une valve à bicyclette retournée. A défaut de cette disposition, après chaque coup de pompe, pincer le caoutchouc de façon à intercepter la communication entre la pompe et le flacon. (Avec une modeste pompe de 1 franc, nous avons obtenu une raréfaction à 20 centimètres de mercure.)

différence fondamentale, car le volume occupé par un liquide varie très peu avec la pression.

On peut encore donner à ces expériences une forme plus saisissante. La figure 48 montre l'appareil qui sert à cet usage. En refoulant l'air au moyen de la pompe, on voit le volume du gaz diminuer dans le tube ; en aspirant l'air, au contraire, on voit le volume du gaz augmenter. On peut même provoquer des variations suffisamment sensibles de volume en comprimant l'air ou en l'aspirant avec la bouche.

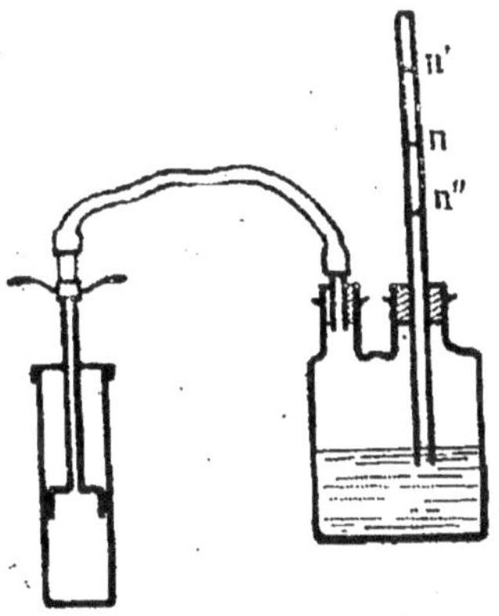

Fig. 48. — Quand on comprime l'air dans le flacon, le volume du gaz diminue de *n* en *n'* ; quand on aspire l'air, le volume du gaz augmente de *n* en *n''*.

37. *Les fluides sont pesants.* — Le fait est hors de doute pour les liquides ; les expériences suivantes vont mettre en évidence le poids des gaz.

Expériences. I. Prendre un ballon de 2 litres environ, fermé par un bon bouchon. Le bouchon est traversé par un tube de verre terminé por un ajutage de caoutchouc. Ce dernier est fermé par une pince. Placer le ballon sur l'un des plateaux d'une balance et faire la tare. Enlever l'air du ballon avec une machine spéciale, ou même simplement avec une pompe à bicyclette montée pour aspiration. Le poids du ballon a diminué.

II. Les figures 49 et 50 montrent comment on peut réaliser simple-

Fig. 49. — Le ballon, d'où l'eau bouillante a chassé l'air, est bouché, refroidi et pesé.

Fig. 50. — Le ballon est débouché ; l'air y rentre et en augmente le poids.

ment cette expérience. Dans un grand ballon de 2 litres environ, on a porté à l'ébullition une petite quantité d'eau. La vapeur a chassé l'air. On a fermé le ballon par un bon bouchon et on l'a taré sur une

balance sensible. Le ballon se refroidit, la vapeur se condense. On
enlève le bouchon : l'air rentre brusquement. On voit que le poids du
ballon a augmenté.

III. Tarer sur une balance sensible un ballon vide de jeu de football. Le gonfler fortement, constater que son poids a augmenté. Rétablir l'équilibre et dégonfler le ballon : son poids diminue.

Un litre d'air, à la température de 0° et sous la pression de 76 centimètres de mercure, pèse 1 gr. 3.

En raison de leur poids et de leur fluidité, les liquides et les gaz
ont des propriétés analogues, séparées d'habitude dans les ouvrages
élémentaires, mais qu'il y a intérêt à rapprocher.

Nous étudierons successivement :

L'équilibre des fluides;

La transmission des pressions par les fluides;

Les pressions à l'intérieur des fluides et les pressions sur les parois
des vases;

Les poussées exercées sur les corps plongés dans un fluide (principe d'Archimède).

Surface libre d'un liquide dans un seul vase.

38. *Formes et propriétés de la surface libre.* — Expérience. Voici de
l'eau dans une cuvette; nous savons déjà que la surface est plane et
horizontale : elle est *plane*, parce qu'une ligne droite, l'arête d'une
équerre, par exemple, peut s'appliquer exactement sur cette surface dans toutes les directions; elle est *horizontale*, parce que perpendiculaire à la verticale (n° 12). Penchons le vase : la surface du liquide
reste horizontale; il arrive un moment où le niveau de l'eau atteint
le bord du vase. Si on continue à pencher celui-ci, l'eau tombe et on
peut la recueillir dans un verre, un flacon, dont elle prend la forme;
on ne peut pas la saisir avec la main : on dit qu'elle *coule*. On traduit
encore cette propriété en disant que l'eau est un *fluide* ou un *liquide*.

On peut se faire une idée de la constitution d'un liquide en emplissant un
vase de grains de plomb de chasse. Les grains se disposent de façon que la
surface présente l'aspect d'un plan horizontal ; il suffit d'imprimer au vase
de légers chocs pour obtenir ce résultat. Si on incline ce vase, les grains
coulent comme de l'eau et on peut les recueillir dans un autre vase. Plus les
grains sont fins, plus la ressemblance avec un liquide est frappante. Les
matières pulvérulentes bien sèches, sable, farine, fleur de soufre, etc., donnent lieu aux mêmes constatations. On a donc toutes sortes de raisons pour
considérer un liquide comme formé de particules extrêmement petites,
n'ayant entre elles qu'une adhérence insignifiante et pouvant glisser les unes
sur les autres sous l'influence de la force la plus légère.

Il y a tous les intermédiaires entre l'état solide et l'état liquide. les
huiles, les sirops, la mélasse, le goudron, les beurres, voilà quelques-
uns de ces intermédiaires.

Les liquides sont peu compressibles. Une pression de 1 kilogramme
par centimètre carré sur de l'eau ne ferait varier le volume que

de 1 centimètre cube pour 20 litres de liquide environ. Avec le mercure, la variation serait plus faible encore. Si nous ne nous occupons pas des variations de volume dues aux variations de température, nous pouvons donc dire : *Un liquide est un fluide de forme variable et de volume constant.*

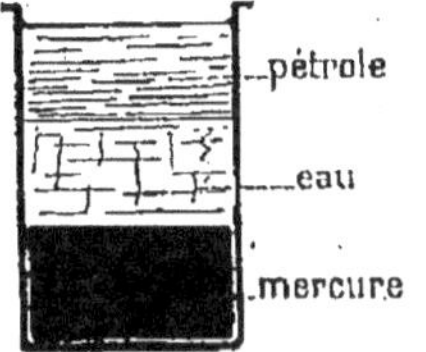

Fig. 51. — Dans un même vase, des liquides qui ne se mélangent pas se superposent par ordre de densité.

Équilibre de plusieurs fluides dans un même vase.

39. Expérience : Dans un verre, versons successivement du pétrole, de l'eau, du mercure; on voit bientôt que les trois liquides se sont séparés très nettement : le mercure à la partie inférieure, l'eau au milieu, le pétrole à la partie supérieure (*fig.* 51).

Si on met les liquides suivants : eau, sulfure de carbone, mercure, l'ordre de superposition est : mercure, sulfure de carbone, eau.

On voit donc que lorsque plusieurs liquides non susceptibles de se mélanger sont réunis dans un même vase, *ils se superposent par ordre de densité.* De plus, la surface de séparation des deux liquides est *plane et horizontale.*

Mais si on essaye de superposer ainsi des liquides qui se mélangent, quoique de densités différentes : l'eau et l'alcool, l'eau et la glycérine, par exemple, on n'obtient pas de surface de séparation bien nette. Avec quelques précautions, on peut superposer de l'alcool coloré à de l'eau, mais, peu à peu, les deux liquides se pénètrent et la surface de séparation disparaît.

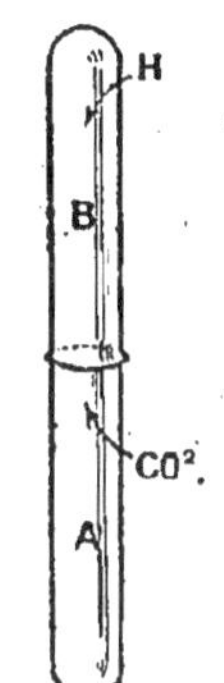

Fig. 52. Deux gaz mis au contact l'un de l'autre se mélangent toujours.

Les gaz se comportent comme des liquides qui se mélangent. Prenons deux éprouvettes identiques. Remplissons l'une de gaz carbonique, l'autre étant remplie d'hydrogène, et superposons-les comme le montre la figure 52, l'éprouvette de gaz carbonique étant en bas. Comme le gaz carbonique est plus dense que l'hydrogène, il semble que les deux gaz doivent rester séparés comme de l'eau et du pétrole. Cependant, au bout d'un certain temps, le mélange est parfait, le contenu de chacune des deux éprouvettes a la même composition. Ainsi, deux gaz différents mis au contact l'un de l'autre se mélangent toujours. On dit qu'ils se *diffusent* l'un dans l'autre. Il ne saurait donc être question de surface libre d'un gaz ni de surface de séparation de deux gaz.

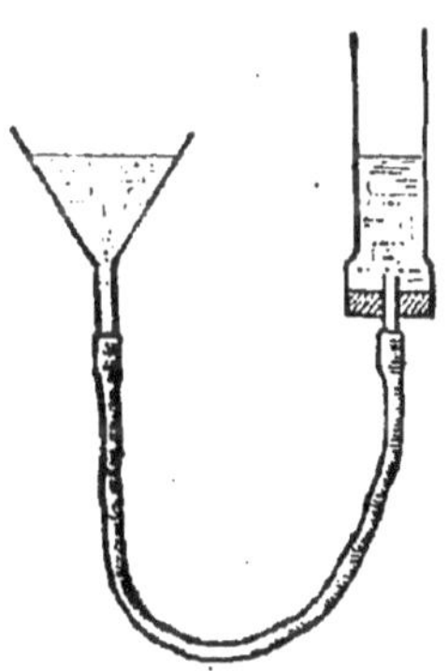

Fig. 53. — Vases communicants. Les surfaces libres du liquide sont dans le même plan horizontal.

Équilibre d'un liquide dans des vases communicants.

40. *Forme de la surface libre.* — Expérience. Prenons l'appareil représenté par la figure 53; il se compose d'un entonnoir et d'un verre de lampe réunis par un tube de caoutchouc. Versons de l'eau dans l'un des vases : le liquide s'élève dans l'autre, et nous constatons :

1° Que dans chaque vase la surface du liquide est un plan ;

2° Que dans les deux vases la surface libre est dans le même plan horizontal. Nous pouvons approcher les deux vases, les éloigner, les pencher de toutes manières, en ayant soin toutefois que le liquide ne s'échappe pas, toujours nous constatons les résultats précédents. Il n'y a donc aucune différence entre un seul vase et des vases communicants.

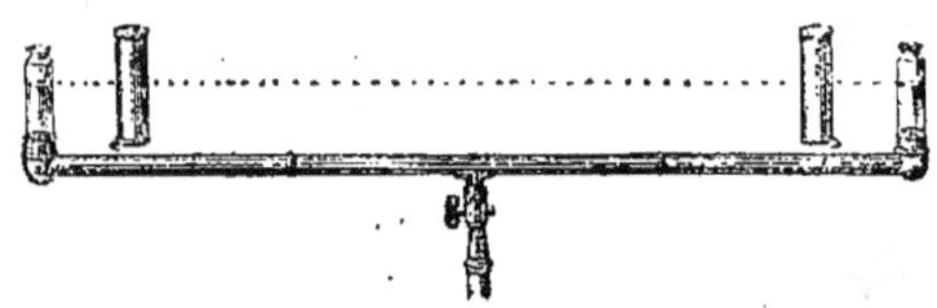

Fig. 54. — Niveau d'eau.

41. Niveau d'eau. — Les propriétés des vases communicants sont utilisées dans le *niveau d'eau*. Cet instrument se compose de deux fioles en verre réunies par un tube de fer. Le tout est supporté par un pied (*fig.* 54). Le niveau d'eau sert dans le *nivellement*. On appelle *surface de niveau* un plan horizontal. Le niveau d'eau sert à déterminer la distance verticale entre les plans horizontaux qui passent par deux points, autrement dit à déterminer la différence de niveau entre deux points. La figure 55 montre suffisamment comment on procède.

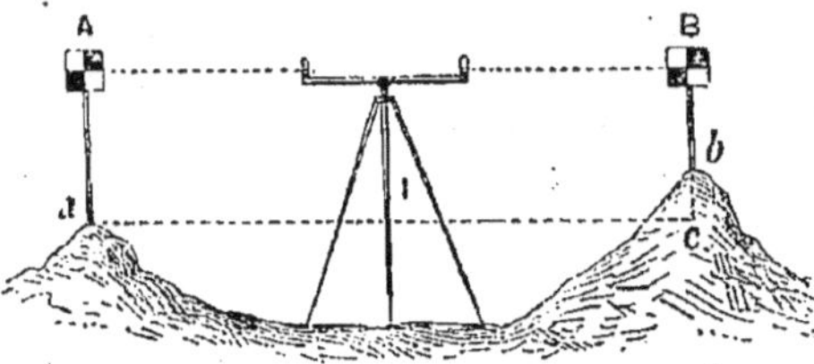

Fig. 55. — Nivellement. La différence de niveau entre *b* et *a* est égale à A*a* — B*b*, soit *bc*.

42. Écluses. — Dans les canaux, on a des bassins, ou *biefs*, situés à des niveaux différents (*fig.* 56). L'eau d'alimentation arrive dans le bief dont le niveau est le plus élevé.

Deux biefs sont séparés par une petite portion de canal permettant juste le passage d'un bateau : c'est une *écluse*.

Fig. 56. — Écluse : 1, vue générale ; 2, coupe schématique. A-B, portes ; C, vanne ouverte ; D, vanne fermée ; E, niveau supérieur ; F, niveau inférieur.

L'écluse est fermée à ses deux bouts par des portes formant entre elles un angle dirigé vers l'amont. La figure 56 montre comment on peut faire passer un bateau d'un bief dans un autre situé plus bas.

43. *Distribution de l'eau dans les villes.* — Dans les villes, où les maisons sont assez élevées, il est nécessaire de faire monter l'eau jusqu'au dernier étage.

Fig. 57. — Jet d'eau.

Pour cela, on établit un réservoir à un niveau plus élevé que la ville, et l'eau de ce réservoir est amenée partout où on en a besoin par une canalisation bien étanche. — Où se trouve le réservoir qui sert à l'alimentation de la ville, de l'école ?

44. *Jets d'eau.* — Expérience. Dans l'appareil représenté par la figure 53, remplacer le verre de lampe par un tube effilé, et abaisser l'extrémité du tube au-dessous du niveau du liquide dans l'entonnoir. Le liquide jaillit par le tube effilé et le jet atteint presque le niveau de l'eau dans l'entonnoir : on a un *jet d'eau* (*fig.* 57). Les jets d'eau qu'on voit sur les places, dans les parcs, etc., sont obtenus de la même manière.

45. *Puits artésiens.* — Ce sont des applications assez intéressantes des vases communicants. Parmi les couches qui constituent le sol, les unes, comme le sable, le gravier, laissent passer l'eau, sont *perméables;* l'argile est *imperméable.* Dans le bassin de Paris, les couches successives ont la forme de

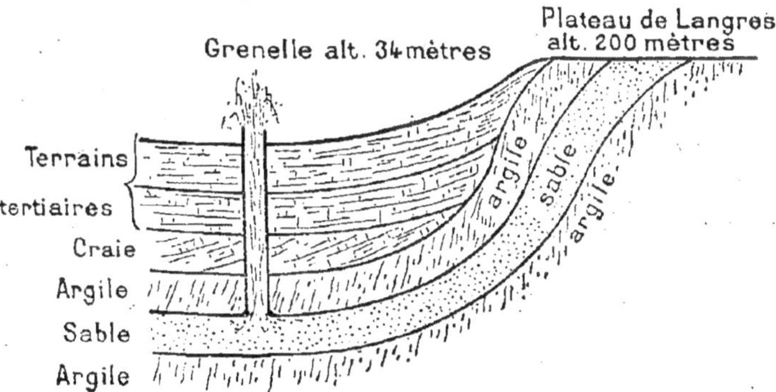

Fig. 58. — Figure schématique d'un puits artésien dans le bassin de Paris.

cuvettes emboîtées les unes dans les autres. On trouve en particulier une couche de sable comprise entre deux couches d'argile.

La couche de sable affleure de la Champagne à la Loire, à 150 mètres environ au-dessus de Paris (*fig.* 58). Les pluies qui tombent dans la région d'affleurement s'infiltrent dans le sable et consti-

Fig. 59. — Puits artésien de Sidi-Rached (Algérie).

tuent entre les couches d'argile comme un réservoir, encaissé entre deux cuvettes. A Paris, la nappe perméable est recouverte par une couche de terrain épaisse de 500 à 600 mètres. Si on creuse un trou jusqu'à cette couche perméable, l'eau remonte à la surface du sol et peut même jaillir à une certaine hauteur. Des puits analogues au précédent avaient été creusés dans l'Artois déjà au moyen âge : d'où le nom de *puits artésiens* qui leur a été donné. A Paris, il y a plusieurs puits artésiens. Les plus connus sont ceux de Grenelle et de Passy. Le puits de Grenelle a 540 mètres de profondeur, l'eau s'élève à 38 mètres au-dessus du sol. Son débit est de 300 litres par minutes. Le puits de Passy a 586 mètres de profondeur. Son débit est de 4000 litres par minute, l'eau est à la température de 28°. En Algérie et en Tunisie, des puits artésiens (*fig.* 59) ont transformé en oasis verdoyantes des contrées absolument dépourvues de végétation.

RÉSUMÉ

1. Les *liquides* et les *gaz* sont des *fluides*. Ils prennent la forme des vases qui les renferment; ils coulent; une masse de ces corps ne peut être entraînée en agissant seulement sur un de ses points.

2. Les *liquides* sont pratiquement *incompressibles*, les *gaz* sont *compressibles* et *élastiques;* ils sont de plus *expansibles*, c'est-à-dire qu'une masse gazeuse tend à occuper tout l'espace vide qui lui est offert.

Les *gaz* sont *pesants* comme les liquides, mais la masse du décimètre cube de gaz est faible : 1 litre d'air pèse 1 gr. 3 dans les conditions normales.

3. La *surface libre* d'un liquide est *plane* et *horizontale*. Quand plusieurs liquides qui ne se mélangent pas sont placés dans le même vase, ces liquides se disposent par ordre de densité, le plus dense au fond, et la surface de séparation des deux liquides est plane et horizontale.

4. Deux *gaz* se *diffusent* toujours, comme font deux liquides miscibles; aussi il n'existe pas de surface libre pour les gaz, ni de surface de séparation pour deux gaz.

5. Lorsqu'un liquide se répand dans plusieurs vases qui communiquent entre eux :

a) Dans chaque vase, la surface du liquide est un plan horizontal;

b) La surface du liquide de tous les vases est dans le même plan horizontal.

6. Les propriétés des vases communicants ont été appliquées :

a) Dans le *niveau d'eau*, qui sert à déterminer la différence de niveau entre deux points, c'est-à-dire la distance des deux plans horizontaux dans lesquels se trouvent ces points;

b) Dans les *écluses*, qui permettent de faire passer les bateaux d'un bief à un autre qui n'est pas au même niveau;

c) Pour la distribution de l'eau dans les villes, pour l'établissement de jets d'eau;

d) Pour l'établissement de *puits artésiens*, comme on en trouve à Paris (Passy), en Algérie et en Tunisie.

EXERCICES

Pourquoi les liquides et les gaz sont-ils appelés des fluides? — Comment peut-on changer la forme d'un fluide? — Dessinez des dispositifs qui permettent de transvaser un gaz. — Montrez que les gaz sont compressibles. — Que signifie l'expression : les gaz sont élastiques? — Montrez que les gaz sont expansibles. — Montrez que l'air est pesant. Quelle est la masse de 1 litre, de 1 mètre cube d'air, de l'air que contient la salle de classe? — Montrez que la surface d'un liquide est plane et horizontale. — Comment se disposent de l'eau et du pétrole, versés dans un même verre? — Comment obtient-on une veilleuse à huile? — Comment se dispose un liquide dans plusieurs vases qui communiquent entre eux? — Décrivez le niveau d'eau. A quoi sert cet instrument? — Montrez comment une écluse sert à faire communiquer deux bassins où l'eau est à des niveaux différents. Dessinez les phases du passage d'un bateau du bief inférieur au bief supérieur. — D'où provient l'eau qui alimente l'école, la ville. — Comment concevez-vous qu'à la ville on puisse faire monter l'eau potable jusqu'à l'étage supérieur des maisons? — Où avez-vous vu un jet d'eau? Décrivez-le. Dites comment il peut fonctionner. Pourriez-vous établir un jet d'eau dans votre jardin? Comment feriez-vous? — Donnez une idée d'un puits artésien.

5ᵉ LEÇON

TRANSMISSION DES PRESSIONS. — POUSSÉES A L'INTÉRIEUR DES FLUIDES

MATÉRIEL : 3 briques. — Appareil représenté par la figure 61. Cet appareil peut être constitué par un verre de lampe cylindrique et un tube de 1 centimètre de diamètre intérieur environ, réunis comme l'indique la figure. On peut utiliser pour l'expérience deux liquides de densités différentes, non miscibles. L'eau et le pétrole sont particulièrement commodes. — Pompe à bicyclette. — Vessie de porc ou petit ballon de caoutchouc. — Presse hydraulique de démonstration. On trouve chez divers constructeurs de petites presses tout en verre à des prix abordables. — Obturateur en papier bristol fort pour verre de lampe. — Eau colorée.

Transmission des pressions.

46. *Définition de la pression.* — Voici une brique qui pèse 2 kilos; ses dimensions sont 20, 10, 5 centimètres. Je puis la poser sur la table dans trois positions différentes (*fig.* 60) : sur la face de

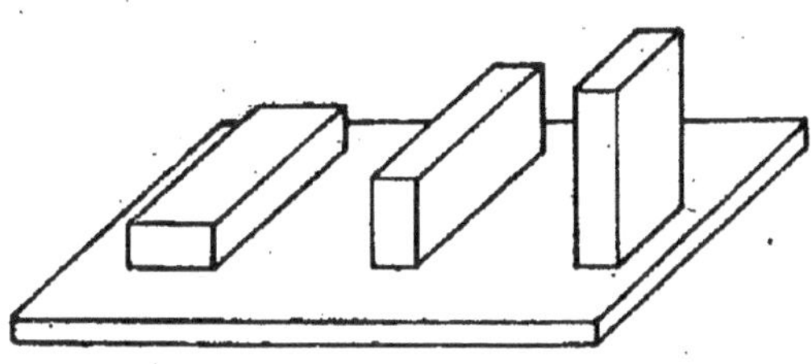

Fig. 60. — Dans les trois positions de la brique, la poussée sur 1 centimètre carré n'est pas la même.

20 × 10 centimètres, sur celle de 20 × 5 ou sur celle de 10 × 5 centimètres. Dans les trois cas, la brique presse sur la table, et la force de pression est la même, 2 kilogrammes. Mais cette force ne se trouve pas répartie sur des surfaces égales dans les trois positions. Dans la première position, la force de pression est répartie sur 200 centimètres carrés; sur 1 centimètre carré, elle est donc de :

$$\frac{2000 \text{ gr.}}{200} \text{ ou } 10 \text{ grammes.}$$

On voit que dans la deuxième position cette force serait de 20 grammes par centimètre carré et, dans la troisième, de 40 grammes.

L'action de la brique sur la table n'est donc pas bien définie par le poids de cette brique, mais par le quotient du poids et de la surface pressée, autrement dit, par la force de pression sur 1 centimètre carré.

Désormais, nous appellerons *poussée* la force de pression et, quand nous dirons *la pression,* nous entendrons la *poussée sur 1 centimètre carré.* Nous nous rappellerons qu'on obtient la valeur de *la pression* en divisant la poussée exprimée en grammes par la surface pressée exprimée en centimètres carrés.

Pression en un point. Nous emploierons parfois l'expression : *pression en un point.* Il semble qu'elle n'ait aucune signification, puisqu'un point n'a pas de dimensions. Il

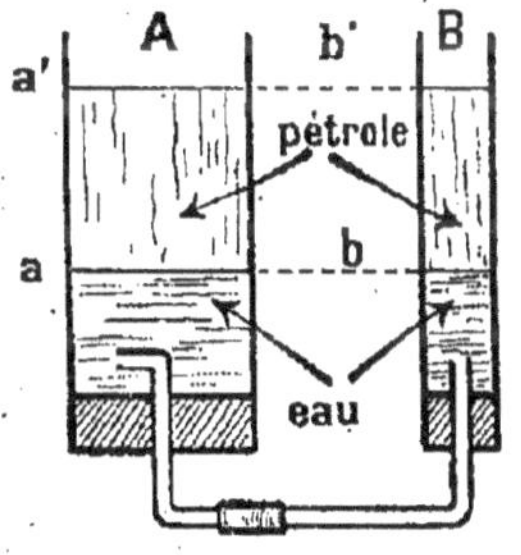

Fig. 61. — La pression dans le plan *a b,* sur 1 centimètre carré, est la même dans les deux tubes.

faut entendre par là *la pression sur une surface plane très petite qui contient le point considéré.*

Exemple : Dans les trois positions de la brique précédente, déterminer *la poussée* sur une petite surface carrée de 1 millimètre de côté. Calculer *la pression* correspondante.

47. *Principe de Pascal ou de la transmission des pressions.* — Expérience. Prenons l'appareil représenté par la figure 61. Il se compose

de deux vases cylindriques de diamètres différents réunis par un tube
de verre.

Nous avons mis de l'eau dans les deux vases : le niveau commun
est ab. Dans le vase A, versons du pétrole ; ce liquide exerce une
poussée à la surface de l'eau et le niveau n'est plus le même dans les
deux vases. Nous pouvons supposer que le pétrole et l'eau sont séparés par une membrane solide, sorte de piston qui glisserait sans

Fig. 62. — Skieur.

frottement dans le tube. La poussée sur cette membrane est égale au
poids du pétrole versé dans le tube A. Versons du pétrole dans B
jusqu'à ce que le niveau de l'eau revienne en ab ; on voit que la hauteur de la colonne bb' est égale à celle de la colonne aa'. La poussée
à la surface de l'eau en B est égale au poids de la colonne bb'. La
poussée en B fait équilibre à la poussée en A ; cependant elle n'est
pas égale à cette dernière. Mais, *sur 1 centimètre carré, la poussée est
la même dans les deux tubes.* On traduit ce fait en disant que l'eau
transmet intégralement les pressions. Cela signifie : si on exerce à la
surface du liquide une pression de 1 kilogramme par centimètre
carré, le liquide transmet à toute portion de paroi en contact avec
lui une pression de 1 kilogramme par centimètre carré.

Nous avons coudé l'extrémité du tube qui pénètre dans A. Quelle que soit la position de l'extrémité coudée, on vérifie le résultat précédent ; *la pression est donc transmise dans tous les sens.*

48. Remarque. — La propriété précédente est particulière aux fluides ; les solides transmettent dans une seule direction les pressions qu'ils reçoivent, et la valeur de la pression transmise peut être modifiée.

Exemple. Sur une première brique posée à plat sur la table, plaçons-en une seconde sur bout (*fig.* 63). Quelle est *la pression* exercée par la première brique sur la seconde ? Quelle est la pression transmise à la table ? Dans quelle direction se transmet la pression ? — Prendre les données du n° 46.

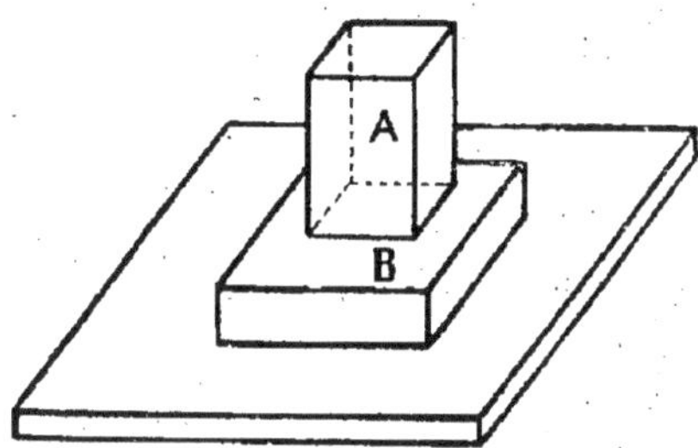

Fig. 63. — La pression transmise à la table par la brique B n'est pas la même que la pression exercée par A sur B.

Quand les jardiniers veulent pénétrer dans des carrés fraîchement bêchés pour y faire des plantations, ils placent sur la terre remuée une planche sur laquelle ils marchent. Leur poids est ainsi réparti sur toute la surface de la planche.

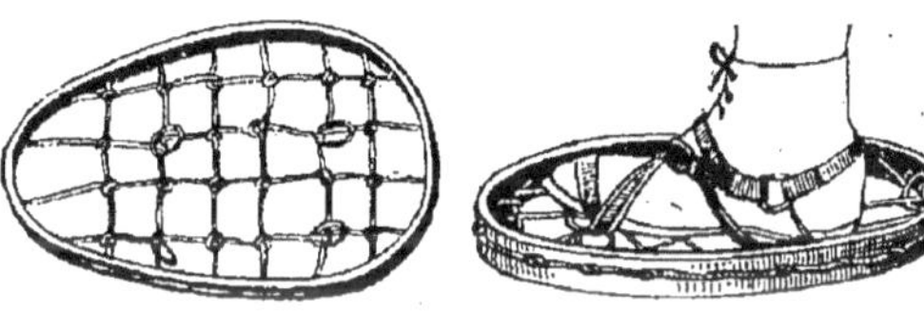

Fig. 64. — Raquette à neige et son emploi.

Pour se déplacer sur la neige, les habitants des régions polaires fixent à leurs chaussures des lames de bois de $2^m,20$ de long et de 10 centimètres environ de large, appelées *skis*. Les skieurs (*fig.* 62) prennent point d'appui sur la neige au moyen d'un bâton portant une rondelle qui limite la profondeur à laquelle ce bâton s'enfonce.

Dans nos régions montagneuses de l'Est, du Centre, des Alpes et des Pyrénées, le ski est un sport très à la mode pendant l'hiver.

Pour marcher sur la neige, on fixe aux chaussures des raquettes, cadres ovoïdes sur lesquels sont tendues des cordes entre-croisées (*fig.* 64). Ces raquettes augmentent la surface d'appui et, par suite, diminuent la *pression* exercée sur la neige.

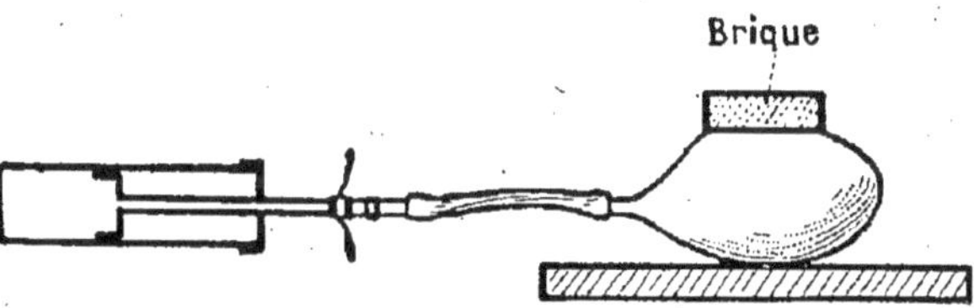

Fig. 65. — Les gaz transmettent les pressions.

49. Les gaz transmettent les pressions. — Expérience. Un petit ballon en caoutchouc supporte une brique (*fig.* 65). On comprime de l'air dans le ballon au moyen d'une pompe à bicyclette. La brique est soulevée. Comme pour les liquides, la transmission a lieu dans tous les sens.

Presse hydraulique.

50. *Principe.* — Le principe de la transmission des pressions, énoncé par Pascal, a été appliqué dans la *presse hydraulique*.

Supposons deux corps de pompe A et B communiquant entre eux (*fig.* 66). L'un a une section de 20 cm² par exemple; l'autre a une section cent fois plus considérable, soit 20 dm². Il y a de l'eau dans les deux corps de pompe, et chacun est fermé par un piston. Un effort de 1 kilogramme exercé sur le petit piston fera équilibre à une force de 100 kilogrammes exercée sur le grand. Mais, par contre, quand le petit piston s'abaisse de 20 centimètres, le grand ne monte que de 2 millimètres. Pour faire monter le grand piston de 20 centimètres, il faudra recommencer cent fois la manœuvre du petit piston. Pour obtenir ce résultat, le petit corps de pompe aspire l'eau d'un récipient R et la refoule en B. Le cylindre A fonctionne comme une pompe aspirante et foulante. (Voir n° 97.)

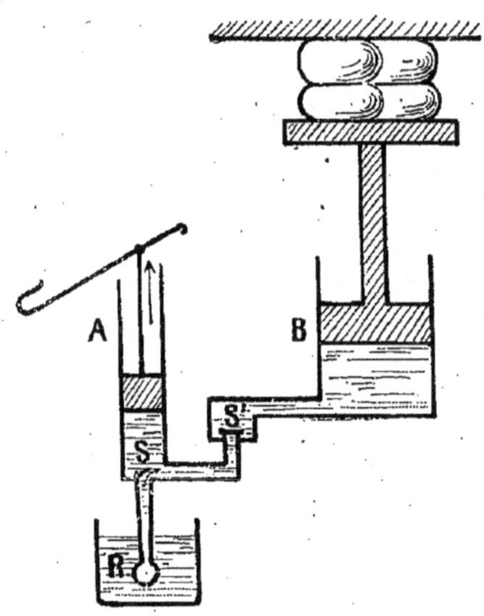

Fig. 66. — Schéma de la presse hydraulique.

51. *Usages de la presse hydraulique.* — Dans l'industrie, la presse hydraulique sert à comprimer les matières filamenteuses, foin, paille, coton, de façon à en réduire le volume et à en rendre le transport plus facile. Elle sert à l'extraction des huiles. Dans l'industrie des bougies, elle est utilisée pour séparer l'acide oléique des autres acides gras. Au moyen de la presse hydraulique, on soumet les chaudières de machines à vapeur à une pression plus forte que celle qu'elles doivent supporter. La presse hydraulique actionne encore des ascenseurs, des monte-charges, elle sert à soulever des poids énormes; c'est ainsi que la tour Eiffel, dont le poids est de 8 000 tonnes, repose sur 16 *vérins hydrauliques*, appareils dont le principe est le même que celui de la presse hydraulique.

Poussées à l'intérieur des fluides.

52. *Existence et valeur de ces poussées.* — Expérience. Prendre un verre de lampe cylindrique et un morceau de carton un peu plus grand que l'ouverture de ce verre de lampe (*fig.* 67).

Appliquer le carton (obturateur) contre l'ouverture du verre et enfoncer le tout verticalement dans un bocal plein d'eau. L'obturateur ne tombe pas; il peut même supporter une tige de fer pesant plus de 100 grammes et dont l'extrémité a été posée avec précaution au centre du carton. *Une poussée s'exerce donc contre l'obturateur.* Enlever la tige de fer et incliner le verre de lampe. Dans toutes les directions, l'obturateur reste adhérent au verre.

Ainsi, la poussée contre l'obturateur s'exerce dans toutes les directions; de plus, elle est perpenculaire ou *normale* à la surface pressée. Si cette force s'exerçait obliquement à la surface de l'obturateur, elle ferait en effet glisser celui-ci comme on fait glisser une pièce de monnaie sur la table en la poussant obliquement avec le doigt.

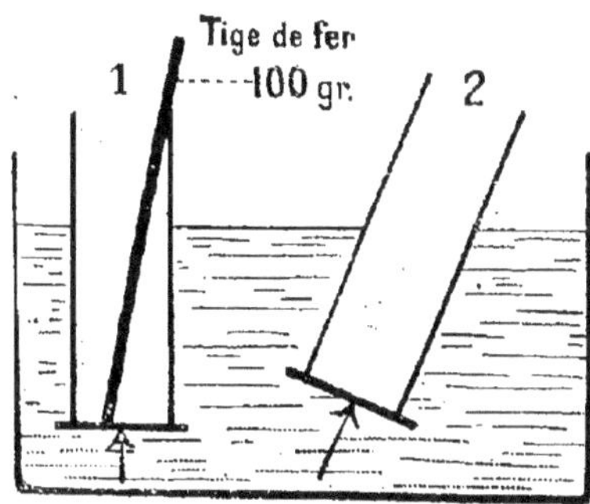

Fig. 67. — La poussée de bas en haut soutient en 1 une tige de fer — 2. La poussée s'exerce dans tous les sens normalement à l'obturateur.

Expérience. Redresser verticalement dans le bocal le verre de lampe muni de son obturateur. Verser avec précaution de l'eau colorée à l'intérieur du verre. L'obturateur ne se détache pas tant que le niveau du liquide n'est pas le même à l'intérieur et à l'extérieur du verre de lampe. A partir de ce moment, si on continue à verser, l'eau colorée fuit entre la base du verre et l'obturateur, les surfaces libres des liquides restent dans le même plan (*fig*. 68). Ainsi, la poussée de bas en haut sur l'obturateur est égale au poids de la colonne de liquide contenu dans le verre de lampe.

Si, à la place de l'obturateur, nous considérons une tranche liquide de même surface, elle subit de bas en haut la même poussée que l'obturateur, mais, puisqu'elle est en équilibre, elle reçoit de haut en bas une poussée directement égale et opposée à la précédente. Nous pouvons donc énoncer les principes suivants :

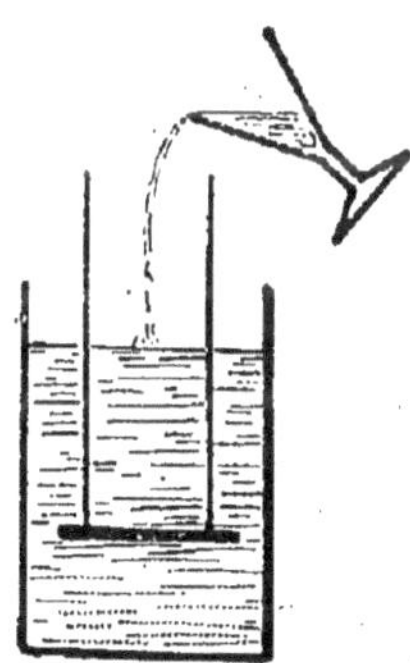

Fig. 68. — L'obturateur se détache quand le niveau du liquide est le même à l'intérieur et à l'extérieur du verre de lampe.

1° *Dans un liquide en équilibre une surface prise dans un plan horizontal est soumise à deux poussées opposées, normales à cette surface et égales au poids d'une colonne de liquide ayant pour base la surface considérée et pour hauteur la distance de cette surface à la surface libre du liquide;*

2° *Dans un liquide en équilibre, deux surfaces égales prises dans le même plan horizontal subissent des poussées égales.*

Nous pouvons évidemment déterminer la différence des poussées exercées sur deux surfaces égales, dans des plans horizontaux différents.

Exemple : La surface *s*, égale à 20 cm², est située dans un plan horizontal à 35 cm. de la surface libre ; la surface *s'*, égale aussi à 20 cm², est dans un plan horizontal à 10 cm. de la surface libre. Quelle est la différence des poussées exercées sur ces surfaces?

53. *Remarque.* — Il est bon de se rendre compte de l'origine des poussées précédentes.

En ce qui concerne la poussée de haut en bas, le résultat indiqué apparaît comme évident; la poussée, sur une surface horizontale, est égale au poids du liquide qui surmonte cette surface. Pour expliquer la poussée de bas en haut, sur la même sur-

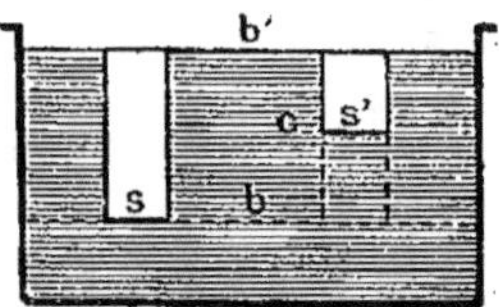

Fig. 69. — La différence des poussées exercées sur les surfaces égales s et s' est égalo au poids d'une colonne de liquide de base s et de hauteur bc = bb'— ab'.

face, il faut faire appel à la fluidité des liquides et à la propriété qu'ils possèdent de transmettre intégralement les pressions. Quand nous enfonçons dans du sable un cylindre à axe vertical, nous exerçons un effort; mais, quand nous avons atteint la profondeur voulue, nous n'avons plus aucun effort à faire pour maintenir le cylindre. Malgré leur mobilité relative, les particules de sable ne transmettent que de haut en bas la poussée exercée par le cylindre. Mais la mobilité des molécules liquides est infiniment plus grande que celle des particules de sable, et c'est ce qui fait que la poussée se transmet dans tous les sens. Dans un plan horizontal, si on considère une surface de 1 cm², la colonne de liquide qui surmonte cette surface exerce une certaine pression égale à son poids. Cette pression se transmet dans tous les sens, absolument comme s'il s'agissait d'une pression mécanique.

RÉSUMÉ

1. Quand une force exerce son action sur une surface, on dit qu'elle presse cette surface, et on appelle *force de pression* ou *poussée* l'action ainsi exercée.

La pression est la poussée sur une surface de 1 centimètre carré; autrement dit, c'est le quotient de la poussée par la surface pressée.

2. *Un liquide transmet intégralement les pressions qu'il supporte. Cette transmission a lieu dans tous les sens.* Cela veut dire que, quand on exerce à la surface d'un liquide une pression de 1 kilogramme par centimètre carré, ce liquide transmet une pression de 1 kilogramme sur chaque centimètre carré de paroi en contact avec lui, quelle que soit la direction de cette paroi.

3. Le principe précédent, énoncé par Pascal, est appliqué dans la *presse hydraulique*. Cet appareil se compose essentiellement de deux corps de pompe de diamètres différents et communiquant entre eux. Ces corps de pompe renferment de l'eau et chacun est fermé par un piston qui joint bien exactement. Si la section de A est 100 fois plus petite que celle de B, par exemple, une force de 1 kilogramme appliquée sur le petit piston fait équilibre à 100 kilogrammes sur le grand.

4. La presse hydraulique est utilisée à comprimer les matières filamenteuses, à extraire les huiles, à manœuvrer les ascenseurs, les monte-charges, à soulever des poids énormes, etc.

5. Dans un liquide en équilibre, une surface prise dans un plan horizontal subit *deux poussées égales et opposées, normales à cette surface.*

Chacune de ces poussées est mesurée par le poids d'une colonne de liquide ayant pour base la surface considérée, et pour hauteur la distance verticale entre cette surface et la surface libre du liquide.

Ces poussées sont les mêmes sur toutes les surfaces égales prises dans le même plan horizontal.

EXERCICES

Quelle différence faites-vous entre poussée et pression? — Que signifie l'expression : la pression sur une surface est de 500 grammes? — On exerce sur un liquide une pression de 2 kilos? Quelle est la poussée sur une paroi plane de 10 cm² ? — Donnez le principe de la presse hydraulique — Quels sont les usages de la presse hydraulique? — Quelles poussées subit une surface située dans un plan horizontal? — Que pouvez-vous dire des poussées subies par des surfaces égales dans le même plan horizontal, par deux surfaces égales situées dans deux plans horizontaux différents?

6ᵉ LEÇON

PRESSION ATMOSPHÉRIQUE. — BAROMÈTRE

MATÉRIEL : Pompe à bicyclette à cuir retourné et petit entonnoir de verre. — Papier parcheminé. Celui qui convient le mieux pour l'expérience de la figure 70 est le papier à calquer. — Œuf cuit dur dont on a enlevé la coque. — Carafe dont le goulot a un diamètre un peu plus faible que le diamètre de l'œuf. — Pipette. — Verre à ventouse ou verre à madère. — Tube de Torricelli à mercure. — Baromètre à siphon. — Baromètre métallique.

Existence de la pression atmosphérique.

54. La couche d'air qui enveloppe la terre s'appelle *atmosphère*; son épaisseur est inconnue et dépasse probablement 100 kilomètres. L'air étant pesant doit se comporter comme un liquide; nous pouvons nous demander s'il existe dans l'air des poussées analogues à celles que nous avons constatées dans un liquide en équilibre. Nous prévoyons qu'une surface plane quelconque, prise dans l'atmosphère, supporte sur ses deux faces deux poussées égales et opposées, normales à ces faces.

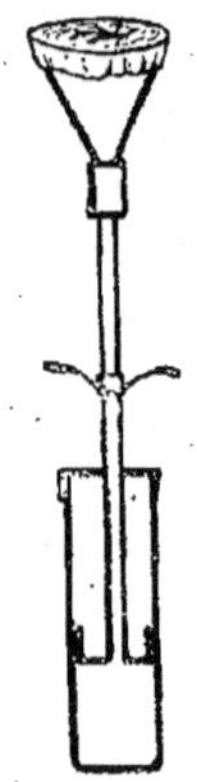

Pour mettre ces poussées en évidence, on fait exactement ce que nous avons réalisé dans l'expérience n° 52 : on supprime ou, simplement, on diminue la poussée sur l'une des faces, ce qui permet de constater la poussée sur l'autre face.

C'est à ce résultat que tendent les expériences suivantes :

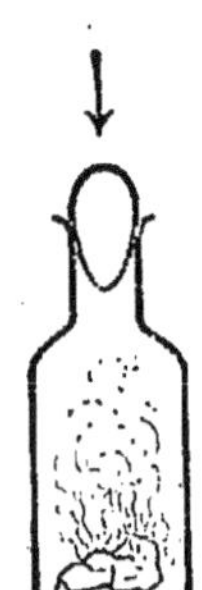

Fig. 71.
Quand l'air chauffé se refroidit, la poussée extérieure fait entrer l'œuf dans la carafe.

Fig. 70. — La poussée de l'air fait crever la feuille de papier tendue sur l'entonnoir lorsqu'on tire sur le piston.

EXPÉRIENCES. I. Constater qu'il faut un effort assez considérable pour tirer le piston de la pompe à bicyclette à cuir retourné. Comme il n'y a pas d'air en dessous du piston, la pression atmosphérique s'exerce en dessus.

II. A l'extrémité de la pompe précédente, adapter un petit entonnoir en verre (*fig.* 70). Sur le bord de cet entonnoir, tendre une feuille mince de papier parchemin. Tirer brusquement le piston : la feuille se crève avec un grand bruit. Appuyer le bord de l'entonnoir contre la joue d'un élève. Tirer le piston. La peau de la joue est tirée dans l'entonnoir (principe des ventouses). — Expliquer ces résultats.

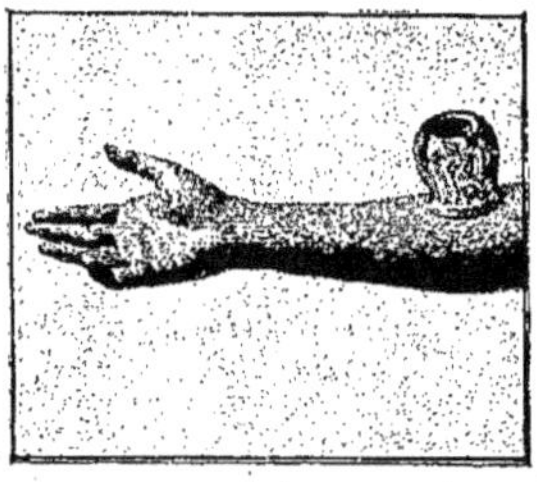

III. On a préparé un œuf cuit dur dépouillé de sa coque et dont le diamètre est un peu plus grand que celui du goulot d'une carafe. Dans la carafe, on a jeté un morceau de papier buvard imprégné d'alcool et allumé.

Quand le papier s'éteint, on place l'œuf sur le goulot de la carafe (*fig.* 71). Que se passe-t-il ? Expliquer.

Fig. 72.—Effets de la ventouse.

55. *Ventouses.* — C'est le même principe qui est utilisé dans l'application des *ventouses* (*fig.* 72), employées dans certaines maladies : pleurésie, pneumonie, congestions pulmonaires, etc., et dans les contusions, pour attirer le sang dans la région où on les applique et faire cesser l'état de congestion d'organes voisins. Le verre à ventouses est une petite cloche de forme variable dans lequel on raréfie l'air.

Fig. 73. — La pression atmosphérique maintient le papier contre le verre plein d'eau.

Ce résultat est obtenu en faisant brûler à l'intérieur des parcelles de papier, de coton, imbibées d'alcool pour que la combustion se fasse mieux, ou même simplement en plaçant la cloche l'orifice en bas au-dessus d'une lampe à alcool. On évite de chauffer les bords de la cloche pour ne pas exposer le malade à être brûlé.

Quant l'air est raréfié dans la cloche, on applique l'orifice sur la peau, qui a été lavée au préalable avec du savon pour la dégraisser.

Si la ventouse est bien appliquée sur tous les points, au bout de quelques secondes la peau se soulève et fait saillie dans la cloche; de plus, elle prend une couleur rouge violacé, ce qui montre l'afflux du sang dans la région soulevée. On détache la ventouse au bout de 10 à 12 minutes; ces ventouses sont dites *sèches*. Dans les *ventouses scarifiées*, on se propose, en outre, d'obtenir au dehors un épanchement de sang. Dans ce but, on pratique des incisions dans la peau, soit avant, soit après l'application d'une ventouse ordinaire. Ces incisions doivent être faites par le médecin ou par une personne expérimentée qui utilisera des instruments désinfectés et qui fera ensuite un pansement rigoureusement *aseptique* (Voir Hygiène).

56. Pipette. — EXPÉRIENCES. I. Dans une terrine pleine d'eau, retournons un verre et soulevons-le avec précaution : l'eau ne s'écoule pas tant que l'orifice du verre plonge dans l'eau.

II. Remplissons d'eau un verre ordinaire et, à la surface, plaçons une feuille de papier qui adhère aux parois. Nous pouvons alors retourner le verre (*fig.* 73), l'eau ne tombe pas. Pourquoi? Ce n'est pas parce que la feuille de papier agit à la façon d'un bouchon, car son adhérence est faible; il suffit d'ailleurs de rompre cette adhérence en un point avec la lame d'un canif pour que l'eau s'écoule brusquement, entraînant la feuille de papier.

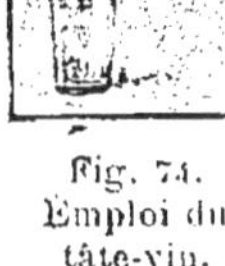

Fig. 74. Emploi du tâte-vin.

L'expérience réussit encore avec un morceau de mousseline ou de gaze placé sur le verre; cependant, ces deux étoffes présentent de petits orifices par lesquels l'eau pourrait s'écouler. Nous avons ici une application des effets de la pression atmosphérique. D'un côté du papier, l'air exerce une poussée; de l'autre côté, on a la poussée du liquide. Celui-ci ne peut s'écouler si sa poussée est inférieure à la poussée de l'air. La feuille de papier n'a d'autre effet que de réaliser une surface solide, sur laquelle la poussée de l'air peut s'exercer. Dans le cas d'un morceau de gaze, l'eau bouche les orifices de l'étoffe qui remplit le même rôle que la feuille de papier.

III. Remplir d'eau une bouteille ordinaire, la renverser l'orifice en bas. A mesure que l'air se vide, l'eau rentre par bulles dans la bouteille.

Fig. 75. — Le Puy de Dôme (1 467 m.), au sommet duquel Périer, beau-frère de Pascal, renouvela en septembre 1648 l'expérience de Torricelli. La différence de niveau entre le sommet de la montagne et la vallée est d'environ 1 000 mètres. Au couvent des Minimes, dans la vallée, la hauteur du mercure dans le tube atteignait 26 pouces 3 lignes 1/2, soit 712 millimètres. Au sommet de la montagne, la hauteur n'était plus que de 23 pouces 2 lignes, soit 628 millimètres.

Mais si l'orifice est très petit, si la bouteille est fermée avec un bouchon traversé par un tube effilé, de sorte que l'air ne peut rentrer à mesure que l'eau s'écoule, la bouteille ne peut se vider. Elle se vide au contraire si on perce dans le bouchon un autre orifice même très fin, mais par lequel l'air pourra rentrer.

IV. Prenons un tube effilé à un bout et d'un diamètre tel que nous puissions fermer l'autre bout en y appliquant le pouce. Plongeons ce tube dans un seau d'eau; le liquide prend le même niveau à l'intérieur qu'à l'extérieur du tube. Fermons l'orifice supérieur du tube et retirons-le de l'eau. Le liquide ne s'écoule pas parce que l'air ne peut rentrer par l'orifice inférieur. Dès qu'on soulève le doigt (*fig.* 74), l'eau s'écoule. Nous avons là le principe de l'appareil appelé *pipette* ou tâte-vin, bien connu des marchands de vin

Mesure de la pression atmosphérique.

57. *Expérience de Torricelli.* — Si le piston de notre pompe à bicyclette à cuir retourné joignait exactement, nous aurions un moyen

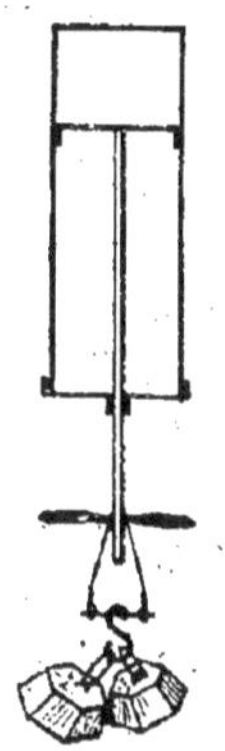

de mesurer la pression atmosphérique. Il suffirait d'attacher des poids au piston jusqu'à ce que celui-ci descende (*fig.* 76). Les poids donneraient la poussée sur le piston; en divisant la poussée par la surface du piston, on aurait la *pression* atmosphérique. La mesure ainsi effectuée serait très grossière; l'expérience suivante, réalisée en 1641 par l'Italien Torricelli, donne la mesure précise de la pression atmosphérique.

Prenons un tube de verre de $0^m,80$ au moins et fermé à un bout (*fig.* 77). Remplissons le tube de mercure, bouchons-en l'orifice avec le doigt et retournons-le sur la cuvette à mercure. Le niveau du mercure descend dans le tube et s'arrête à une certaine hauteur.

Fig. 76.
Les poids attachés au piston font équilibre à la poussée de l'air.

Considérons deux surfaces égales S et S' dans le plan de la surface libre du mercure de la cuvette; S est à l'intérieur du tube, S' à l'extérieur. Ces deux surfaces, étant dans le même plan horizontal, supportent des pressions égales. La surface S supporte le poids de la colonne de mercure qui le surmonte, S' supporte la pression atmosphérique.

Ainsi, *la pression atmosphérique est mesurée par le poids d'une colonne de mercure dont la base est 1 centimètre carré et dont la hauteur est la distance verticale des niveaux du mercure dans le tube et dans la cuvette.* En inclinant le tube, on constate que la distance verticale des deux niveaux est invariable.

L'expérience de Torricelli fut recommencée par Pascal, à Rouen, avec de l'eau

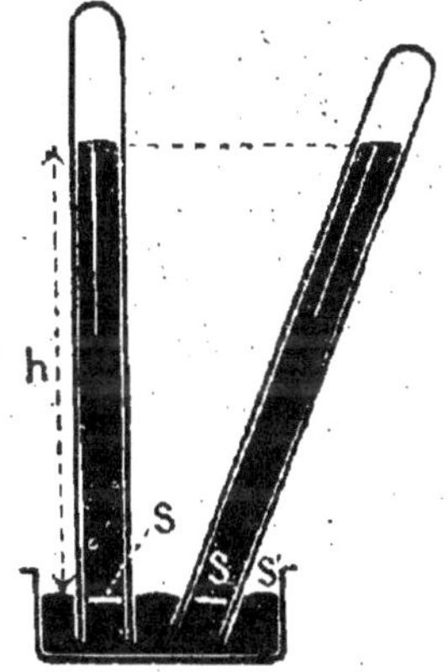

Fig. 77. — Expérience de Torricelli. Sur les surfaces égales S et S', la pression est la même.

rougie, puis à Paris, en haut et en bas de la tour Saint-Jacques. Enfin Pascal chargea son beau-frère Périer de recommencer cette expérience en haut et en bas du Puy de Dôme (*fig.* 75).

Baromètre.

58. *Baromètre à mercure.* — L'appareil précédent, qui sert à mesurer la pression atmosphérique, est un *baromètre.* C'est même le baromètre le plus simple et le plus précis, à condition qu'on mesure bien exactement la distance verticale entre le niveau du mercure dans le tube et le niveau dans la cuvette. C'est le *baromètre à cuvette* ou *baromètre normal*. Cet appareil est encombrant et difficile à transporter. On lui préfère généralement le *baromètre à siphon* que représente la figure 78. C'est le baromètre à siphon qui est le baromètre à mercure le plus répandu actuellement.

59. *Baromètre métallique.* — Supposons une boîte dans laquelle on a fait le vide, telle que celle représentée par la figure 79. Le couvercle présente un certain nombre de cannelures qui en permettent la déformation; en outre, il est maintenu par un ressort équilibrant la pression atmosphérique moyenne.

Si la pression augmente, le couvercle s'abaisse; inversement, si la pression extérieure diminue, le couvercle se soulève sous l'action du ressort. Les mouvements du couvercle sont amplifiés par un système de leviers assez compliqué et se transmettent à une aiguille qui tourne sur un cadran.

On gradue le baromètre métallique par comparaison avec un baromètre ordinaire à mercure, servant d'étalon.

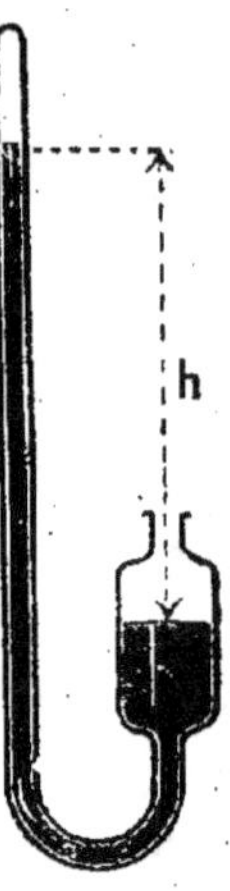

Fig. 78.
Baromètre
à siphon.

60. *Pression moyenne. Pression normale.* — A Paris (Observatoire du parc Saint-Maur), le 2 juin 1912, on a relevé les pressions suivantes :

3 heures du matin. . . . . $753^{mm},6$	3 heures du soir. . . . . . $758^{mm},3$
6 — — . . . . . $755^{mm},7$	6 — — . . . . . $758^{mm},3$
9 — — . . . . . 757^{mm}	9 — — . . . . . 760^{mm}
12 — — . . . . . $758^{mm},1$	12 — — . . . . . $760^{mm},2$

Additionnons ces résultats et divisons par le nombre des observations; nous aurons ce qu'on appelle la *pression moyenne* de la journée.

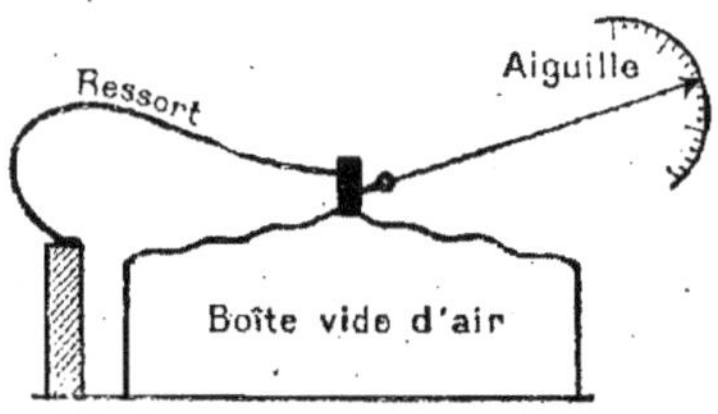

Fig. 79. — Schéma
d'un baromètre métallique de Vidi.

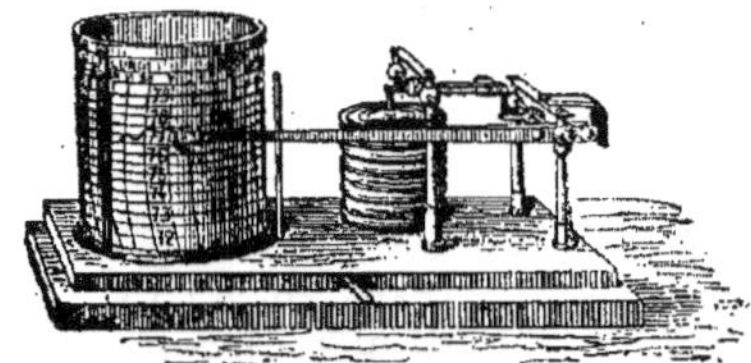

Fig. 80.
Baromètre enregistreur Richard.

La déterminer. — On peut de même prendre la pression moyenne pour un mois, pour une année, pour plusieurs années. Comment fera-t-on pour cela ?

En un même lieu, la moyenne de la pression pour une année est sensiblement constante. Au bord de la mer, on a trouvé que la moyenne de la pression atmosphérique est mesurée par le poids d'une colonne de mercure de 76 centimètres de hauteur et de 1 centimètre carré de surface. Cette pression est dite *pression normale.*

Or, une colonne de mercure de 1 centimètre carré de surface et de 76 centimètres de hauteur pèse 13 gr. $6 \times 76 = 1\,033$ grammes. Cette pression s'appelle encore *atmosphère.*

61. *Variation de la pression avec l'altitude.* — Expérience. Prenons un baromètre et notons la pression qu'il indique. Montons au sommet d'une colline, d'une tour, d'un clocher; nous voyons la pression baisser à mesure que nous nous élevons. Quand nous redescendons, la pression reprend la valeur qu'elle avait précédemment. Ce résultat se conçoit facilement; car plus on s'élève, moins est haute la colonne d'air qui surmonte le baromètre.

Exemple. Le 3 juin 1912, à diverses altitudes, on a noté les pressions suivantes :

Bordeaux, 0 mètre	768^{mm},6	Puy de Dôme, 1 467 mètres.	642^{mm},7
Paris (St-Maur), 50 mètres.	760^{mm},6	Mont Ventoux, 1 900 mètres.	605^{mm},1
Briançon, 1 298 mètres. . .	663^{mm},6	Pic du Midi, 2 859 mètres.	542^{mm},5

Si le poids du litre d'air ne variait pas, on pourrait facilement déterminer de quelle hauteur il faut s'élever pour que la pression atmosphérique baisse de 1 centimètre. Mais le poids du litre d'air varie avec l'altitude ; on a établi une formule très compliquée qui permet de déterminer l'altitude d'un lieu, connaissant la pression atmosphérique en ce lieu. Des baromètres métalliques spéciaux sont gradués pour donner par simple lecture l'altitude du lieu où ils sont portés (*altimètres*). C'est ainsi qu'on peut évaluer la hauteur à laquelle s'élèvent les ballons.

Prévision du temps.

62. *Bourrasque.* — Quand on détermine à la même heure la pression atmosphérique en diverses régions du globe, on trouve des *centres de basse pression*, c'est à-dire des régions pour lesquelles la pression est moindre que dans les régions avoisinantes. Les pressions obtenues sont, bien entendu, corrigées de manière à les ramener toutes à la valeur qui correspondrait à l'altitude 0^m (niveau de la mer). Des vents plus ou moins violents soufflent alors des points où la pression est la plus forte vers le centre de basse pression.

Ces dépressions ou *bourrasques* se déplacent et provoquent généralement dans les régions qu'elles traversent des orages, des pluies, etc. Supposons qu'une bourrasque touche Brest aujourd'hui. Si on détermine à Brest la vitesse de cette bourrasque et sa direction, on pourra indiquer les régions qu'elle traversera probablement le lendemain et

les jours suivants et, par suite, prévoir le mauvais temps dans ces
régions. En France, le Bureau central météorologique reçoit les
dépêches de près de 150 stations et établit chaque jour une carte
(*fig.* 81) qui indique l'emplacement des bourrasques et le temps probable pour les jours suivants.

L'approche d'une bourrasque est annoncée par une baisse du

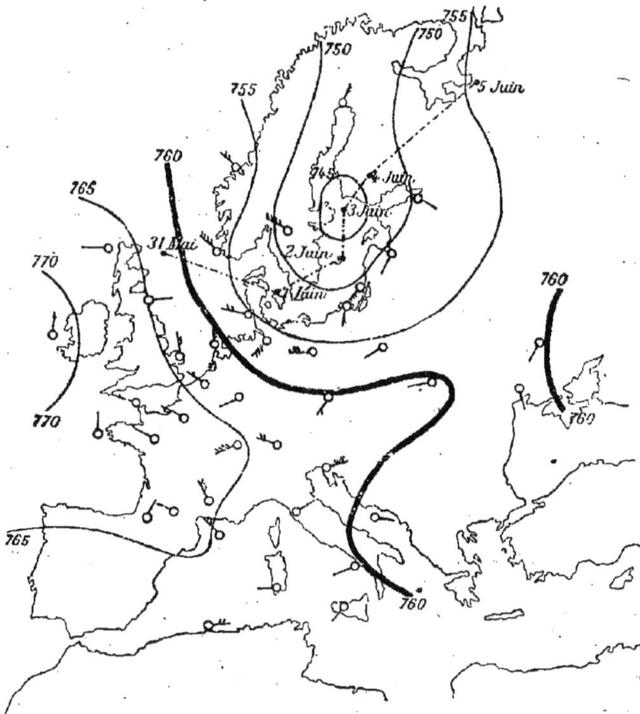

Fig. 81. — Carte météorologique du 3 juin 1912. — On remarque sur la Bal-
tique le centre de basse pression. Observer la direction des vents. — On a
figuré en pointillé mixte la marche de la bourrasque depuis le 31 mai jusqu'au 5 juin.

baromètre. Quand cette baisse coïncide avec les vents du sud-ouest
ou de l'ouest, la pluie est probable. Une hausse du baromètre, coïn-
cidant avec des vents du nord ou de l'est, est un indice de beau
temps. Une baisse brusque est un signe d'orage ou de tempête. Ainsi,
le baromètre sert à la prévision du temps à courte échéance.

Les baromètres métalliques *anéroïdes* sont très répandus. Sur le
cadran on voit inscrite l'indication *variable* en face de la pression 76.
Pour les pressions 77, 78, etc., on lit : *beau*, *beau fixe* et, pour les

pressions 75, 74, on lit : *pluie ou vent, grande pluie, tempête.* Ces indications ne concordent pas nécessairement avec la pression donnée par le baromètre à mercure; elles ne conviennent que pour les régions de faible altitude. On règle les baromètres anéroïdes en plaçant l'aiguille de façon que l'indication *variable* corresponde à la pression atmosphérique *moyenne* de la région donnée par un baromètre à mercure. Pour des régions de faible altitude, on compte que la pression moyenne baisse de 9 millimètres environ quand on s'élève de 100 mètres. Ainsi, dans une région où l'altitude est 300 mètres, la pression moyenne est voisine de 733 millimètres. Quand un baromètre à mercure indiquera cette pression, nous placerons l'aiguille du baromètre anéroïde sur *variable.*

Dans les baromètres de précision, le cadran est ordinairement formé de deux cercles concentriques, ce qui permet de faire coïncider l'indication *variable* et la pression moyenne exacte du lieu où l'on se trouve.

Il ne faut pas d'ailleurs attribuer aux indications placées sur le cadran une valeur absolue. *Ce qu'il y a lieu d'observer, c'est la hausse ou la baisse du baromètre.* Cette indication, jointe à différents indices locaux, permet de prévoir le temps à un ou deux jours d'intervalle.

Inutile de dire que la prévision du temps à longue échéance est absolument fantaisiste et ne mérite aucune créance.

RÉSUMÉ

1. La couche d'air qui enveloppe la Terre s'appelle *atmosphère.* La pression exercée par l'air sur une surface plane de 1 centimètre carré s'appelle *pression atmosphérique.*

2. L'air exerce sur les deux côtés d'une membrane plane des poussées égales et opposées. Pour reconnaître l'existence de ces poussées, il faut supprimer ou diminuer l'une d'elles. C'est ce qu'on fait au moyen de nombreuses expériences.

La *ventouse,* la *pipette* sont des applications de la poussée de l'air.

La pression atmosphérique se mesure au moyen de l'expérience de Torricelli. Un tube de 80 centimètres de long et fermé à un bout est rempli de mercure pur et sec. On le retourne sur une cuvette renfermant du mercure. La pression atmosphérique est mesurée par le poids d'une colonne de mercure de 1 centimètre carré de section et dont la hauteur est la *distance verticale* des niveaux du mercure dans le tube et dans la cuvette.

3. Les *baromètres* sont des instruments destinés à mesurer la pression atmosphérique. Le plus simple est le *baromètre à cuvette;* on lui préfère le *baromètre à siphon,* plus facile à transporter.

Le *baromètre métallique* le plus usité est constitué par une caisse vide d'air dont la paroi, très mince, s'abaisse plus ou moins sous l'action de la pression atmosphérique. Les mouvements de la paroi, amplifiés par un système de leviers, se transmettent à une aiguille qui tourne sur un cadran.

4. La *pression moyenne* au bord de la mer est de 76 centimètres : c'est la *pression normale*. La pression baisse à mesure qu'on s'élève.

Il existe des régions où la pression est plus faible que dans les régions avoisinantes. Le vent se dirige vers ces *centres de basse pression*. Les dépressions ou *bourrasques* se déplacent et amènent généralement le mauvais temps dans les régions qu'elles traversent. Ainsi l'observation du baromètre, jointe à des indices locaux, permet de prévoir le temps un ou deux jours à l'avance.

EXERCICES

Qu'appelle-t-on pression atmosphérique? — Comment peut-on mettre en évidence la poussée de l'air sur une surface plane? — Expliquez l'expérience de l'œuf dans la carafe. — Dessinez un verre à ventouses. Pourquoi lui donne-t-on cette forme? — Comment s'applique une ventouse? — Avez-vous vu une pipette? Dessinez cet appareil. Comment l'utilise-t-on? — Comment se vide une bouteille pleine d'eau qu'on place l'orifice en bas? — Quand on met un robinet à un tonneau de vin, on perce en même temps un trou dans la bonde, ou bien on desserre celle-ci. Expliquez pourquoi. — Figurez le dispositif de l'expérience de Torricelli. — Par quoi est mesurée la pression atmosphérique? — Si vous inclinez le tube, comment devez-vous mesurer la hauteur du mercure? — Dessinez un baromètre à siphon. — Le niveau du mercure dans la branche ouverte est-il fixe? — Les indications inscrites sur la planchette sont-elles exactes? — Qu'appelle-t-on pression moyenne d'un jour, d'un mois, d'une année, pression moyenne d'une région? — Qu'est-ce que la pression normale? — Que signifie ceci : la pression atmosphérique est de 70 centimètres? Quelle est, dans ces conditions, la poussée de l'air sur une surface circulaire plane de 10 centimètres de diamètre? — Avez-vous vu un baromètre métallique? — Comment fonctionne cet appareil? Quelles indications avez-vous remarquées sur le cadran? — Sur quels faits d'observation repose l'utilisation du baromètre pour la prévision du temps? — Quelle est la pression moyenne à l'école? — Avec un baromètre métallique, noter la pression à l'école; monter sur une colline voisine, constater ce qui se passe. Qu'observe-t-on en redescendant? — Explication de ces faits. — Un baromètre métallique a été réglé à une altitude de 100 mètres. On le transporte dans une région dont l'altitude est 300 mètres; l'aiguille est alors sur la division 744 ; où devra-t-on la placer pour que l'instrument soit réglé pour la nouvelle altitude?

7ᵉ LEÇON

POUSSÉES EXERCÉES SUR LES PAROIS DES VASES

Matériel : Appareil représenté par la figure 82. Il est facile de le constituer au moyen de 3 verres de lampe de même diamètre inférieur. — Eau. — Pétrole. — Mercure. — Pompe à bicyclette ordinaire et pompe montée pour aspiration. — Appareils des figures 85 et 86. — Petit manomètre métallique de démonstration. — Balance Roberval. — La vérification de la loi de Mariotte pour pressions supérieures à la pression atmosphérique est suffisamment probante quand la pompe à bicyclette ne fuit pas et que les frottements sont faibles. Nous recommandons spécialement la petite pompe en celluloïd, qui nous a donné d'excellents résultats.

I. POUSSÉES EXERCÉES PAR LES LIQUIDES.

Poussée sur le fond horizontal d'un vase.

63. *Existence et valeur de cette poussée.* — On conçoit que, pour un vase cylindrique, la poussée sur le fond est égale au poids du liquide contenu dans le vase ; mais que devient la poussée quand le vase n'est pas cylindrique ?

Expérience. Les trois vases que représente la figure 82 ont même section inférieure. Considérons le vase cylindrique A. Versons de l'eau dans A : le niveau est le même dans ce vase et dans le tube extérieur t. Versons sur l'eau une colonne de pétrole A A' de 20 centimètres de haut ; le pétrole exerce à la surface de l'eau une poussée et on voit le niveau de l'eau monter jusqu'en a' ; $aa' = 16$ centimètres.

Recommençons la même expérience avec B, puis avec C. Si $BB' = CC' = 20$ centimètres, on a aussi $bb' = cc' = 16$ centimètres. *La pression* de haut en bas dans le plan de la surface de séparation des liquides est la même dans les trois vases ; elle est mesurée par le poids d'une colonne de pétrole de 20 centimètres de hauteur et de 1 centimètre carré de base. *La poussée de haut en bas est donc la même dans les trois vases sur la surface de séparation,* puisque les surfaces pressées sont égales. Cependant, pour exercer cette poussée, on a des quantités de liquide bien différentes :

Dans le vase A, la poussée est égale au poids du pétrole ajouté ; dans le verre B, la poussée est inférieure au poids du pétrole ; dans le vase C, la poussée est supérieure au poids du pétrole.

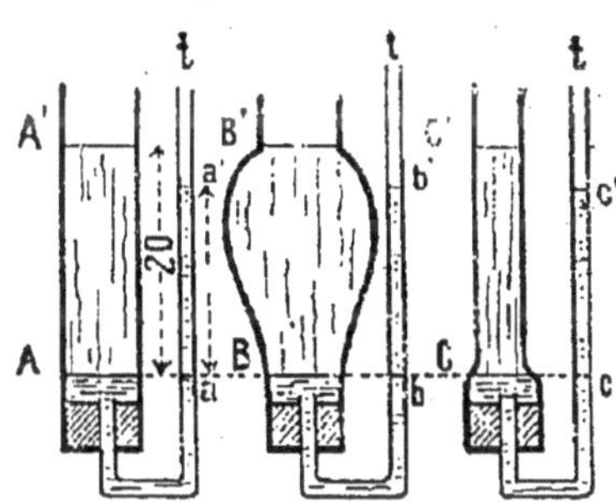

Fig. 82. — La poussée sur le fond horizontal d'un vase est indépendante de la forme du vase.

Si, à la place de la surface de séparation, nous supposons réalisée dans chaque vase une paroi solide formant le fond du vase, la poussée de haut en bas sur le fond sera la même que précédemment. Nous pouvons donc énoncer le principe suivant :

La poussée exercée par un liquide en équilibre sur le fond horizontal d'un vase ne dépend pas de la forme du vase ; elle est égale au poids d'une colonne de liquide ayant pour base la surface du fond et pour hauteur la distance du fond à la surface libre.

Poussées sur les parois latérales.

64. Quand on perce un petit orifice dans la paroi d'un tonneau plein de vin, le liquide jaillit par cet orifice. La direction du jet, au voisinage de la paroi, est perpendiculaire à celle-ci. On sait aussi que le jet est d'autant plus fort que la hauteur du liquide au-dessus de l'orifice est plus considérable. Ainsi, un liquide exerce des poussées sur les parois latérales du vase qui le renferme.

Sur une surface plane, la poussée est perpendiculaire à la paroi ; la valeur de la poussée sur une surface donnée augmente quand cette surface s'éloigne de la surface libre du liquide.

Il n'est pas toujours facile de calculer la poussée sur une paroi latérale ; ce calcul ne se fait commodément que si cette paroi est verticale et si elle a la forme d'une figure géométrique simple : triangle, rectangle, carré, etc.

On démontre que *la poussée est égale au poids d'une colonne de liquide ayant pour base la surface considérée et pour hauteur la distance verticale entre le centre de gravité de cette surface et la surface libre du liquide.*

Ainsi, considérons une paroi rectangulaire verticale de 2 mètres de largeur et baignée par l'eau sur une hauteur de 1 mètre. Le centre de gravité de la paroi se trouve à 0 m. 50 de la surface libre ; la poussée sera égale au poids d'une colonne d'eau ayant 2 m² de base et 0 m. 50 de hauteur, soit une tonne. Ce résultat vous donne une idée de l'énorme poussée que supportent les digues un peu étendues. On peut, au moyen d'une petite quantité d'eau, exercer sur les parois d'un récipient des poussées considérables comme on le voit dans l'expérience ci-dessous.

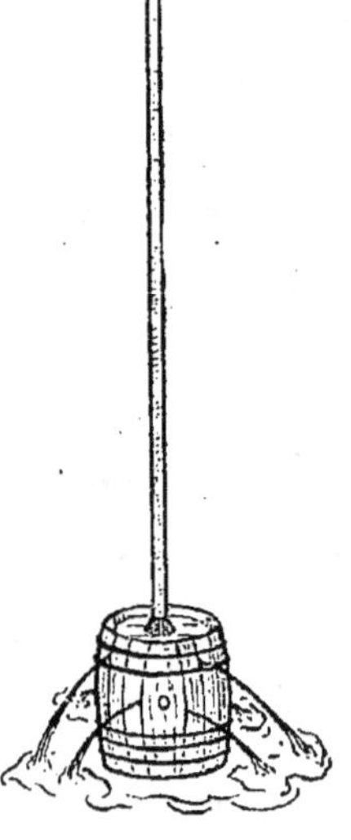

Fig. 83. — Crève-tonneau de Pascal.

65. *Crève-tonneau.* — Pascal avait fait l'expérience suivante : Dans le fond supérieur d'un tonneau plein d'eau (*fig.* 83), il avait mastiqué un tube de plusieurs mètres de haut. En versant de l'eau par ce tube, il vit les douves se disjoindre et l'eau s'échapper par les intervalles ainsi déterminés. — Expliquer ce résultat.

66. *Ascenseurs hydrauliques.* — Voici le principe de ces appareils : Dans un puits profond descend un long piston constitué par un cylindre en fonte de large section (*fig.* 84). Ce piston porte à sa partie su-

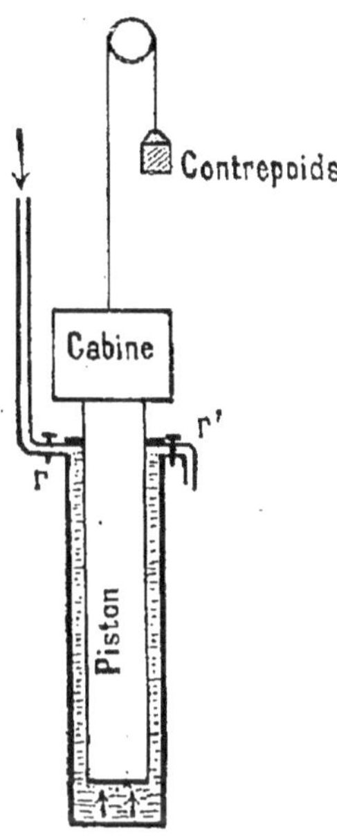

Fig. 84. — Ascenseur hydraulique.

périeure la cabine que l'on veut soulever. Par le robinet *r*, le puits communique avec un réservoir d'eau placé à un niveau élevé. Le robinet *r'* sert à faire écouler l'eau. La cabine et le piston sont équilibrés par des contrepoids. *r'* étant fermé, si on ouvre *r* les pressions exercées sur le piston se réduisent à une poussée verticale de bas en haut, exercée sur la base du cylindre. Le piston monte. Il suffit de fermer *r* et d'ouvrir *r'* pour faire descendre la cabine.

Il est à remarquer que la poussée diminue à mesure que le piston s'élève, mais les chaînes qui réunissent le piston aux contrepoids sont très lourdes et leurs dimensions sont calculées de façon à compenser par leur changement de position la diminution de la poussée.

II. POUSSÉES EXERCÉES PAR LES GAZ.

67. *Force élastique des gaz.* — De même que les liquides, les gaz exercent sur les parois des vases qui les renferment une certaine poussée. Cette poussée, rapportée à une sur-

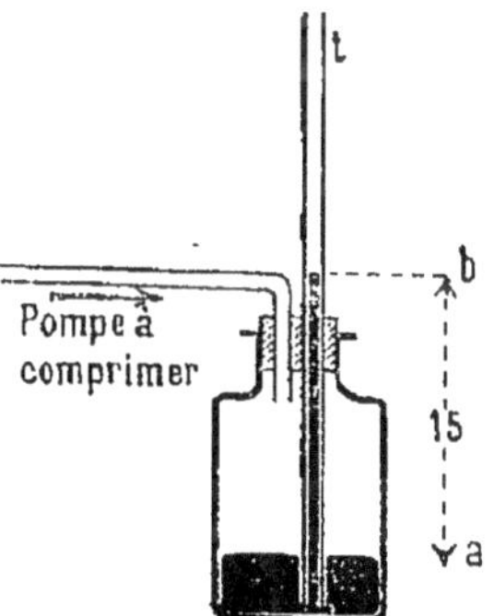

Fig. 85. — Manomètre à air libre. — La pression du gaz est supérieure à la pression atmosphérique.

face de 1 cm², porte le nom de *force élastique*, de *tension* ou de *pression* du gaz. Cette force élastique se mesure au moyen d'appareils appelés *manomètres;* elle est la même sur toute surface de 1 cm² en contact avec le gaz.

68. *Manomètres à air libre.* — EXPÉRIENCE. Dans l'appareil représenté par la figure 85, le niveau du liquide est le même dans le tube et dans le flacon. Si nous prenons des surfaces égales dans le tube et dans le flacon et sur le niveau du liquide, ces deux surfaces supportent la même pression (n° 52).

Dans le tube, la pression supportée est la pression atmosphérique. L'air du flacon exerce donc sur le liquide une pression égale à la pression atmosphérique. Cette même pression s'exerce aussi sur les parois du flacon; c'est la *force élastique* du gaz contenu dans le flacon.

Donnons un coup de piston pour refouler de l'air dans le flacon : le niveau du mercure monte dans le tube *t*. Par un raisonnement analogue au précédent, nous voyons que la force élastique du gaz du flacon est maintenant égale à la pression atmosphérique, augmentée du poids d'une colonne de mercure de hauteur *a b*. L'appareil précédent nous permet donc d'évaluer la force élastique du gaz du flacon quand elle est supérieure à la pression atmosphérique : c'est un *manomètre*.

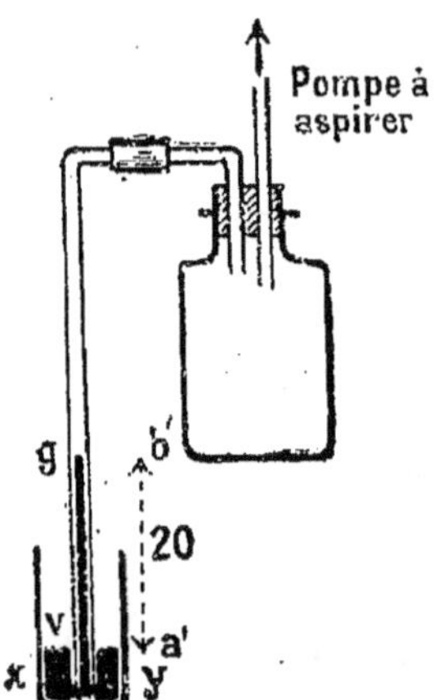

Fig. 86. — Manomètre à air libre pour pressions inférieures à la pression atmosphérique.

EXEMPLE. Si la pression atmosphérique extérieure est 75 centimètres, et la colonne du mercure *ab* soulevée 15 centimètres, la force élastique du gaz du flacon est 75 + 15 ou 90 centimètres. Cela signifie : sur une surface de 1 centimètre carré, la pression exercée par le gaz est égale au poids d'une colonne de mercure de 1 centimètre carré de base et de 90 centimètres de hauteur.

EXPÉRIENCE. Dans l'appareil (*fig.* 86), je donne un coup de pompe pour aspirer de l'air. Le niveau du mercure monte dans le tube *g*. Deux surfaces égales, prises sur le niveau *x y*, l'une dans le vase V, l'autre dans le tube *g*, supportent la même pression. Or, dans le vase V, la pression supportée est la pression atmosphérique ; dans le tube *g*, la pression supportée est celle de la colonne de mercure *a'b'*, augmentée de la force élastique du gaz du flacon. La force élastique du gaz du flacon est donc égale à la pression atmosphérique diminuée de la hauteur de mercure *a'b'*.

EXEMPLE. Si la pression barométrique est 75 centimètres et si *a' b'* = 20 centimètres, quelle est la force élastique du gaz? — Que signifie cette expression?

L'appareil représenté par la figure 86 est encore un *manomètre* servant à mesurer la force élastique des gaz lorsqu'elle est inférieure à la pression atmosphérique.

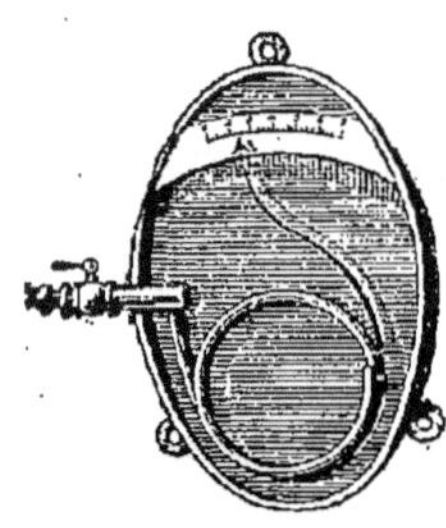

Fig. 87. — Manomètre métallique.

69. *Manomètres métalliques.* — Dans l'industrie, on a couramment à évaluer des forces élastiques qui atteignent et dépassent 20 fois la pression atmosphérique. L'emploi d'un appareil comme celui de la figure 85 serait peu commode. On utilise alors des manomètres métalliques (*fig.* 87). Le plus usité est celui de Bourdon. Il se compose d'un tube métallique enroulé en spirale. *La section de ce tube est une ellipse.* Une extrémité du tube communique avec le réservoir à gaz, l'autre bout agit sur une aiguille par un système de leviers. Quand la pression croît dans le tube, la section se déforme et tend à devenir circulaire, mais en même temps la spirale se déroule et l'aiguille se déplace sur un cadran. Lorsque la pression diminue, le contraire se produit, l'aiguille se déplace en sens inverse.

On gradue les manomètres métalliques en les comparant à des manomètres à air libre. On fait communiquer avec le même récipient à gaz un manomètre métallique et un manomètre à air libre, et on inscrit sur le cadran du premier, à l'endroit où s'arrête l'aiguille, la force élastique indiquée par le deuxième.

70. *Graduation des manomètres industriels*. — On appelle *atmosphère* la force élastique égale à la pression atmosphérique *normale;* nous avons vu qu'elle équivaut à une pression de 1033 grammes sur chaque centimètre carré. Autrefois, on graduait les manomètres en atmosphères, aujourd'hui ils sont gradués en kilogrammes. L'indication 0 correspond à la force élastique égale à la pression atmosphérique.

L'indication 5 kilogrammes, donnée par un manomètre, signifie donc : Le gaz possède une force élastique telle que la pression sur un centimètre carré est égale à la pression atmosphérique *augmentée* de 5 kilogrammes.

Loi de Mariotte.

71. *Expériences*. — I. Prendre une pompe à bicyclette, fermer l'orifice de dégagement, presser sur le piston pour réduire le volume du gaz. A mesure que le volume du gaz diminue, l'effort nécessaire pour maintenir le piston augmente.

II. Prendre une pompe à bicyclette dont le piston est tiré jusqu'au bout; fermer l'orifice de dégagement. (Avec une pompe comme celle de la figure, il suffit de presser fortement sur cet orifice avec le doigt.)

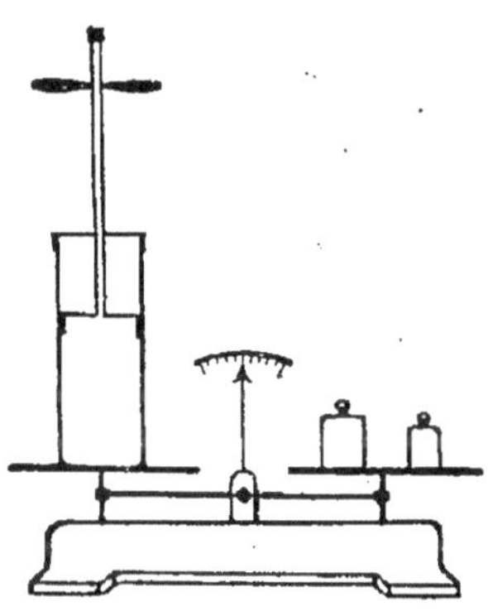

Fig. 88. — Quand on presse sur le piston, le volume de l'air diminue en dessous du piston; l'augmentation de poussée sur le piston est mesurée par les poids placés sur l'autre plateau.

Supposons qu'on ait pris une pompe à bicyclette en celluloïd de 14 millimètres de diamètre intérieur et dont la course de piston a 30 centimètres. La poussée de l'air sur le piston est voisine de 1 600 grammes. Cette poussée est égale à la poussée exercée par l'air en dessous du piston.

a) Sur un plateau d'une balance Roberval mettre 1 600 grammes et sur l'autre plateau placer l'extrémité du corps de pompe. Presser doucement sur le piston; celui-ci s'enfonce et, à un certain moment, l'effort exercé fait équilibre aux poids. D'autre part, cet effort est contrebalancé par l'augmentation de poussée de l'air sous le piston.

La poussée de l'air a donc doublé, mais on constate que le piston s'est enfoncé de 15 centimètres; le volume du gaz est donc moitié du volume primitif.

b) Mettre sur le plateau de la balance 3 200 grammes et recommencer. Le piston s'enfonce de 20 centimètres ; le volume du gaz n'occupe plus que 10 centimètres dans le corps de pompe, soit 1/3 du volume primitif. D'autre part, la poussée du gaz sur le piston est triple de la poussée primitive.

Conclusion. Quand le volume d'une masse gazeuse devient 2, 3... fois plus petit, la force élastique du gaz devient 2, 3... fois plus grande.

Des expériences réalisées au moyen d'appareils plus compliqués et plus précis que le précédent ont permis d'énoncer la loi :

A température constante, le rapport des volumes occupés par une masse gazeuse est inverse du rapport des pressions correspondantes.

C'est-à-dire qu'on a :
$$\frac{V}{V'} = \frac{P'}{P},$$

en appelant V et V', les volumes successifs occupés par une même masse gazeuse, P et P' les pressions correspondantes.

La loi précédente, formulée par le Français Mariotte et l'Anglais Boyle à peu près à la même époque, est appelée d'habitude *loi de Mariotte.* Elle s'applique aux pressions inférieures à la pression atmosphérique tout aussi bien qu'aux pressions supérieures.

RÉSUMÉ

1. La poussée d'un liquide sur le fond horizontal d'un vase est indépendante de la forme du vase ; elle est égale au poids d'une colonne de liquide ayant pour base la surface du fond et pour hauteur la distance du fond à la surface libre du liquide.

2. Les liquides exercent des poussées sur les parois latérales des vases ; la poussée sur une surface latérale est égale au poids d'une colonne de liquide ayant pour base la surface considérée et pour hauteur la distance verticale du centre de gravité de cette surface à la surface libre du liquide.

3. Les gaz exercent sur les parois des vases une certaine poussée. Cette poussée sur un centimètre carré s'appelle *force élastique* ou *tension* ou *pression* du gaz. On la mesure au moyen de *manomètres.*

4. Dans le *manomètre à air libre*, la pression du gaz est équilibrée par le poids d'une colonne de mercure. L'industrie utilise les *manomètres métalliques,* dont le plus usité est celui de Bourdon. Les manomètres industriels indiquent de combien la force élastique du gaz dépasse la pression atmosphérique. Ils sont gradués en kilogrammes.

5. Entre le volume d'une masse gazeuse et sa pression il existe la relation suivante, formulée par Mariotte :

A température constante, le rapport des volumes occupés par une même masse gazeuse est inverse du rapport des pressions correspondantes.

EXERCICES

A quoi est égale la poussée d'un liquide sur le fond horizontal d'un vase ? — Montrez qu'un liquide exerce des poussées sur les parois latérales des vases qui le renferment. — Quelle est la direction, la valeur de ces poussées ? — En quoi consiste l'expérience du crève-tonneau ? — Qu'appelez-vous force élastique d'un gaz ? — Que signifie l'expression : la force élastique d'un gaz est de 90 centimètres de mercure ? — Évaluez cette force élastique en grammes. Déterminez la poussée exercée sur une paroi plane de 1 décimètre carré du vase qui renferme le gaz précédent. — Dessinez un manomètre à air libre, pour pressions supérieures à la pression atmosphérique. Dites comment cet appareil peut servir à mesurer la force élastique du gaz. La pression atmosphérique étant 75 centimètres, la hauteur de la colonne de mercure soulevée dans le tube étant 30 centimètres, quelle est la force élastique du gaz ? — Mêmes questions pour les pressions inférieures à la pression atmosphérique. — Décrivez un manomètre utilisé dans l'industrie. L'aiguille d'un manomètre industriel est sur le chiffre 5. Que signifie l'indication donnée par l'appareil ? — Énoncez la loi de Mariotte. On a 5 litres d'un gaz sous la pression de 74 centimètres de mercure, on comprime ce gaz de façon à lui faire occuper un volume de 2 litres. Quelle est la nouvelle pression du gaz ? — On a 2 litres de gaz sous la pression de 74 centimètres. Quelle sera la pression du gaz quand la masse gazeuse considérée occupera un volume de 5 litres ?

8° LEÇON

PRINCIPE D'ARCHIMÈDE. — CORPS FLOTTANTS

Matériel : Balance ordinaire ou balance Roberval. — Pierre non poreuse attachée par un fil fin, métallique de préférence. — Vase dans lequel la pierre entre facilement sans frottement. On peut prendre un vase, présentant un orifice latéral, ou mastiquer un tube recourbé contre la paroi, comme le montre la figure 89. — Flacon et grenaille de plomb. — Ballon de 1 litre environ. — Vase assez grand dans lequel peut entrer le ballon : terrine, par exemple. Le couvrir d'une planchette ou d'une feuille de carton percée d'un trou au centre pour le passage du fil de suspension du ballon. — Pour remplir le vase de gaz carbonique, il suffit de jeter au fond quelques pincées de carbonate ou de bicarbonate de sodium et de verser ensuite de l'acide chlorhydrique étendu d'eau. — Si on ne dispose pas de gaz d'éclairage, il faut pour l'expérience de la figure 93 disposer de plusieurs appareils producteurs d'hydrogène. En raison de la faible densité de ce dernier gaz, l'expérience est difficile à réaliser. — A défaut de ballon assez grand, prendre une vessie en caoutchouc pour ballon d'enfant. Un ballon en baudruche peut même flotter sur le gaz carbonique. Même résultat avec des bulles de savon. — Gravures représentant des ballons dirigeables, des aéroplanes.

Principe d'Archimède.

72. *Vérification expérimentale.* — EXPÉRIENCE. Au plateau A d'une balance ordinaire (*fig.* 89), suspendre une pierre. Dans ce plateau, mettre un vase vide dont nous verrons tout à l'heure l'emploi. Faire équilibre en B avec de la tare. Préparer d'autre part un vase V assez large pour que la pierre puisse y entrer facilement (large bocal, boîte en fer-blanc, etc.). Mastiquer contre la paroi du vase un tube recourbé comme l'indique la figure 89. Verser de l'eau dans le vase et pencher celui-ci de façon à faire couler l'eau par le tube formant siphon. Le niveau du liquide dans le vase s'arrête juste au niveau de l'extrémité

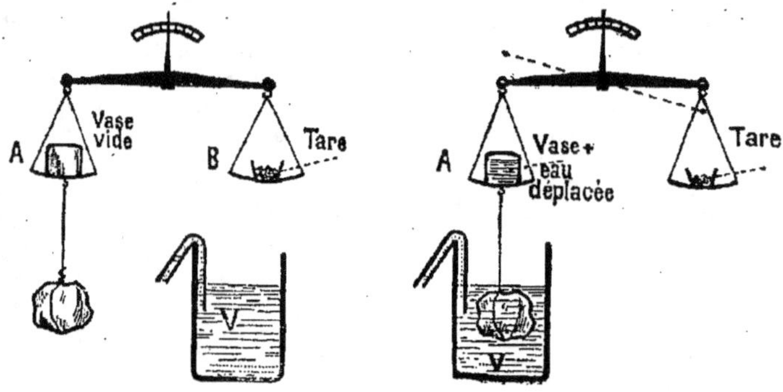

Fig. 89 et 90. — La poussée de bas en haut subie par la pierre est égale au poids du liquide déplacé. Ce liquide, recueilli dans un vase en A, rétablit l'équilibre.

extérieure du tube. Plonger la pierre dans l'eau ; le fléau de la balance s'incline du côté de la tare ; il *semble* donc que la pierre ait diminué de poids ; elle a subi de la part du liquide une poussée de bas en haut. De l'eau s'écoule par le déversoir : on la recueille. *Le volume écoulé est juste égal au volume de la pierre.* Le vase vide placé dans A sert précisément à recueillir cette eau. En plaçant en A le vase précédent renfermant l'eau déplacée par la pierre, l'équilibre est rétabli. Ainsi, *la poussée exercée par le liquide est juste égale au poids du liquide déplacé par le corps qui est plongé dans ce liquide.*

Lorsque la pierre plonge dans l'eau (*fig.* 90), on peut s'assurer avec un fil à plomb que le fil qui soutient cette pierre reste vertical. *La poussée exercée par le liquide est donc verticale,* car si elle avait une autre direction le fil de suspension ne resterait pas vertical quand la pierre est plongée dans l'eau.

Le même résultat se constaterait avec n'importe quel liquide ; d'où le principe suivant, découvert par le savant grec Archimède :

PRINCIPE : *Tout corps plongé dans un liquide subit une poussée verticale, dirigée de bas en haut et égale au poids du liquide déplacé.*

REMARQUE. — Dans les écoles, on a quelquefois, pour vérifier le principe d'Archimède, un appareil spécial appelé *balance hydrosta-tique* (*fig.* 91). Il se compose d'une balance de précision dont les plateaux portent des crochets. On a en outre deux cylindres en laiton, l'un plein B, l'autre creux A, dont la cavité a exactement le volume du cylindre plein. On suspend à l'un des plateaux de la balance le

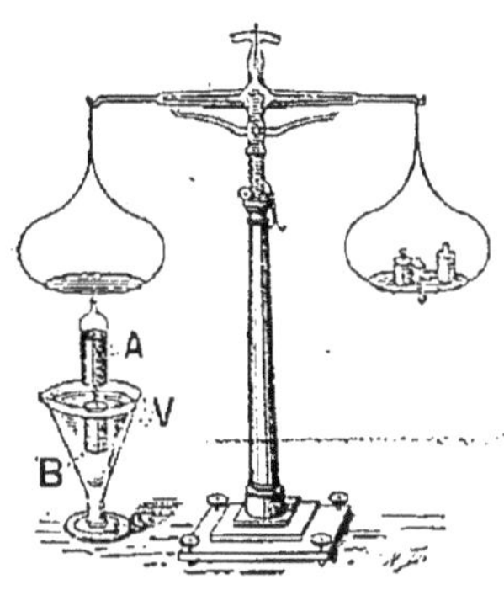

Fig. 91.
Balance hydrostatique.

cylindre creux, et au-dessous de celui-ci le cylindre plein. Dans l'autre plateau, on met de la tare. On plonge le cylindre plein dans l'eau d'un vase V, de façon à l'immerger complètement. L'équilibre est rompu en faveur de la tare. On rétablit l'équilibre en remplissant d'eau le cylindre creux. De cette expérience il est facile de tirer le principe énoncé.

Corps flottants.

73. *Équilibre des corps flottants.* — EXPÉRIENCE. Dans un flacon F (*fig.* 92), mettre de la grenaille de plomb, de façon que, plongé dans l'eau, le flacon flotte et se maintienne verticalement. Placer ce flacon et un verre vide sur un plateau d'une balance (*fig.* 92) et faire équilibre avec de la tare. Enlever le flacon et le plonger dans le vase V des expériences précé-

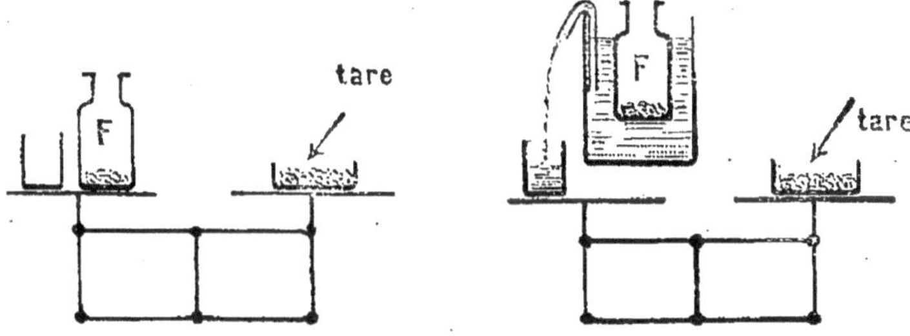

Fig. 92 et 93. — Le poids du corps flottant est égal au poids de l'eau déplacée.

dentes, rempli jusqu'au trop-plein. Recueillir dans le verre vide l'eau qui s'écoule. Le verre, placé sur le plateau de la balance, rétablit l'équilibre. Ainsi, *le poids du liquide déplacé est juste égal au poids du corps qui flotte.*

Application aux gaz du principe d'Archimède.

74. *Le principe d'Archimède s'applique aux gaz.* — EXPÉRIENCE. Un ballon de 1 litre environ est suspendu à l'un des plateaux d'une balance sensible ; on établit l'équilibre avec de la tare. Plongeons ce ballon dans un récipient contenant du gaz carbonique, puis dans un autre contenant du gaz d'éclairage. Le résultat est indiqué par les figures 94 et 95.

Ainsi, le ballon a reçu dans le gaz carbonique une poussée plus grande que dans l'air; dans l'hydrogène ou le gaz d'éclairage, la

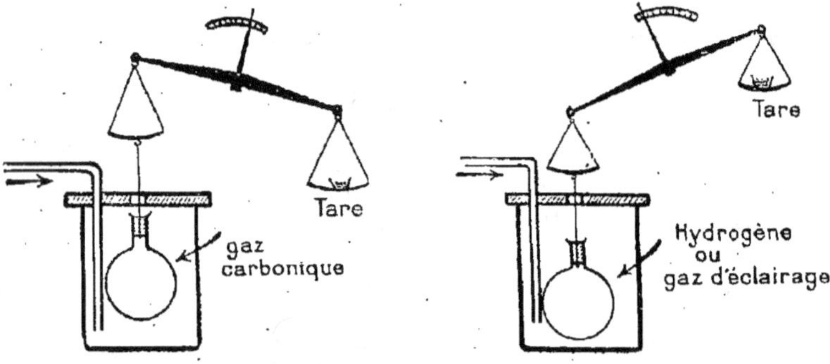

Fig. 94. — Le ballon, taré dans l'air, semble moins lourd dans le gaz carbonique.

Fig. 95. — Le ballon, taré dans l'air, semble plus lourd dans l'hydrogène ou le gaz d'éclairage.

poussée a été moins grande que dans l'air. Tout comme un liquide, un gaz exerce une poussée sur les corps qu'on y plonge. Cette poussée est dirigée de bas en haut suivant la verticale et elle est égale au poids du gaz déplacé. Ainsi, dans le vide, un corps pèserait plus que dans l'air, mais la poussée sur un décimètre cube n'étant que 1^{gr}, 3, on ne s'en préoccupe que dans les pesées de précision.

Équilibre des navires.

75. *Condition pour que l'équilibre soit stable.* — Un navire est un corps flottant, et il est essentiel qu'il soit en équilibre stable. Que le bateau s'incline à droite ou à gauche (roulis), en avant ou en arrière (tangage), le centre de gravité et le centre de poussée doivent être placés de façon que le poids du navire et la poussée du liquide ramènent dans la position verticale l'axe du bateau. Considérons une coupe transversale de la coque (*fig.* 96). Dans la position d'équilibre, le centre de

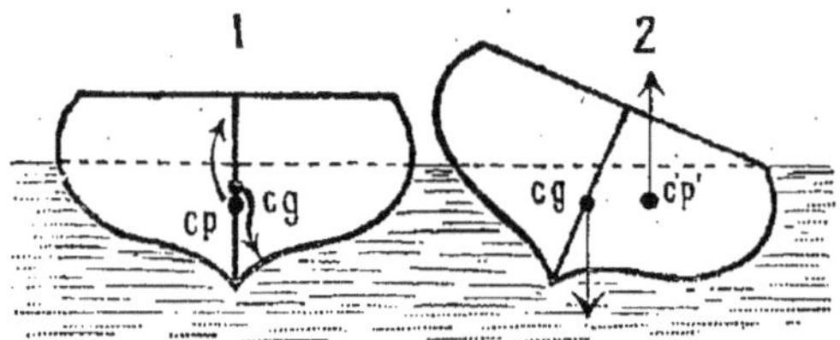

Fig. 96. — Équilibre d'un navire.

1. L'axe du bateau est vertical et contient le centre de gravité *cg* et le centre de poussée *cp*. — 2. L'axe du bateau est incliné: la poussée, appliquée en *c'p'*, et le poids du bateau, appliqué en *cg*, tendent à ramener l'axe dans la position verticale.

gravité et le centre de poussée sont sur la même verticale ; mais si le bateau s'incline vers la droite, par exemple, le centre de gravité reste en cg, le centre de poussée vient en $c'p'$. On voit que le bateau se redressera sous l'action des forces appliquées en cg et $c'p'$ si la verticale du centre de poussée passe au-dessus du centre de gravité.

Natation.

76. Le poids spécifique du corps de l'homme est légèrement supérieur à celui de l'eau. De faibles mouvements suffisent à maintenir le corps à la surface de l'eau. La natation a pour but d'apprendre à faire les mouvements convenables pour rester à la surface de l'eau et pour maintenir la tête hors du liquide. On se maintient facilement dans l'eau en se passant sous les bras une ceinture faite de gros morceaux de liège réunis par une ficelle. Il est plus facile de nager dans la mer que dans l'eau douce. Pourquoi?

Sous-marins.

77. Ce sont des applications intéressantes du principe d'Archimède. Un sous-marin est un petit bateau qui peut s'enfoncer et naviguer sous l'eau. Il y a deux types de sous-marins : le sous-marin proprement dit et le submersible. Le sous-marin proprement dit ne peut guère s'éloigner des côtes ; la force motrice est donnée par des accumulateurs. Le submersible a un plus grand rayon d'action. Il navigue en surface sous l'action de moteurs à pétrole, et en plongée au moyen d'accumulateurs. Son déplacement

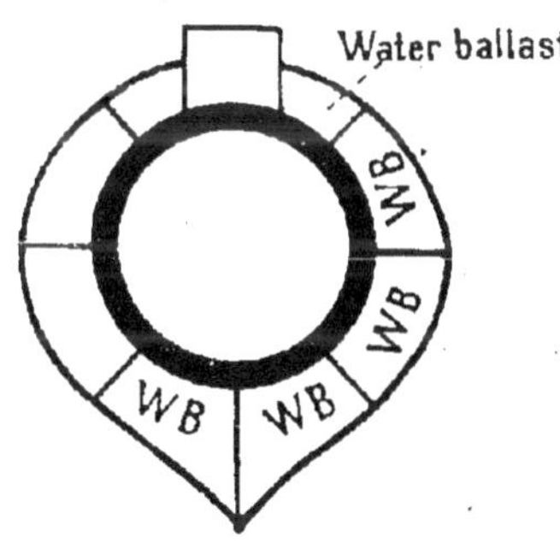

Fig. 97. — Coupe transversale d'un sous-marin.

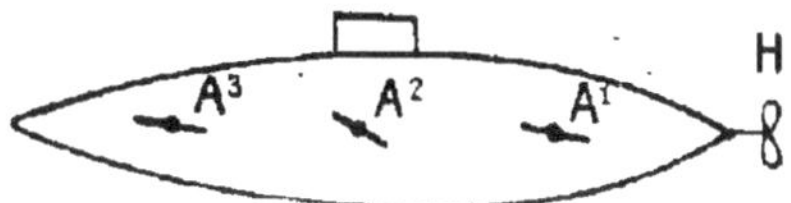

Fig. 98. — Sous-marin.
H, hélice ; A^1, A^2, A^3, gouvernails latéraux.

d'eau est plus fort que celui du sous-marin. Dans les deux types, la coque est double (*fig.* 97), et entre les deux cloisons se trouvent un certain nombre de compartiments W B (water-ballast) dans lesquels on fait entrer l'eau de la mer quand on veut effectuer une plongée. On chasse l'eau au moyen d'air comprimé quand on veut remonter. La direction en plongée est obtenue en manœuvrant de l'intérieur des gouvernails latéraux ou *ailerons* (*fig.* 98). Des plombs mobiles sont placés sous la coque ; en cas d'accident, on les décroche et le bateau ainsi déchargé peut remonter à la surface.

Aérostats.

78. *Principe.* — Lorsque le poids d'un corps est inférieur au poids de l'air qu'il déplace, ce corps s'élève dans l'air comme un morceau de liège que l'on plonge dans l'eau.

Quand le poids du corps est égal au poids de l'air déplacé, le corps peut rester en équilibre dans l'air.

Ces deux conditions sont réalisées dans les *ballons,* qu'on appelle encore *aérostats,* c'est-à-dire appareils qui se tiennent dans l'air. On obtient le résultat précédent en emplissant d'un gaz moins dense que l'air une enveloppe légère.

Les premiers ballons sont dus aux frères Montgolfier (1783); ils étaient formés d'une enveloppe de toile doublée de papier et qu'on gonflait avec de l'air chaud. Aujourd'hui, on gonfle les ballons avec du gaz d'éclairage ou même avec de l'hydrogène.

79. *Description.* — Le ballon ordinaire est formé d'une enveloppe de forme sphérique et gonflé au gaz d'éclairage ou à l'hydrogène (*fig.* 99). Depuis quel-

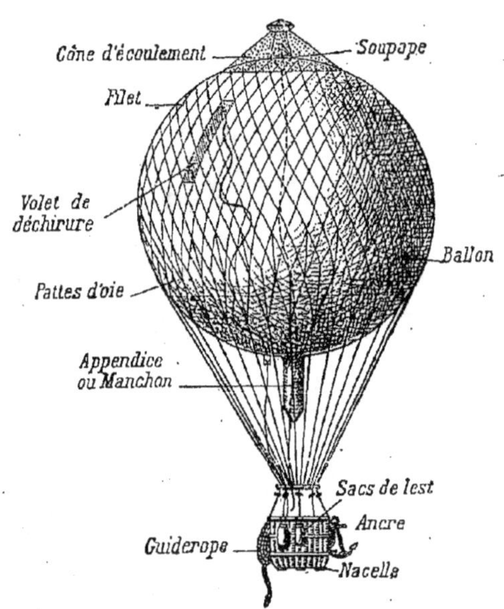

Fig. 99. — Ballon ordinaire sphérique

ques années, on a pu, en superposant des couches de soie et de caoutchouc, obtenir des enveloppes suffisamment imperméables à l'hydrogène. L'enveloppe porte à sa partie inférieure une sorte de canal cylindrique, la *manche* ou *appendice.* C'est par ce canal que s'effectuera le gonflement, et que le gaz pourra s'échapper si la pression à l'intérieur devient plus grande que la pression extérieure. A sa partie supérieure, l'enveloppe présente une ouverture fermée par une *soupape* qu'on peut ouvrir de la nacelle au moyen d'une corde.

L'enveloppe est enfermée dans un *filet.* Au filet est attachée la *nacelle* dans laquelle prennent place les aéronautes et tous les appareils que doit emporter le ballon.

80. *Manœuvre de l'aérostat.* — Soit un ballon de 1 000 mètres cubes, gonflé à l'hydrogène. La poussée qu'il reçoit est de $1^{kg},3 \times 1000$ ou 1 300 kilogrammes. Admettons que le poids du ballon et de ses accessoires soit de 400 kilogrammes, celui des aéronautes 150 kilogrammes; celui de l'hydrogène qui gonfle le ballon est de 90 kilogrammes environ, soit en tout 640 kilogrammes. La poussée est donc supérieure au poids total du ballon de 1 300 — 640 ou 660 kilogrammes. Cette différence constitue la *force ascensionnelle* du ballon. Le ballon est maintenu par des cordes. Quand on l'abandonne, il s'élève rapidement. Mais il ne monte pas jusqu'aux confins de l'atmosphère, comme le liège que l'on plonge dans l'eau et qu'on lâche. En effet, à mesure qu'on s'élève, la pression de l'air diminue et, par suite, le poids du litre d'air diminue aussi. La force ascensionnelle va en s'amoindrissant, et on trouve une couche d'air dans laquelle elle est nulle. A ce moment, le ballon est en équilibre dans cette couche d'air.

Si on veut monter encore, il faut diminuer le poids du ballon. On y arrive en jetant du *lest*. Le lest est constitué par des sacs de sable qu'on a mis dans la nacelle.

Quand on veut descendre, on ouvre la soupape, et le gaz qui gonflait le ballon s'échappe. Si la descente se fait trop vite, on jette du lest pour la retarder.

A une certaine distance du sol, on laisse descendre un gros câble, le *guide-rope*, fixé à la nacelle. Quand ce câble touche le sol, il forme en quelque sorte frein en traînant sur la terre. De plus il amortit la chute, parce que la portion du guide-rope qui traîne sur le sol n'est plus supportée par l'aérostat; on obtient, en jetant une certaine longueur de câble, le même résultat qu'en jetant du lest.

81. *Ballons dirigeables.* — Les ballons sphériques ordinaires sont entraînés par le vent; on a cherché à obtenir des ballons qui puissent

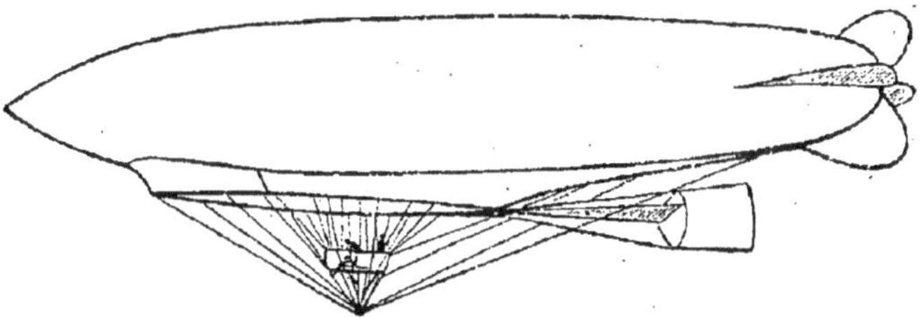

Fig. 100. — Ballon dirigeable « Patrie », destiné à la place de Verdun.
Les dirigeables sont gonflés à l'hydrogène.

lutter contre les courants atmosphériques et se diriger dans l'air comme les navires dans l'eau. Il y a toutefois une grosse différence entre les deux problèmes. Dans les courants atmosphériques, il y a en effet transport de la masse gazeuse dans laquelle se trouve le

ballon. Dans l'eau, au contraire, sauf le cas des cours d'eau et des
courants marins, il n'y a pas transport de matière. Pour se diriger
dans l'air, il faut obtenir une vitesse au moins égale à celle du vent.
Si la question de la navigation aérienne n'est pas encore résolue, on
est cependant arrivé à des résultats remarquables. Les *ballons diri-*
geables (*fig.* 100 et 101) ont une forme allongée pour diminuer la résistance de l'air. Leur surface est maintenue bien tendue par l'addition
d'un ballonnet intérieur que l'on gonfle pour compenser la déperdition

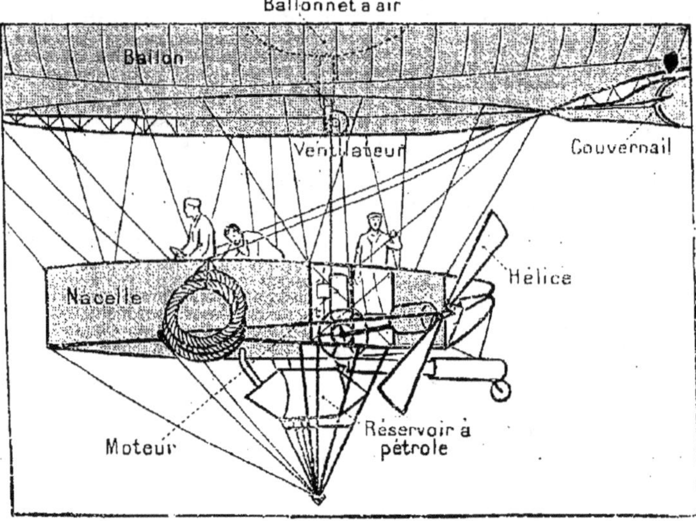

Fig. 101. — Schéma de la nacelle d'un dirigeable.

du gaz à travers l'enveloppe. La nacelle porte une ou deux hélices
actionnées par des moteurs électriques ou par des moteurs à essence.
On règle la direction au moyen d'un gouvernail.

MM. Lebaudy ont construit en 1906 un dirigeable « le Patrie » commandé
par le gouvernement français. Voici quelques-unes des caractéristiques de ce
ballon. Il a 60 mètres de long, 10^m,30 de diamètre au maître couple, il déplace
3450 mètres cubes. Les hélices sont actionnées par un moteur à pétrole de
70 chevaux. La force ascensionnelle utile est de 1 260 kilogrammes, ce qui lui
permet d'enlever de l'essence pour 10 heures, 3 personnes et 850 kilogrammes
de lest. L'enveloppe est suffisamment imperméable pour maintenir le ballon
gonflé pendant 90 jours. La vitesse moyenne propre, pendant les essais, atteint
45 kilomètres à l'heure. Le 23 novembre 1907, ce ballon a parcouru en une
seule étape la distance de Chalais-Meudon (près Paris) à Verdun, soit 230 kilomètres environ, à vol d'oiseau en 6 h. 40. « Le Patrie » fut détruit par une rafale
le 2 décembre 1907 ; depuis cette époque, un certain nombre de dirigeables ont
été construits pour l'armée ; ils sont surtout destinés aux places fortes de l'Est.

82. *Rôle des ballons.* — Les ballons sont utilisés en temps de guerre pour observer les mouvements de l'ennemi ou pour faire communiquer une ville assiégée avec le reste du pays. Pendant les guerres de la Révolution, l'armée de Sambre-et-Meuse avait un corps d'aérostiers qui fut utilisé en particulier à la bataille de Fleurus. En 1870, cinquante-deux ballons sortirent de Paris assiégé. Aujourd'hui les armées en campagne possèdent des *ballons captifs.* Ces ballons, d'un volume de 500 à 600 mètres cubes, sont fixés à un câble qui s'enroule sur un treuil. Le treuil est placé sur un chariot qui accompagne l'armée ; le chariot porte aussi le matériel nécessaire au gonflement. Ce matériel consiste en tubes d'acier renfermant de l'hydrogène comprimé. Les aéronautes peuvent faire connaître par téléphone le résultat de leurs observations.

On se préoccupe actuellement de munir les armées de ballons dirigeables. Des essais sont faits à ce sujet en France et dans la plupart des pays d'Europe.

Les ballons servent encore à étudier les hautes régions de l'atmosphère. De nombreuses ascensions ont été faites dans ce but. L'une d'elles coûta la vie à Sivel et Crocé-Spinelli, dont l'aérostat, le *Zénith,* s'éleva à environ 10 000 mètres. Aujourd'hui, on lance des *ballons-sondes,* munis d'appareils enregistreurs et qui ont permis d'étudier les phénomènes atmosphériques jusqu'à une hauteur de 15 000 mètres environ.

83. *Aéroplanes.* — Nous ne pouvons quitter le chapitre de la navigation aérienne sans dire un mot des *aéroplanes,* qui reposent sur un principe tout autre que les ballons dirigeables.

Le fonctionnement d'un aéroplane tient en effet à la résistance que l'air oppose à une surface en mouvement.

Considérons une surface plane rigide de 1 mètre carré que nous voulons déplacer rapidement dans l'air suivant une direction normale à son plan. Nous éprouvons une certaine résistance que nous pouvons exprimer en kilogrammes. De nombreuses expériences ont été faites pour déterminer la valeur de cette résistance. Sans être complètement concordantes, elles permettent cependant d'énoncer la loi suivante : Sur une surface plane de 1 mètre carré, se déplaçant dans une direction qui lui est normale, avec une vitesse de 1 mètre par seconde, la résistance de l'air est voisine de 80 grammes.

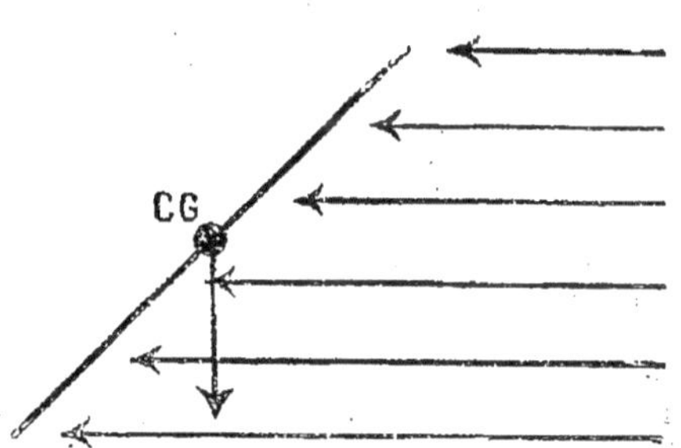

Fig. 102. — L'action d'un vent sur une surface plane oblique par rapport à sa direction a pour effet de produire une poussée verticale opposée au poids de l'appareil.

Les expériences ont montré en outre :

1° Que la résistance de l'air est proportionnelle à la surface considérée, c'est-à-dire que la vitesse restant la même, l'air opposera une résistance 2, 3,... fois plus grande si la surface devient 2, 3..., fois plus grande ;

Fig. 102. — Aéroplane monoplan, type 1912.

2° Que la résistance de l'air est proportionnelle au carré de la vitesse, c'est-à-dire que si la vitesse de l'air devient 2, 3, 4,... fois plus grande, la résistance de l'air est multipliée par 4, 9, 16,..., etc.

Nous pourrions d'ailleurs considérer que la surface est fixe et placée normalement à la direction d'un vent dont la vitesse soit de v mètres à la seconde; l'action du vent sur cette surface serait la même que précédemment.

Supposons maintenant une surface plane rigide placée obliquement par rapport à la direction du vent (*fig.* 102); ce cas est réalisé dans le cerf-volant. L'action de l'air se traduit par une poussée dans le sens vertical, poussée qui s'oppose par conséquent au poids de l'appareil.

Pour une surface donnée, cette poussée augmentant comme le carré de la vitesse, si la vitesse du vent augmente il arrivera un moment où la poussée sera égale ou supérieure au poids de l'appareil. Celui-ci se maintiendra en équilibre ou même s'élèvera.

Le même résultat sera atteint si nous supposons l'air calme et la surface se déplaçant dans le fluide suivant une direction oblique à son plan.

Dans le cerf-volant, c'est le vent qui produit la poussée; dans les aéroplanes, la poussée est créée par le déplacement de l'appareil lui-même, à une vitesse de 60 à 90 kilomètres à l'heure (16 à 25 mètres à la seconde).

En modifiant l'inclinaison de la surface par rapport à la direction du mouvement, on fait varier la poussée. Il est donc possible de *planer* ou de s'élever par un simple changement de l'inclinaison de tout ou de partie de la surface portante.

De nombreux modèles d'aéroplanes ont été construits depuis quelques années (*fig.* 103). De remarquables résultats ont été obtenus en 1909 et 1910; citons la traversée du Pas de Calais, de Sangatte à Douvres (25 juillet 1909), effectuée par Louis Blériot en 27 minutes 24 secondes. Le 7 janvier 1910, Hubert Latham, à Châlons-sur-Marne, s'élevait à 1 100 mètres de hauteur. Quelques jours après, Paulhan, aux États-Unis, atteignit 1 500 mètres. Signalons encore le record de distance et de durée battu par Farman au camp de Châlons en 1909. L'illustre aviateur français parcourut 232 kilomètres 272 mètres en 4 heures 17 minutes. Le 28 avril 1910, Paulhan gagnait le prix de 250 000 francs de l'Aéro-Club anglais, en parcourant le trajet Londres-Manchester (297 kilomètres). Ce trajet fut effectué en 4 heures 12 minutes avec un seul arrêt.

En 1911, on vit les fameuses courses Paris-Madrid, Paris-Rome, et le circuit des capitales; la même année, les aéroplanes jouaient aux grandes manœuvres un rôle important dans le service des reconnaissances. Au point de vue de la défense nationale, l'*aviation* prenait le titre de *quatrième arme*.

En 1912, une souscription nationale a été ouverte pour offrir à l'armée française une petite flotte aérienne. Cette souscription, accueillie avec enthousiasme, a dépassé trois millions et demi; cette somme sera utilisée à l'organisation de l'aviation militaire.

Mais la conquête de l'air ne s'effectue pas sans périls; la liste serait longue déjà des victimes de la locomotion aérienne, et ces victimes pour la plupart portent des noms français.

RÉSUMÉ

1. Un corps plongé dans un liquide subit de la part de ce liquide une poussée verticale dirigée de bas en haut et égale au poids du liquide déplacé par le corps. Cette poussée peut être considérée comme appliquée au centre de gravité du volume de liquide déplacé. Ce dernier point s'appelle le *centre de poussée*.

2. Quand un corps flotte, la poussée du liquide est juste égale au poids du corps. Quand un corps flottant est en équilibre, son centre de gravité et le centre de poussée sont sur la même verticale.

3. Le principe d'Archimède est appliqué dans *l'équilibre des navires*. Dans les diverses positions que prend le bateau, il faut que la verticale du centre de poussée passe au-dessus du centre de gravité. L'action du poids du navire et celle de la poussée tendent à redresser le navire.

4. La densité du corps humain est légèrement supérieure à celle de l'eau. La *natation* consiste à faire les mouvements convenables pour se maintenir à la surface du liquide, la tête étant hors de l'eau.

5. Les *sous-marins* sont de petits bateaux à double coque. En faisant entrer de l'eau entre les deux cloisons, on peut submerger le bateau. Pour faire remonter celui-ci, on chasse l'eau introduite.

6. Un corps plongé dans un gaz subit une poussée verticale égale au poids du gaz déplacé.

Lorsque le poids d'un corps est inférieur au poids de l'air qu'il déplace, ce corps s'élève dans l'air comme le liège que l'on plonge dans l'eau. Quand le poids du corps est égal à celui de l'air déplacé, le corps reste en équilibre dans l'air.

7. Les ballons ou *aérostats* sont des appareils qui peuvent s'élever dans l'air et s'y maintenir. Ils sont formés d'une enveloppe généralement sphérique, imperméable aux gaz et qu'on gonfle avec de l'hydrogène ou du gaz d'éclairage. L'enveloppe est entourée d'un *filet* auquel est suspendue la *nacelle*. La force ascensionnelle est la différence *ou départ* entre le poids total de l'appareil et le poids de l'air déplacé. La force ascensionnelle diminue à mesure qu'on s'élève.

On construit actuellement des ballons qui peuvent se diriger dans l'air. Ces ballons sont gonflés à l'hydrogène.

8. Les ballons peuvent servir en temps de guerre pour observer les mouvements de l'ennemi (ballons captifs) ou pour faire communiquer une ville assiégée avec l'extérieur. Les *ballons-sondes* sont utilisés pour étudier les hautes régions de l'atmosphère.

9. Les *aéroplanes* sont constitués par des surfaces planes, rigides, qui se déplacent rapidement dans l'air suivant une direction oblique à leur plan. La résistance que l'air oppose au mouvement a pour effet de déterminer une poussée verticale

opposée au poids de l'appareil. En modifiant l'inclinaison des surfaces planantes, on peut faire varier la poussée et, par suite, voler à hauteur constante, s'élever, s'abaisser.

EXERCICES

Attachez une lourde pierre à une ficelle et plongez-la dans l'eau. Que remarquez-vous quand la pierre est dans l'eau, quand elle est hors de l'eau? — Même observation quand vous tirez de l'eau d'un puits. — Jetez une pierre dans l'eau. Plongez un morceau de liège au fond d'un seau d'eau et abandonnez-le. Placez un morceau de fer dans un verre renfermant du mercure. Que remarquez-vous dans ces différents cas? — Énoncez le principe d'Archimède. — Comment pourriez-vous vérifier ce principe avec une balance ordinaire? — Comment pourriez-vous évaluer en grammes la poussée d'un liquide sur un corps? — Pourriez-vous, de la valeur de cette poussée, déduire le volume du corps? — Est-il correct de dire qu'un corps plongé dans un liquide *perd* de son poids? A quoi est égale la poussée sur un corps flottant? — Montrez l'application du principe d'Archimède à l'équilibre des navires, à la natation, aux bateaux sous-marins. Citez des faits montrant que le principe d'Archimède s'applique aux gaz. — On prend une vessie ou un ballon de caoutchouc non gonflé; on y fait entrer de l'air. Tant que la force élastique du gaz intérieur reste égale à la pression atmosphérique, on ne constate aucune augmentation de poids. Pourquoi? — Pourquoi la fumée, la vapeur d'eau, s'élèvent-elles dans l'air? — On a taré dans l'air, sur une balance, une masse de liège avec des poids en cuivre. Dans le vide, y aurait-il encore équilibre? Sinon, de quel côté s'inclinerait le fléau? — Décrivez un ballon ordinaire sphérique.— Qu'appelez-vous force ascensionnelle? Précisez par un exemple. — Quel avantage présente l'hydrogène sur le gaz d'éclairage pour le gonflement d'un ballon? — Quel est le rôle de la soupape, du guide-rope, du lest? — Pourquoi un ballon ne s'élève-t-il pas jusqu'aux confins de l'atmosphère? — A quel moment un ballon sera-t-il en équilibre dans l'air? — Justifiez la forme donnée aux dirigeables. — Un dirigeable dont la vitesse propre est de 45 kilomètres à l'heure se déplace en sens inverse d'un vent de 6 mètres à la seconde. Quelle sera sa vitesse apparente? — Même question quand il se déplace dans la direction du vent? — Comment un aéroplane peut-il se maintenir dans l'air?

9ᵉ LEÇON

DENSITÉ D'UN SOLIDE OU D'UN LIQUIDE. — ARÉOMÈTRE. ALCOOMÈTRE.

MATÉRIEL : Balance ordinaire ou balance Roberval et poids. — Tare. Silex ou pierre dure, non poreuse. — Pétrole. — 2 flacons avec repère sur le col, de 250cm³ de capacité environ : l'un sera à large col; l'autre, pour liquide, à col étroit. — Aréomètre Baumé pour liquides plus denses et pour liquides moins denses que l'eau. — Alcoomètre de Gay-Lussac. — Pèse-lait.

Observation : Les déterminations des densités seront faites de préférence par les élèves; c'est pour eux un excellent exercice pratique. Nous ne conseillons pas l'emploi des flacons classiques ni de la balance de précision, car les opérations sont trop longues à effectuer. Une bonne balance Roberval sensible au demi-gramme donne des résultats bien suffisants.

Masse spécifique des solides et des liquides.

84. *Définition.* — C'est un fait d'observation courante qu'un litre d'eau pèse plus qu'un litre d'huile, d'alcool, de pétrole; qu'un morceau de plomb pèse plus qu'un morceau de fer de même volume. Ainsi les différents corps, pris sous le même volume, n'ont pas la même masse.

Si on détermine la masse de l'unité de volume (décimètre cube, centimètre cube) pour chaque corps, le nombre trouvé pourra servir à caractériser ce corps, à le *spécifier*. C'est pourquoi la masse de l'unité de volume d'un corps a été appelée *masse spécifique* de ce corps (on dit couramment *poids spécifique*).

Ainsi, dire que la masse spécifique du fer est 7, 8 signifie : 1 centimètre cube de fer pèse 7 gr. 8, ou bien 1 décimètre cube pèse 7 kilogr. 8. Nous avons vu d'ailleurs que la masse de l'unité de volume d'un corps varie avec la température. Aussi on a pris la masse spécifique à la température de 0°.

PROBLÈME. La masse d'un corps est 440 grammes, son volume est de 50 centimètres cubes. Quelle est sa masse spécifique?

Solution : La masse spécifique est la masse de 1 centimètre cube, c'est-à-dire :
$$\frac{440^{gr}}{50} = 8^{gr}, 8.$$

D'une façon générale, si P est la masse en grammes d'un corps, V son volume exprimé en centimètres cubes à la température de 0°, on a :
$$\text{Masse spécifique} = \frac{P^{gr}}{V}.$$

En raison du choix de l'unité de masse en France, le nombre V, qui exprime le volume du corps en centimètres cubes, est égal au nombre qui mesure la masse d'un égal volume d'eau à la température de 4°. Dans l'expression précédente, on peut donc remplacer V par la masse d'un volume d'eau égal au volume du corps. — Il faut remarquer que le corps est supposé pris à 0° et l'eau à 4°. — Le quotient obtenu est encore appelé *densité* du corps.

$$\text{Densité d'un corps} = \frac{\text{Masse d'un certain volume du corps à 0°.}}{\text{Masse du même volume d'eau à 4°.}}$$

La détermination de la densité d'un corps solide ou d'un corps liquide comprendra donc trois opérations; il faudra :

1° Déterminer la masse du corps;

2° Déterminer le volume du corps à 0°, ou bien déterminer la masse d'eau qui a 4° occupe le même volume que le corps;

3° Faire le quotient des nombres obtenus.

Dans les mesures de précision, on est obligé de tenir compte de la température, et même de la poussée de l'air sur le corps et sur les masses marquées. Nous opérerons à la température ordinaire, sans nous préoccuper des corrections à apporter aux résultats, ces corrections étant, en général, inférieures à l'approximation de nos mesures quand nous faisons les pesées avec la balance ordinaire.

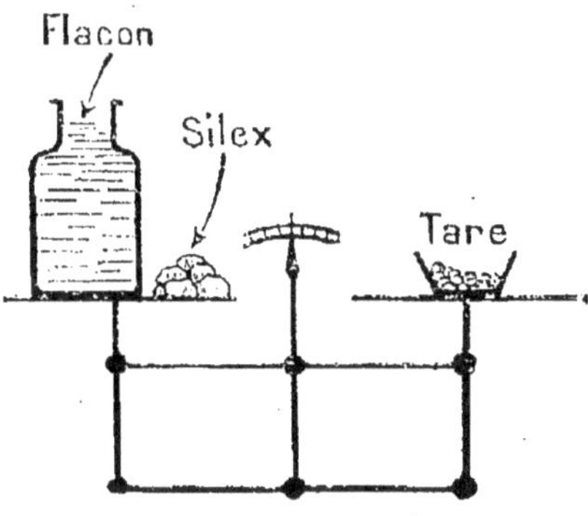

Fig. 104. — On place sur un plateau de la balance le flacon rempli jusqu'au repère et le silex et on fait la tare.

Densité d'un corps solide.

85. *Méthode du flacon.* — Expérience. Prendre un morceau de silex et un flacon à large col (*fig.* 104). Sur celui-ci marquer un repère.

Briser le silex en 4 ou 5 morceaux qui puissent entrer dans le goulot du flacon.

Pour la rapidité des opérations, il est préférable d'opérer comme le représentent les figures 103 à 106. C'est ainsi qu'on procède dans les mesures de précision. Il importe de remarquer que la tare est invariable et qu'avec deux pesées on obtient la masse du corps et la masse du liquide par double pesée.

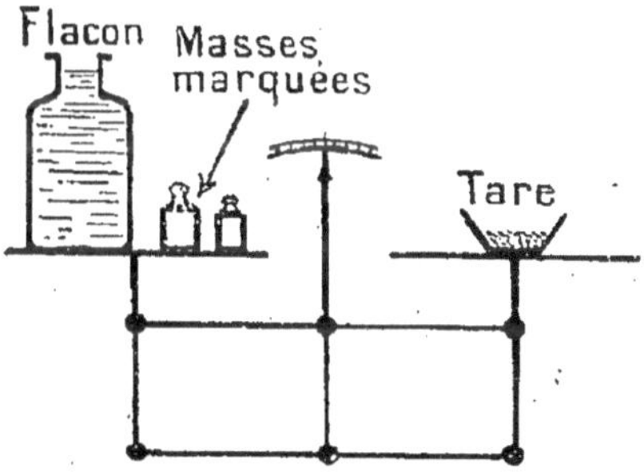

La masse du corps est de 140 grammes (*fig.* 105).

La masse du volume d'eau égal au volume du corps est 60 grammes (*fig.* 106).

La densité du silex est :

$$\frac{140}{60} = 2,33.$$

Fig. 105. — On remplace le silex par des masses marquées qui donnent par double pesée la masse du silex ; $m = 140$ grammes.

86. *Application du principe d'Archimède.* — 1° On détermine d'abord la masse du corps, soit par une pesée ordinaire, soit par double pesée ;

2° Pour obtenir la masse d'un volume d'eau égal au volume du corps, on détermine la poussée que l'eau exerce sur ce corps (*fig.* 107).

Densité d'un liquide.

87. *Méthode du flacon.* — Expérience. Soit à déterminer la densité du pétrole.

1° On tare sur une balance un flacon vide ;

2° On remplit d'eau le flacon jusqu'à un repère placé sur le col et on le replace sur le plateau de la balance après l'avoir essuyé; on rétablit l'équilibre par des masses marquées qui donnent la masse de l'eau, soit 240 grammes;

3° On vide le flacon, on le dessèche, et on le remplit de pétrole jusqu'au repère; après l'avoir essuyé, on le place sur la balance.

Les masses marquées pour rétablir l'équilibre donnent la masse du pétrole, soit 200 grammes.

La densité du pétrole est

$$\frac{200}{240} = 0,83.$$

88. *Application du principe d'Archimède.* — Ex-PÉRIENCE. 1° Suspendre à l'un des plateaux d'une balance un corps dur, non poreux, insoluble dans l'eau et dans le pétrole, faire la tare;

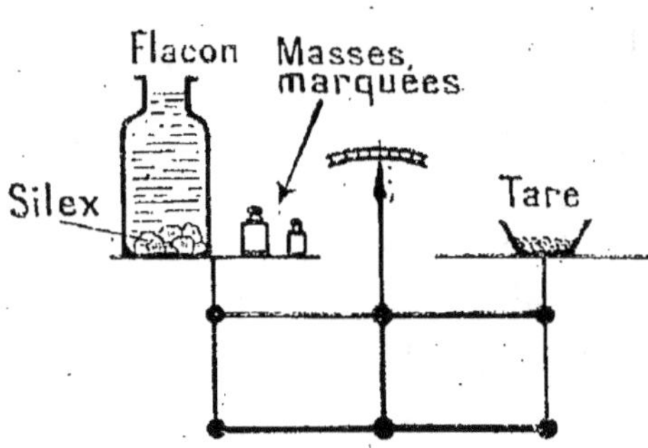

Fig. 106. — On met le silex dans le flacon, on ramène le niveau du liquide au repère tracé sur le col; on essuie le flacon et on le place sur la balance. L'eau enlevée a un volume égal au volume du corps. Les masses marquées que l'on ajoute pour rétablir l'équilibre donnent la masse de l'eau enlevée; $m = 60$ grammes.

2° Plonger ce corps dans un vase renfermant de l'eau (*fig.* 107). La poussée donne la masse d'un volume d'eau égal au volume du corps, soit $m = 40$ grammes;

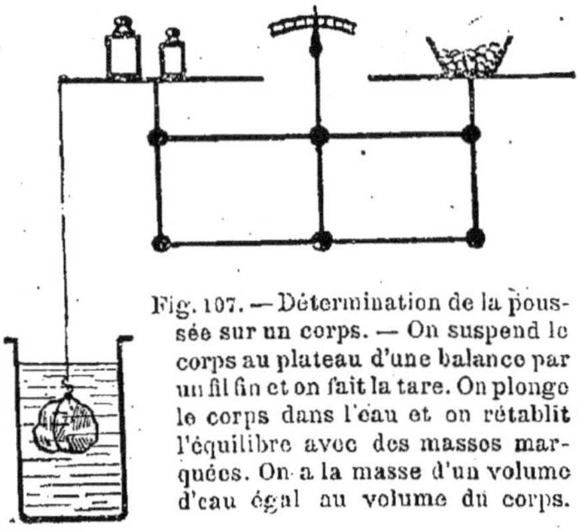

3° Essuyer le corps et le plonger dans un vase renfermant du pétrole, comme le montre la figure 107. Les masses marquées que l'on ajoute pour rétablir l'équilibre donnent la masse du volume de pétrole égal au volume du corps, soit :

$$m' = 33 \text{ grammes.}$$

4° Densité du pétrole

$$\frac{m'}{m} = \frac{33}{40} = 0,83.$$

Fig. 107. — Détermination de la poussée sur un corps. — On suspend le corps au plateau d'une balance par un fil fin et on fait la tare. On plonge le corps dans l'eau et on rétablit l'équilibre avec des masses marquées. On a la masse d'un volume d'eau égal au volume du corps.

REMARQUE. — Les opérations précédentes ne sont possibles que si les corps utilisés sont insolubles dans l'eau.

Les élèves rechercheront les modifications qu'il conviendrait d'apporter aux expériences pour opérer avec un corps soluble dans l'eau, comme le sucre par exemple.

89. Résultats. — Voici les densités d'un certain nombre de solides
et de liquides usuels :

Platine	21,5	Acide sulfurique concentré	1,84
Or	19,3		
Plomb	11,3	Sulfure de carbone	1,26
Argent	10,5	Glycérine	1,26
Cuivre	8,9	Benzine	0,88
Fer forgé	7,8	Alcool	0,78
Aluminium	2,6	Ether	0,73
Mercure	13,6	Essence minérale	0,66

Aréomètres.

90. Ce sont des corps flottants de forme particulière qui permettent
d'apprécier le degré de concentration de certains liquides. Un aréomètre se compose d'une ampoule en verre constituant le flotteur,
surmontée d'une tige généralement cylindrique. L'ampoule est
lestée à sa partie inférieure par du mercure ou de la grenaille
de plomb. La figure 108 repré-sente la forme habituelle des
aréomètres.

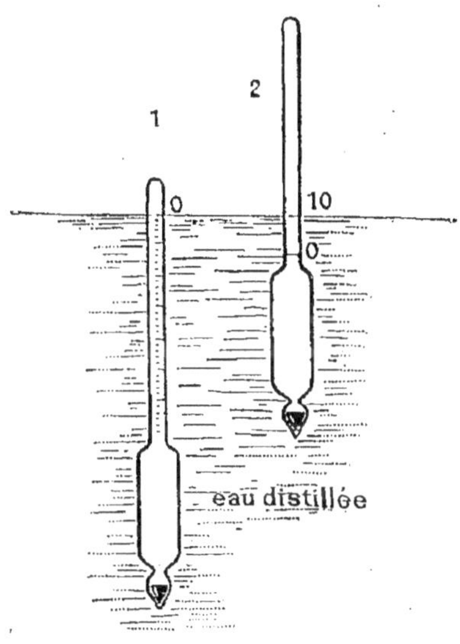

Fig. 108. — Aréomètres. — 1, pour liquides
plus denses que l'eau. — 2, pour liquides
moins denses que l'eau.

Supposons que dans l'eau
l'appareil s'enfonce jusqu'en un
certain point de la tige ; le poids
de l'aréomètre est égal au poids
du liquide déplacé. Plongeons
l'appareil dans un liquide plus
dense que l'eau, il s'enfoncera
moins ; dans un liquide moins
dense que l'eau, il s'enfoncera
davantage.

Les aréomètres les plus courants ont été gradués par Baumé ; on conserve sa graduation.

Pour les liquides *plus denses*
que l'eau, Baumé construisait
ses aréomètres de façon que
dans l'eau l'appareil s'enfonçait
jusqu'au sommet de la tige. Le point d'affleurement était marqué 0°.
Il plongeait ensuite l'appareil dans une solution de 15 grammes de sel
marin et 85 grammes d'eau. Au point d'affleurement, il marquait 15.
Il divisait l'intervalle 0-15 en 15 parties égales et il prolongeait les
divisions.

Pour les liquides *moins denses* que l'eau, l'aréomètre était lesté de
façon que, dans une solution renfermant 10 grammes de sel pour
90 grammes d'eau, l'affleurement se produisait en bas de la tige. Ce

point fut marqué 0. Dans l'eau pure, Baumé marqua 10 au point d'affleurement. Il divisa l'intervalle entre ces deux points en dix parties égales et prolongea les divisions.

Les aréomètres sont très commodes, parce qu'ils permettent de déterminer par simple lecture le moment où la concentration d'un liquide est suffisante. Ainsi, l'acide sulfurique concentré marque 66° à l'aréomètre Baumé ; l'industrie des savons emploie des lessives de soude caustique qui doivent marquer 16° et 24° à l'aréomètre.

Les aréomètres ne renseignent pas directement sur la densité des solutions dans lesquelles on les plonge, mais on a gradué certains de ces appareils de façon à donner cette densité. Ce sont des *densimètres*. On a des aréomètres gradués spécialement pour apprécier la densité du lait, des jus sucrés, des moûts provenant de la fermentation, etc.

Alcoomètre centésimal

91. C'est un aréomètre spécial qui fait connaître *le volume d'alcool pur contenu dans 100 volumes d'un mélange d'eau et d'alcool*. Gay-Lussac en a établi la graduation par le procédé suivant : l'alcoomètre est lesté de façon qu'il affleure à la base de la tige dans l'eau pure, et au sommet dans l'alcool pur. Dans l'eau pure, on marque 0 au point d'affleurement. On prend ensuite 5 centimètres cubes d'alcool pur et on ajoute de l'eau *jusqu'à ce que le mélange ait un volume de 100 centimètres cubes*. Au point d'affleurement, on marque 5. On prend ensuite 10 centimètres d'alcool pur et on ajoute de l'eau de façon à obtenir 100 centimètres cubes, etc... On divise en parties égales l'intervalle de 0 à 5, de 5 à 10, etc. La difficulté de la graduation résulte de ce que le mélange d'eau et d'alcool subit une contraction irrégulière. Cette contraction est maximum pour 48 volumes d'eau et 52 volumes d'alcool ; elle atteint alors 4 volumes. On peut voir sur l'alcoomètre que les divisions ne sont pas égales ; 5 divisions du bas de la tige n'occupent pas plus de place qu'une division en haut.

RÉSUMÉ

1. On appelle *masse spécifique* d'un corps solide ou d'un corps liquide la masse de l'unité de volume de ce corps, à la température de 0°.

La masse spécifique s'obtient en divisant la masse du corps par le volume de ce corps à 0°. Si la masse est exprimée en grammes, le volume du corps doit être mesuré en centimètres cubes.

2. En raison du choix de l'unité de masse dans le système métrique, le volume d'un corps en centimètres cubes et la masse en grammes du même volume d'eau à 4° sont exprimés par le même nombre ; d'où la deuxième définition :

La masse spécifique d'un corps solide ou liquide est le rapport entre la masse d'un certain volume de ce corps pris à 0° et la masse d'un égal volume d'eau à 4°. Ce rapport s'appelle encore *densité* du corps.

3. Pour obtenir la densité d'un corps solide ou d'un corps liquide :

a) On détermine la masse d'un corps ;

b) On détermine la masse d'un volume d'eau égal au volume du corps ;

c) On fait le quotient des nombres trouvés.

4. La masse d'un corps solide s'obtient par simple pesée ou par double pesée.

La masse du volume d'eau égal au volume du corps s'obtient de la façon suivante :

a) On prend un flacon rempli d'eau jusqu'à un certain repère ; on détermine la masse de l'eau qui s'échappe quand on met le corps dans le flacon et qu'on ramène au repère le niveau du liquide.

b) On peut déterminer aussi la poussée exercée par l'eau sur le corps par application du principe d'Archimède.

5. Quand il s'agit d'un corps liquide, on détermine successivement :

a) La masse d'eau qui remplit un flacon jusqu'à un repère placé sur ce flacon ;

b) La masse de liquide qui occupe le même volume.

On peut aussi déterminer les poussées exercées par l'eau et par le liquide étudié sur un même corps qu'on plonge successivement dans ces deux milieux. (Application du principe d'Archimède.)

6. Les *aréomètres* sont des flotteurs surmontés d'une tige et qui s'enfoncent plus ou moins suivant la densité du liquide dans lequel on les plonge. Le point d'affleurement sur la tige permet d'apprécier la concentration du liquide. Les aréomètres les plus employés sont ceux de Baumé, mais on a construit des aréomètres spéciaux pour les divers liquides employés dans l'industrie.

7. L'alcoomètre centésimal de Gay-Lussac est un aréomètre qui est gradué de façon à faire connaître le volume d'alcool pur contenu dans 100 volumes d'un mélange d'alcool et d'eau.

EXERCICES

Qu'appelez-vous masse spécifique d'un corps solide ou d'un corps liquide ? — Quelle est la masse spécifique d'un corps dont la masse est $1^{kg},872$ et le volume 240 cm³ ? — Qu'appelez-vous densité d'un solide ou d'un liquide ? — Que signifie l'expression : la densité du mercure est 13,6 ? — Quelles sont les opérations à effectuer pour déterminer la densité d'un corps solide ou d'un corps liquide? — Comment peut-on déterminer la densité d'un solide par la méthode du flacon? — Même question par application du principe d'Archimède. — Même question pour un corps liquide. — Pourriez-vous, par la méthode précédente, trouver la densité du sel, du sucre et, en général, des corps solubles dans l'eau? — Pour ces corps, comment convient-il de procéder dans la détermination de la densité? — Décrivez et dessinez un aréomètre. — Un aréomètre peut-il servir à la fois pour les liquides plus denses et pour les liquides moins denses que l'eau? Dans ce cas, où faudra-t-il placer le zéro? — Comment sont gradués les aréomètres pour liquides plus denses, pour liquides moins denses que l'eau? — Les aréomètres sont gradués pour une température de 15°. L'indication donnée par l'instrument sera-t-elle trop élevée ou trop faible : 1° si la température est supérieure à 15°; 2° si la température est inférieure à 15° pour un aréomètre pèse-acides? — Même question pour un alcoomètre de Gay-Lussac. — Comment est gradué l'alcoomètre de Gay-Lussac? — Quelle est la signification de l'indication donnée par cet instrument? — Peut-on utiliser l'alcoomètre centésimal pour un liquide quelconque? — Un pèse-lait est plongé successivement dans du lait frais, dans le même lait ayant subi l'écrémage centrifuge et dans le lait non écrémé mais additionné d'eau. Quelle constatation fera-t-on dans ces différents cas?

10ᵉ LEÇON

TRANSVASEMENT DES FLUIDES. — POMPES ET SIPHON.

Matériel : Pompe à bicyclette ordinaire. — Pompe dont a retourné le cuir et servant à l'aspiration. — Soufflet ordinaire. — Modèle de pompe aspirante et foulante en verre. Ces modèles de démonstration sont peu coûteux ; le fonctionnement en est très visible. On peut d'ailleurs en construire avec des verres de lampe bien cylindriques. — Tube de caoutchouc pour former siphon, ou siphon en verre. — Appareil représenté à la figure 86, avec eau au lieu de mercure. Ce dispositif, qui montre nettement le principe des pompes à liquides, permet d'élever l'eau à plusieurs mètres de hauteur. — Appareil représenté à la figure 85 avec tube effilé.

Principe général des pompes.

Les *fluides*, liquides ou gaz, peuvent être transvasés au moyen d'appareils appelés *pompes*.

92. *Principe général.* — Soit (*fig.* 109) un cylindre C, appelé corps de pompe, dans lequel se meut un piston P. Le cylindre porte deux tuyaux T et T′ fermés par deux soupapes S et S′ s'ouvrant : la première de l'extérieur vers l'intérieur du cylindre, la deuxième en sens inverse. Le même appareil peut servir, soit à comprimer un gaz dans un récipient, soit à enlever le gaz contenu dans le récipient, selon qu'on met ce récipient en communication soit avec T′, soit avec T. Il peut aussi aspirer le gaz dans un récipient

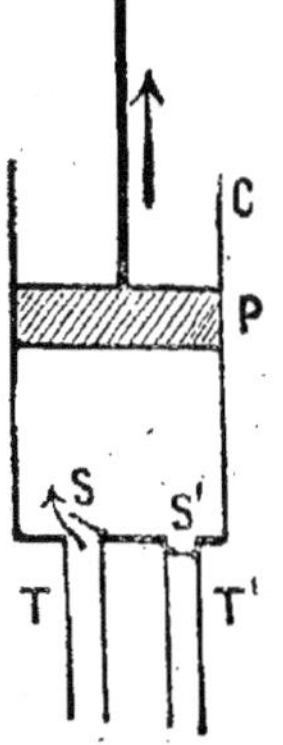

Fig. 109.
Principe général
des pompes.

et le comprimer dans un autre. C'est ce qui arrive en particulier pour les pompes utilisées dans la production artificielle de la glace.

93. *Machine pneumatique.* — Quand on adapte à T (*fig.* 109) le récipient qui contient un gaz, l'appareil précédent sert à aspirer ce gaz. Un tel appareil est une *machine pneumatique.* D'habitude, on modifie légèrement le dispositif que nous avons donné. Il n'y a plus qu'un tuyau T adapté au corps de pompe; ce tuyau est fermé par une soupape qui s'ouvre vers l'intérieur. Le piston est percé d'une ouverture fermée par une soupape qui s'ouvre de bas en haut. Le tuyau T communique avec le récipient dont on veut enlever le gaz (*fig.* 110).

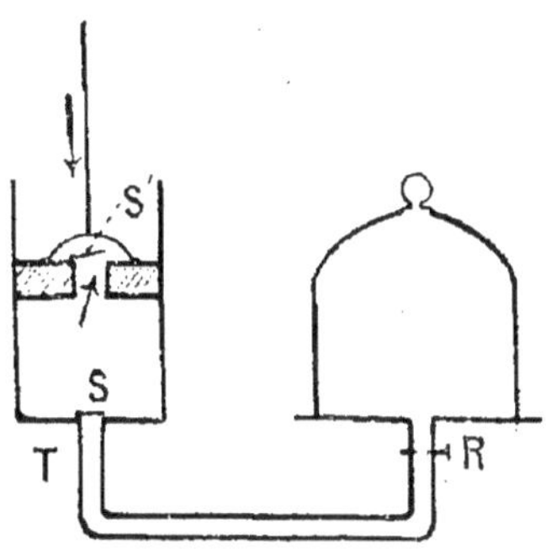

Fig. 110. — Schéma de la machine pneumatique.

Fonctionnement. Supposons le piston en bas du corps de pompe, soulevons-le, le robinet R étant ouvert. La soupape S′ est fermée, on fait le vide au-dessous du piston. Le gaz du récipient soulève la soupape S et se répand dans le corps de pompe. Sa force élastique diminue, puisqu'il occupe un volume plus grand.

Abaissons le piston : la soupape S se ferme. Le volume du gaz enfermé dans le corps de pompe diminue, donc sa force élastique augmente.

Il arrive un moment où sa pression devient égale, puis supérieure à la pression atmosphérique extérieure qui s'exerce au-dessus du piston. A ce moment, la soupape S′ se soulève et le gaz que contient le corps de pompe est chassé à l'extérieur.

A chaque coup de piston on peut ainsi enlever une certaine quantité de gaz; la force élastique de ce gaz dans le récipient diminue constam-

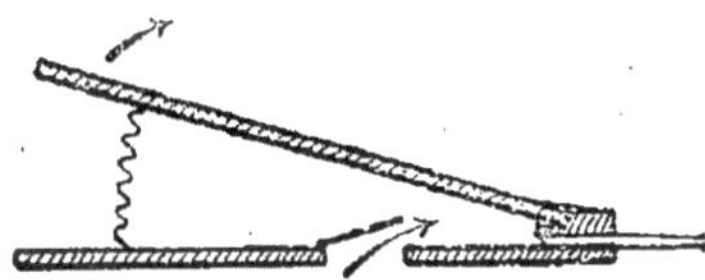

Fig. 111. — Soufflet ordinaire.

ment. On ne peut pas néanmoins enlever complètement le gaz, car il n'y a jamais contact parfait entre la base du piston et le bas du corps de pompe; l'espace compris entre les deux surfaces s'appelle *espace nuisible :* il limite la raréfaction. Les bonnes machines pneumatiques peuvent donner une raréfaction telle que la pression du gaz dans le récipient n'atteint pas 1 millimètre de mercure. Les laboratoires et l'industrie emploient des appareils spéciaux appelés *trompes* qui donnent un vide bien plus parfait (1/1000 de millimètre environ).

94. *Compresseurs de gaz.* — En adaptant un récipient au tube T' (*fig.* 109), on peut comprimer un gaz dans ce récipient. — L'élève trouvera le fonctionnement de l'appareil dans ce cas.

Le soufflet ordinaire (*fig.* 111), le soufflet à vent continu des forgerons (*fig.* 112) sont les appareils les plus simples destinés à comprimer les gaz. On en expliquera facilement le fonctionnement en se reportant aux figures.

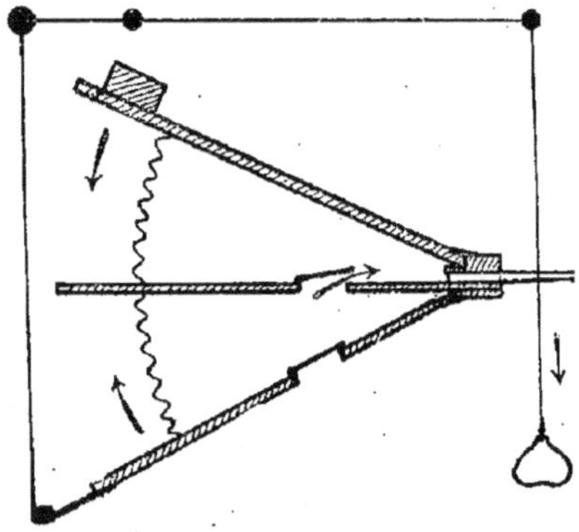

La pompe à bicyclette ordinaire est aussi un appareil simple de compression de gaz (*fig.* 113). On se rend compte facilement de son fonctionnement.

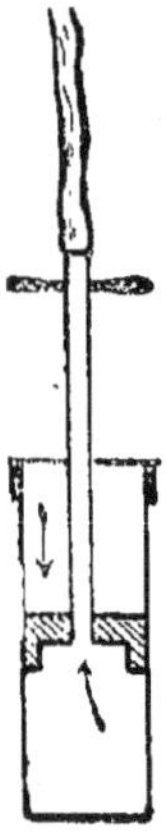

Dans l'industrie, pour aérer les mines, pour amener l'air nécessaire à la combustion dans les hauts fourneaux, on emploie des machines soufflantes à double effet dont la figure 115 représente un schéma.

Fig. 113.
Pompe
à bicyclette.

Fig. 112. — Soufflet de forge à vent continu.

Enfin, l'on utilise aussi des ventilateurs rotatifs servant, soit à l'aspiration, soit au refoulement de l'air. La figure 116 représente un ventilateur rotatif. L'air entre par la partie centrale et s'échappe par la périphérie. Le grand van ou tarare, utilisé par les cultivateurs pour séparer le grain de la balle, est un ventilateur rotatif de construction peu soignée (*fig.* 114).

95. *Usages des pompes à gaz.* — 1° Dans l'industrie, les pompes à aspirer l'air sont utilisées surtout pour diminuer la pression à la surface de certains liquides qu'on veut concentrer. Ainsi, pour concentrer le sirop de sucre, on le fait bouillir sous pression réduite, car le sucre s'altérerait si l'ébullition avait

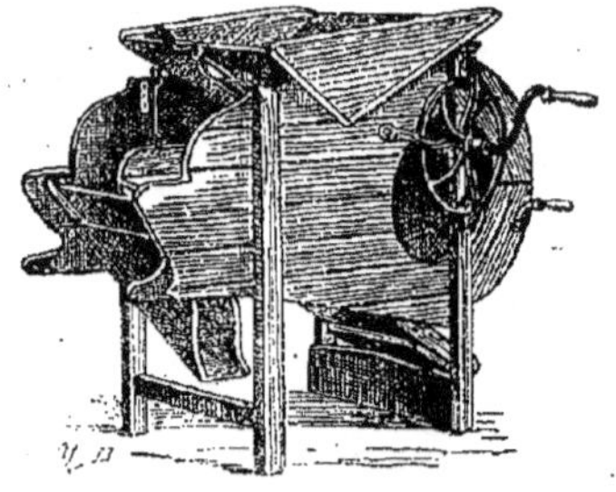

Fig. 114. — Tarare.

lieu dans les conditions ordinaires. — On fait encore le vide dans les lampes utilisées pour l'éclairage électrique, dans les ampoules qui servent à la *radiographie.*

2° L'air comprimé sert à actionner les tramways, les moteurs. Les freins de chemins de fer fonctionnent à l'air comprimé. A Paris et

dans quelques grandes villes : Lyon, Marseille, les bureaux de poste
sont reliés par un tube dans lequel glisse un piston creux. On place
à une station les lettres, les dépêches dans le piston, et ces dépêches
sont transportées à l'autre station par l'action de l'air comprimé. On

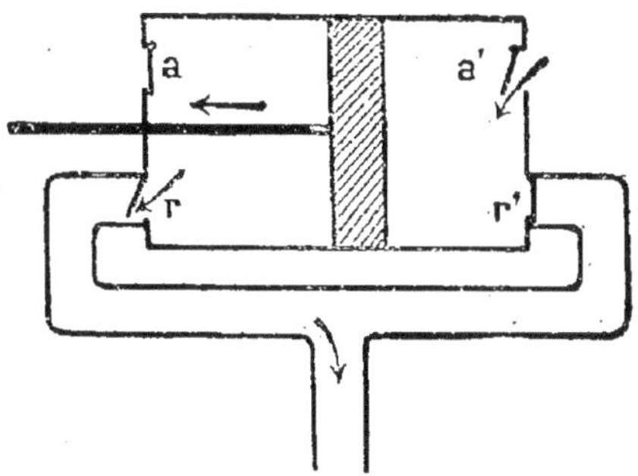

Fig. 115. — Machine soufflante
industrielle.

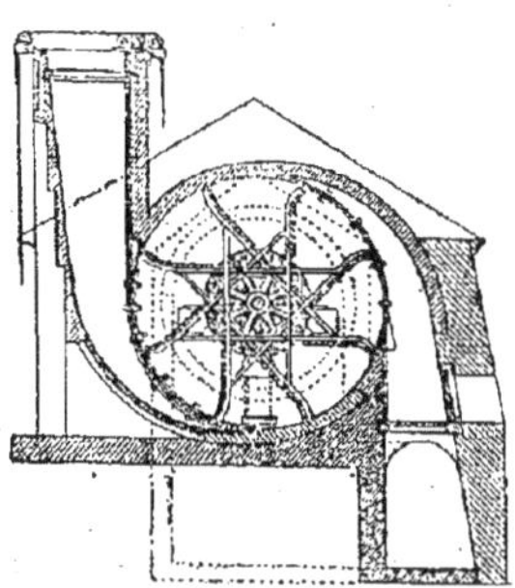

Fig. 116. — Ventilateur
mécanique.

peut aussi faire le vide derrière le piston, qui se trouve alors poussé
par la pression atmosphérique.

Quant on veut établir des piles de pont, des fondations dans des ter-
rains humides, on se sert de caissons en tôle, ouverts par en bas et dans lesquels on envoie de l'air comprimé ; l'air chasse l'eau et les ouvriers travaillent à sec. — Dans les mines, on est obligé d'envoyer au moyen de pompes de compression l'air destiné à l'aération des galeries. — L'industrie métallurgique utilise les machines à comprimer les gaz pour amener dans les hauts fourneaux l'air nécessaire à la combustion. — Les pneumatiques de bicyclettes et d'automobiles sont aussi gonflés à l'air comprimé.

Fig. 117. — Balai aspirateur de poussière
et son utilisation.

Actuellement l'industrie uti-
lise nombre de gaz comprimés qu'on conserve dans des tubes en fer
forgé très solides. Souvent ces gaz ont été liquéfiés par la compression (gaz sulfureux, ammoniaque, gaz carbonique, chlore).

L'économie domestique même utilise les appareils à aspirer l'air.
La figure 117 représente un instrument qui permet de nettoyer les
tapis, parquets, tentures, sans en soulever la poussière. Ce nettoyage

a lieu par le vide. Le seul inconvénient de ces appareils à l'heure actuelle, c'est qu'ils sont assez coûteux.

Dans les gares de chemins de fer importantes, le nettoyage des wagons se fait par aspiration des poussières au moyen d'appareils perfectionnés.

Pompes à liquides.

96. *Pompe aspirante.* — 1° L'appareil représenté par la figure 86 (7° leçon) nous montre comment, en remplaçant le mercure par de l'eau, une pompe à gaz peut devenir une pompe à liquides. Cet appareil permet d'élever l'eau à plusieurs mètres de hauteur ;

2° Il suffit de mettre le tuyau T de l'appareil (*fig.* 109) en communication avec un réservoir à liquide pour que la pompe à air devienne pompe à liquide.

L'appareil fonctionne d'abord comme machine pneumatique ; on enlève l'air du corps de pompe et du tuyau d'aspiration. Sous l'action de la pression atmosphérique, l'eau s'élève dans le tuyau et pénètre dans le corps de pompe. A ce moment la pompe est *amorcée ;* à chaque montée du piston, le cylindre se remplit d'eau. Lorsque le piston descend, l'eau de ce cylindre est refoulée dans un deuxième tuyau.

La pompe aspirante est représentée par la figure 118. L'élève en indiquera facilement le fonctionnement. La hauteur à laquelle on peut élever l'eau par aspiration n'est pas illimitée. Si la pression extérieure est de 75 centimètres de mercure, elle est mesurée en eau par une colonne de $75 \times 13,6 = 1\,020$ centimètres de hauteur. C'est la hauteur maxima à laquelle l'eau peut être élevée. En pratique, comme le vide n'est jamais parfait et qu'il y a des fuites dans l'appareil, le tuyau d'aspiration ne peut pas dépasser 7 à 8 mètres.

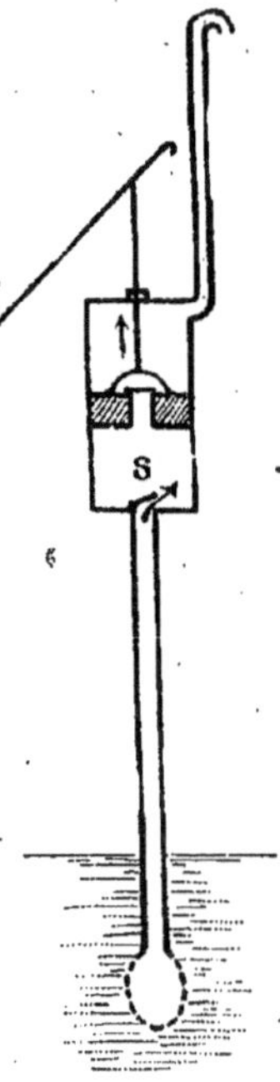

Fig. 118. — Pompe aspirante élévatoire.

Dans la pompe aspirante, on a percé le piston d'une ouverture qui s'ouvre de bas en haut ; c'est donc quand le piston remonte qu'il refoule l'eau dans le *déversoir.*

On peut donner au tuyau qui sert de déversoir une dimension aussi grande qu'on veut. La pompe aspirante devient alors *pompe élévatoire.* C'est celle que représente la figure 118.

97. *Pompe foulante.* — Dans la pompe foulante, le piston en descendant refoule l'eau dans le tuyau de déversement. Quand le corps de pompe plonge dans le liquide à élever, on a la pompe foulante ordinaire; quand il y a un tuyau d'aspiration, c'est une pompe *aspirante et foulante* (*fig.* 119).

Lorsque le tuyau de déversement a une assez grande longueur, on place sur son trajet un réservoir à air comprimé qui régularise le débit.

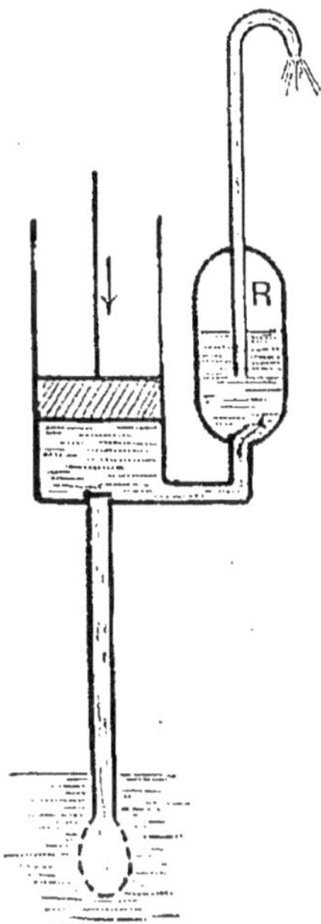

Fig. 119. — Pompe aspirante et foulante avec réservoir à air comprimé R.

L'eau refoulée à chaque coup de piston comprime l'air du réservoir, mais cet air exerce sur l'eau une pression qui fait monter l'eau dans le tuyau de refoulement. L'eau continue à couler quand le piston de la pompe s'élève.

Expérience. Dans l'appareil représenté par la figure 85, il suffit d'adapter un tube effilé à la place de T, pour comprendre le rôle du réservoir à air comprimé. En comprimant l'air dans le flacon, l'eau jaillit par le tube.

98. *Pompe à incendie.* — Elle est constituée par deux pompes foulantes accouplées qui refoulent l'eau dans un réservoir à air. La pression de l'air comprimé permet d'élever le liquide à une hauteur considérable et de produire un jet d'une grande puissance. La figure 120 permet facilement de se rendre compte du fonctionnement de la *pompe à incendie.*

99. *Pompes rotatives.* — Les pompes utilisées dans l'industrie sont le plus souvent des pompes rotatives utilisant la *force centrifuge.* Ces pompes sont analogues aux ventilateurs rotatifs (*fig.* 116).

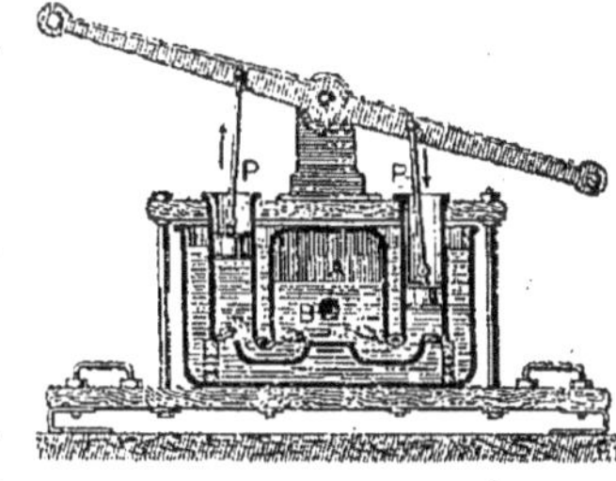

Fig. 120. — Pompe à incendie.
A, chambre à air; B, tuyau d'échappement du liquide; P, P, pistons.

Lorsqu'on fait tourner un corps pesant attaché à une ficelle, on constate que la ficelle se tend fortement. Si à un moment donné de la rotation on abandonne le corps pesant, il s'échappe suivant la tangente au cercle qu'il décrit. En attachant le corps à un fil de caoutchouc, ce fil s'allonge d'autant plus que la rotation est plus rapide. On pourrait par l'allongement du fil mesurer la valeur d'une certaine force qui tend à écarter les corps de leur axe de rotation, force qu'on appelle pour cette raison *force centrifuge.*

Supposons maintenant dans une boîte cylindrique un axe sur lequel sont fixées des palettes et animé d'un mouvement de rotation rapide. Le centre de la boîte communique avec un récipient où se trouve le liquide à élever. A la périphérie, un tuyau sert à l'écoulement du liquide. Il y a aspiration par le centre et refoulement par la périphérie. On se rend facilement compte du fonctionnement de la pompe centrifuge en faisant tourner rapidement à la

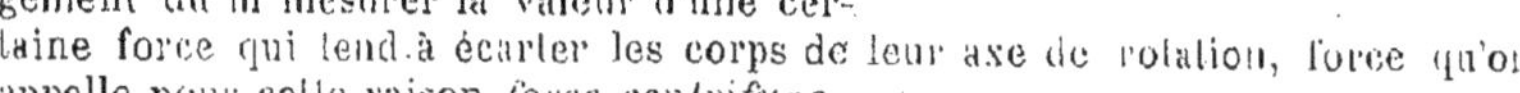

main une carafe à demi remplie d'eau. On constate une dépression en forme d'entonnoir au centre de la carafe.

Les pompes centrifuges sont *réversibles*. Si on fait arriver un courant d'eau sous pression par la périphérie, l'axe se met à tourner en sens inverse du mouvement qui tout à l'heure servait à élever le liquide. On a alors une *turbine*.

Siphon.

100. *Description et fonctionnement.* — Expérience. Dans un vase V, plein d'eau (*fig.* 121), plonger l'extrémité d'un tube en caoutchouc. Aspirer par l'autre extrémité, maintenue *au-dessous* du niveau du liquide dans V. Le liquide s'écoule du vase V et peut être recueilli dans un vase V'. — Plonger l'autre extré-mité du tube dans l'eau de V' et sou-lever ce dernier vase. Qu'arrive-t-il quand le niveau du liquide en V est *au-dessous* du niveau de l'eau en V'?
→ Le tube précédent constitue *un siphon*. *Un siphon est donc un tube re-courbé qui sert à faire passer un liquide d'un récipient dans un autre placé plus bas.*

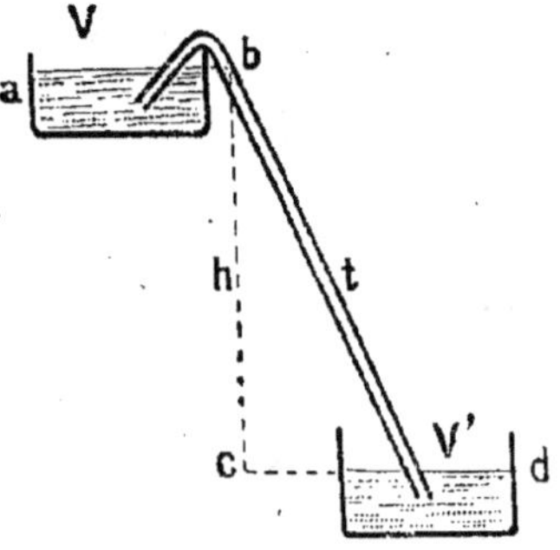

Fig. 121. — Siphon ordinaire.

Le siphon est dit *amorcé* quand le liquide s'écoule par l'orifice de la grande branche. Pour les liquides inoffensifs, on peut amorcer le si-phon par aspiration comme nous l'avons fait, mais quand on transvase des liquides dangereux, on amorce le siphon en exerçant une pression à la surface du liquide dans le vase supérieur par exemple, ou bien on emploie des siphons construits pour permettre l'amorçage sans danger.

Remontons l'extrémité du tube *t* jusqu'au niveau *a b* du liquide en V. L'écoulement cesse. A ce moment, la pression est la même à la surface du liquide V et à l'extrémité du tube *t*. Abaissons ce dernier tube : il renferme en dessous du plan *ab* une colonne de liquide de hau-teur *h* qui va tomber sous l'action de la pesanteur; mais, en tombant, cette colonne d'eau joue en quelque sorte le rôle du piston d'une pompe aspirante. — La pression atmosphérique qui s'exerce au niveau de la surface libre en V fait monter le liquide dans la petite branche du siphon et assure la continuité de l'écoulement. Somme toute, la pression atmosphérique n'intervient que pour l'amorcement du siphon. Le siphon étant amorcé, le vase V se vide exactement comme si le tube *t* partait du fond de ce vase.

RÉSUMÉ

1. On appelle *machines pneumatiques* des appareils qui servent à enlever un gaz contenu dans un récipient.

La machine pneumatique à piston se compose d'un corps de

pompe dans lequel se meut un piston. Le piston présente une ouverture fermée par une soupape qui s'ouvre de bas en haut. Le corps de pompe porte également une ouverture fermée par une soupape qui s'ouvre vers l'intérieur. Un tuyau fait communiquer cette ouverture avec le récipient dont on veut enlever le gaz.

2. Les *machines* et les *pompes de compression* servent à comprimer un gaz dans un récipient. Quelquefois la même machine aspire le gaz dans un récipient et le refoule dans un autre.

Le soufflet ordinaire, le soufflet du forgeron, les machines soufflantes de l'industrie, les pompes à bicyclette sont des appareils simples servant à la compression des gaz ou à la ventilation.

L'industrie utilise beaucoup les ventilateurs rotatifs lorsqu'il n'est pas nécessaire d'obtenir une pression considérable.

3. On fait le vide dans les ampoules qui servent pour l'éclairage électrique (lampes à incandescence), pour la *radiographie ;* on réduit la pression au-dessus des liquides altérables qu'on veut concentrer par évaporation.

L'air comprimé est utilisé pour actionner les moteurs des tramways, des freins de chemin de fer, pour gonfler les pneus des bicyclettes, des automobiles, pour aérer les mines, pour insuffler de l'air dans les hauts fourneaux, pour transporter les dépêches par poste pneumatique.

Un certain nombre de gaz se liquéfient par compression (gaz sulfureux, ammoniaque, gaz carbonique, chlore). D'autres sont livrés à la consommation comprimés dans des tubes en fer forgé (oxygène, hydrogène).

4. Les *pompes à liquides* servent à élever un liquide d'un niveau inférieur à un niveau supérieur. Les pompes ordinaires sont à piston.

La pompe *aspirante* et *élévatoire* comprend un corps de pompe qui communique par un tuyau d'aspiration avec le récipient dans lequel se trouve le liquide. Dans le corps de pompe se meut un piston percé d'une ouverture. Le tuyau d'aspiration et l'ouverture du piston portent une soupape qui s'ouvre de bas en haut. A la partie supérieure du corps de pompe se trouve un tuyau pour élever l'eau.

La pompe *aspirante* et *foulante* a un piston plein ; le tuyau de refoulement part de la base du corps de pompe.

La *pompe à incendie* est formée de la réunion de deux pompes foulantes, accouplées. Ces deux pompes refoulent l'eau dans un récipient commun à air comprimé qui régularise le jet.

Les *pompes industrielles* sont généralement des pompes rotatives. Un axe muni de palettes tourne rapidement dans un tambour; il se produit une dépression au centre du tambour, et par suite un appel de liquide; ce liquide est refoulé dans un tuyau partant de la périphérie.

5. Le *siphon* est un tube coudé à branches inégales qui sert à transvaser un liquide d'un récipient supérieur dans un récipient inférieur. La petite branche du siphon plonge dans le récipient supérieur.

EXERCICES

A quoi sert la machine pneumatique? — Figurez un modèle simple de machine pneumatique et exposez son fonctionnement. — Montrez comment fonctionne la pompe à bicyclette comme pompe de compression (dessin schématique). — Comment pourrait-on transformer la pompe à bicyclette en pompe à raréfier l'air? — Comment fonctionne le soufflet ordinaire? — Citez des effets de la raréfaction de l'air, des gaz comprimés. — Décrivez la pompe aspirante et élévatoire et expliquez comment elle fonctionne. Même question pour la pompe foulante, pour la pompe à incendie. — Dans la pompe aspirante, quelle est la plus grande hauteur que peut avoir le tuyau d'aspiration? — Comment pourriez-vous construire un siphon? — Expliquez le fonctionnement de cet appareil.

11e LEÇON

NOTIONS DE TEMPÉRATURE. — THERMOMÈTRE.

MATÉRIEL : 3 vases en fer-blanc de 1 litre environ; l'un, A, renfermant de l'eau froide; un deuxième, C, renfermant de l'eau chaude; un troisième, B, contenant un mélange des deux liquides. — 1 thermomètre à mercure, *non gradué*. — 1 thermomètre à mercure, gradué sur tige si possible. Nous conseillons les thermomètres à double enveloppe, avec graduation sur papier, très visible. — Un ballon de 250 grammes avec eau bouillante, un ballon de 250 grammes avec eau salée (20 p. 100 environ) bouillante. — Thermomètre à alcool. — Thermomètre médical. — Glace, si on peut s'en procurer. On peut obtenir une quantité de glace suffisante en mettant de l'eau dans un tube à essais (un tiers du tube environ) et en plongeant le tube dans un mélange réfrigérant.

La notion de température.

101. *La notion de température nous est donnée par le sens du toucher.* — Nous disons que certains corps sont chauds, que d'autres sont froids. La *chaleur* est l'agent qui produit sur le sens du toucher des sensations de chaud et de froid.

Nous ignorons la nature de cet agent, mais nous savons en apprécier les effets, et c'est la connaissance de ces effets qui nous est utile dans les applications.

Lorsqu'un corps nous paraît chaud, nous disons que sa *température* est plus élevée que celle de notre propre corps; c'est le contraire lorsqu'il nous paraît froid.

Nous pouvons ainsi reconnaître qu'un corps A est plus chaud ou plus froid qu'un corps B; ce que nous traduisons en disant : Le corps A est à une température plus ou moins élevée que le corps B.

Ainsi, la température nous apparaît comme une certaine qualité de la chaleur, qualité qui nous est révélée par le sens du toucher.

Comparaison des températures.

102. Expérience. Prenons 3 vases (*fig.* 122): l'un, A, renferme de l'eau froide; un deuxième, C, renferme de l'eau chaude; le troisième, B, un mélange des deux liquides précédents à peu près par parties

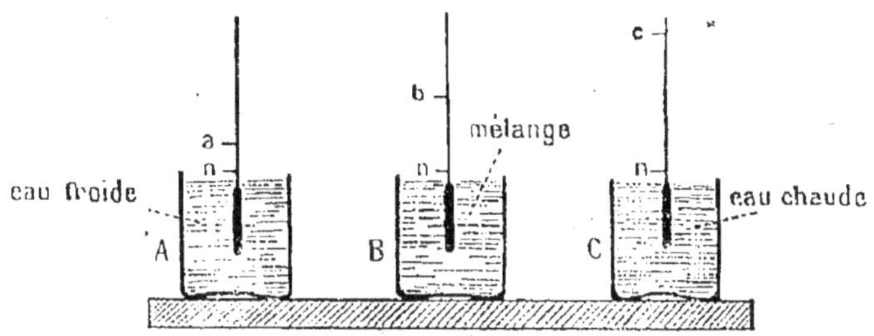

Fig. 122. — Le niveau du liquide thermométrique dans B est plus élevé que dans A, moins élevé que dans C.

égales. Plongeons la main dans les trois vases. Le toucher nous donne des *sensations différentes :* nous disons que B est plus chaud que A, moins chaud que C. Nous traduisons encore les sensations que nous donne le toucher en disant que la *température* de B est supérieure à celle de A, inférieure à celle de C. Ainsi, le sens du toucher nous permet déjà de comparer les températures.

Mais les renseignements donnés par le toucher sont bien insuffisants : il nous est d'ailleurs impossible d'en conserver la trace précise.

Exemple : Fait-il plus chaud aujourd'hui que le même jour et à pareille heure de la semaine dernière, du mois dernier, de l'année dernière ?

De plus, rien ne nous prouve qu'une autre personne, comparant les mêmes températures, obtienne exactement les mêmes résultats que nous. Enfin, le sens du toucher peut nous induire en erreur. Ainsi, une cave paraît fraîche en été, chaude en hiver; il en est de même de l'eau d'une fontaine. — Placer la main sur le bois de la porte et sur le fer de la serrure : le fer paraît plus froid que le bois. Or nous verrons plus tard que ces deux corps sont à la même température.

Pour comparer les températures, le sens du toucher étant insuffisant, nous nous adresserons à un effet de la chaleur, effet que nous saurons mesurer. C'est ce phénomène que nous allons étudier.

103. *Équilibre de température*. — Apportons sur la table un vase renfermant de l'eau chaude. Nous savons que cette eau se refroidit; elle cède de la chaleur à l'air environnant, aux corps avec lesquels elle est en contact jusqu'à ce que tous les corps en contact aient la même température.

Mettons sur la table un vase renfermant de l'eau froide, de la glace; le contraire se produit : l'air, les corps environnants plus chauds cèdent de la chaleur au corps froid, jusqu'à ce que tous aient la même température.

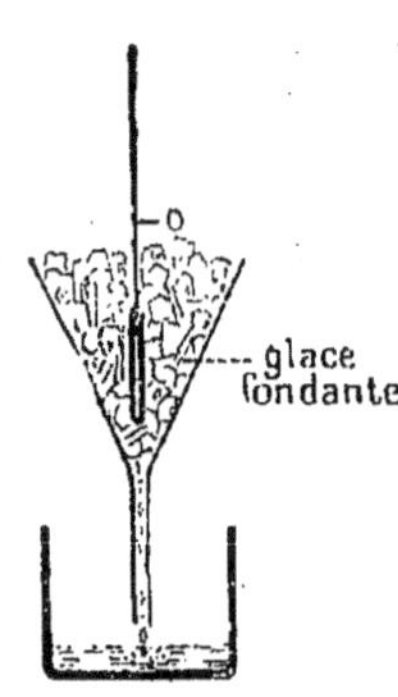

Fig. 123.
Détermination
du zéro.

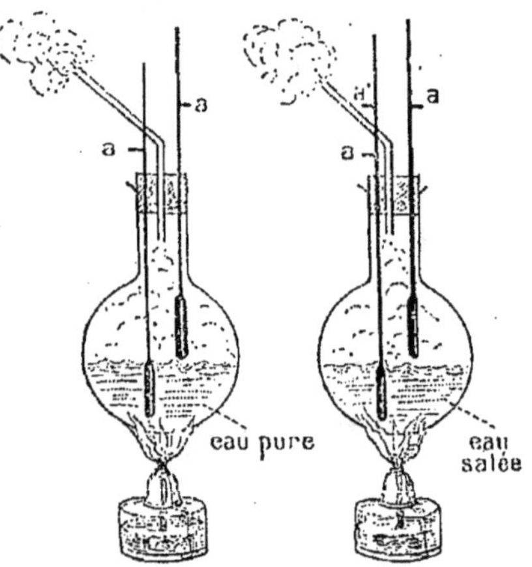

Fig. 124. — Quand la pression reste constante,
la température de la vapeur d'eau est la même
pour l'eau salée et pour l'eau pure.

Nous verrons comment se fait cet échange de chaleur. Contentons-nous, aujourd'hui, de constater le résultat, que nous pouvons énoncer ainsi : *Quand des corps en contact ne sont pas à la même température, il y a échange de chaleur entre ces corps jusqu'à ce qu'ils aient acquis la même température.*

104. *Thermomètre*. — Expérience. Prenons un appareil formé d'une petite ampoule de verre prolongée par un tube de faible diamètre intérieur (tube capillaire). Le réservoir et une partie du tube renferment du mercure. Le niveau du liquide dans le tube est en *n* (*fig.* 122). Plongeons cet appareil successivement dans les vases A, B, C, et notons les niveaux *a*, *b*, *c*, atteints par le mercure dans le tube. L'appareil a pris dans chaque cas la même température que le liquide avec lequel il a été mis en contact.

Le classement des températures, opéré au moyen de l'appareil précédent, sera le même que celui obtenu par le toucher, si nous convenous que le niveau le plus élevé correspond à la température la plus haute. Cet appareil, qui nous permet de classer les températures, est un *thermomètre*.

Ce thermomètre, mis au contact d'un certain corps, prendra la température de ce dernier ; cette température sera caractérisée par le niveau du mercure dans le tube.

Mettons le thermomètre au contact d'un deuxième corps ; si le niveau du mercure est le même que dans le premier cas, nous disons que les corps sont à la même température. Si le niveau du mercure est plus élevé, le deuxième corps est à une température supérieure à celle du premier, et inversement. Il suffit de mettre sur la tige du thermomètre une graduation quelconque pour pouvoir conserver l'indication des températures.

105. *Point zéro*. — Expérience. Mettre le thermomètre dans de la glace qui fond (*fig.* 123) : le niveau du mercure s'arrête en un certain point, et tant qu'il reste de la glace à fondre, le niveau ne varie pas. Chaque fois qu'on recommence l'expérience, le niveau du mercure revient au même point. *On dit que la température de la glace qui fond est fixe.* Cette température, facile à retrouver, a été prise pour point de départ dans la graduation. Elle est indiquée par le chiffre 0 (zéro).

106. *Point cent*. — Expérience. Mettre le thermomètre dans l'eau bouillante, puis dans sa vapeur ; dans l'eau salée bouillante, puis dans sa vapeur. — Les résultats sont indiqués dans la figure 124.

Ainsi, la température de la *vapeur d'eau bouillante* est *constante* pendant toute la durée de l'ébullition, à condition que la pression extérieure ne change pas. Si la pression varie, la température de la vapeur varie aussi.

On a choisi comme second point, pour graduer le thermomètre, *la température de la vapeur d'eau bouillante quand la pression extérieure est de 76 centimètres de mercure.* Cette température est indiquée par le nombre 100 (cent) [*fig.* 125].

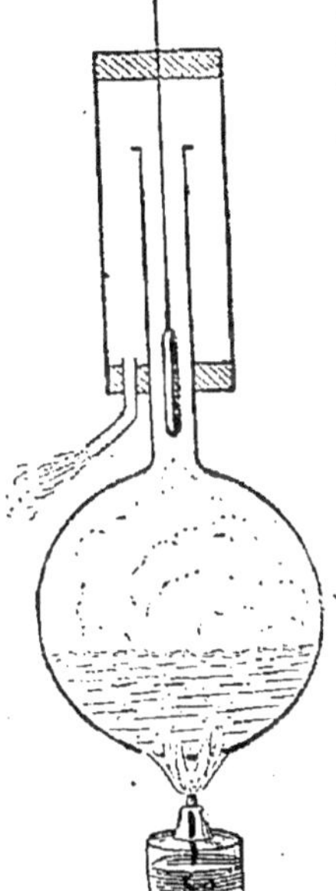

Fig. 125. — Appareil simple pour la détermination du point 100.

107. *Degré centigrade*. — Ainsi, la différence entre la température de la glace fondante et celle de la vapeur d'eau bouillante va nous servir à comparer les températures. On a divisé cette différence en 100 parties égales, et chaque partie s'appelle un *degré centigrade*. On a divisé sur la tige du thermomètre l'intervalle entre le point 0 et le point 100 en 100 parties

égales et *on est convenu* de dire : Quand le mercure monte d'une
division dans le tube, cela signifie que la température de l'appareil
s'élève d'un degré.

Il ne faut donc pas dire qu'un degré est une division du thermomètre, mais il faut se rappeler qu'une variation de niveau du mercure, égale à 1, 2, 3... divisions, correspond à une variation
de température de 1, 2, 3... degrés centigrades.

On a prolongé les divisions au-dessus du point 100 et
au-dessous du point zéro (*fig.* 126). Ces dernières températures s'énoncent en faisant précéder le numéro de la graduation du mot *moins*. De même elles s'écrivent en plaçant
devant le numéro de la graduation le signe —. Exemple :
11 degrés au-dessous de zéro s'énonce *moins* 11 degrés et
s'écrit — 11°.

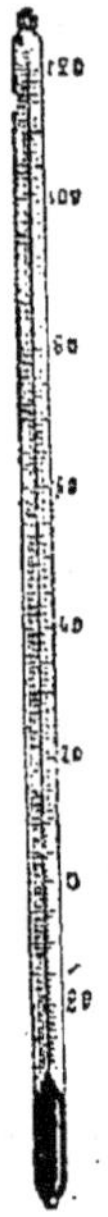

Thermomètre à alcool.

108. *Description et graduation.* — Le mercure bout à 357°.
Le thermomètre à mercure peut donc servir à mesurer des
températures assez élevées. Mais ce métal se solidifie à — 40°.
Or, actuellement on obtient des températures bien inférieures au point de solidification du mercure ; on atteint
250° au-dessous de zéro.

Pour évaluer les basses températures, il faut d'autres
appareils que le thermomètre à mercure. Jusqu'à 100° au-
dessous de zéro environ on peut utiliser le thermomètre à
alcool (l'alcool ne se congèle que vers — 130°). Il est pareil
au thermomètre à mercure, mais le diamètre du tube est
plus grand. Dans le réservoir, on met généralement de
l'alcool coloré. On détermine le point zéro comme pour le
thermomètre à mercure, mais on ne peut pas déterminer
directement le point 100, car l'alcool bout à 78°.

Pour graduer l'instrument, on le plonge avec un thermomètre à mercure dans un vase renfermant de l'eau à une
température de 40° à 50°. On note le niveau de l'alcool dans le tube. Si
le thermomètre à mercure indique 47° par exemple, on marque 47 au
point où l'alcool s'est arrêté. On divise l'intervalle des deux points 0 et
47 en 47 parties égales et on prolonge les divisions.

Usages du thermomètre.

109. *Détermination de la température de l'air.* — Il est très utile de
connaître la température de l'air. Il suffit de placer un thermomètre
à une certaine distance du sol, des murs, des abris qui pourraient
renvoyer la chaleur du soleil. L'instrument doit être également pro-
tégé contre les rayons directs du soleil. En négligeant ces précautions,
on obtient des indications supérieures de plusieurs degrés à la température vraie du milieu.

Fig. 126.
Thermo-
mètre
à
mercure.

110. *Thermomètre à maxima et à minima.* — Il est intéressant de connaître la température la plus élevée et la plus basse de la journée. Dans ce but, on a construit des thermomètres qui donnent cette indication. Il y en a divers modèles que nous ne décrirons pas.

Si on a 6° pour température minima, 24° pour température maxima, en ajoutant ces deux nombres et en divisant par 2 le résultat, on a la *température moyenne de la journée.* Dans ce cas, la température moyenne serait de 15°.

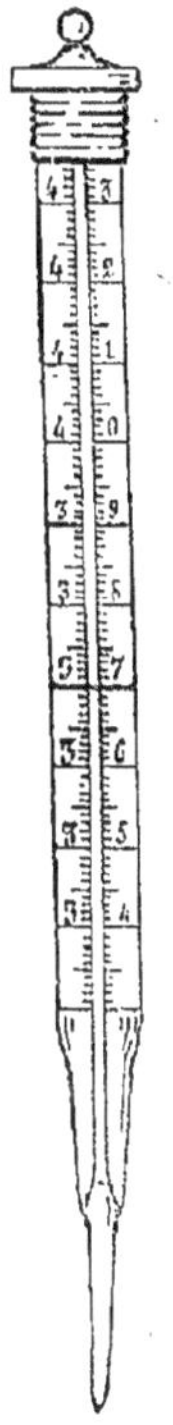

En prenant chaque jour la température moyenne en un lieu, en ajoutant les résultats et en divisant le nombre obtenu par 365, nombre des jours de l'année, on a la *température moyenne de l'année.*

Pour un même lieu, la moyenne annuelle est peu variable; la moyenne d'un certain nombre d'années est la température moyenne du lieu. A Paris, la température moyenne est voisine de 10° C.

111. *Le thermomètre en agriculture et dans l'industrie.* — On doit maintenir entre 15° et 20° la température des étables. — Pour l'écrémage au moyen de l'écrémeuse centrifuge, la température de 30° à 32° est la plus favorable. Dans la fabrication du fromage, il est nécessaire de maintenir à température constante les caves dans lesquelles s'opère la fermentation. Cette température varie d'ailleurs avec la nature du produit. Dans les serres, il faut aussi maintenir une température variant suivant les plantes qu'on y conserve, etc. Dans l'industrie, nous aurons de fréquents exemples de l'emploi du thermomètre. Ainsi, les fermentations ne s'accomplissent bien qu'à une température donnée. De même, dans la distillation des liquides alcooliques, des pétroles, des goudrons, la nature des produits recueillis varie avec la température. Pour évaluer les températures très élevées, l'industrie emploie des appareils spéciaux, dont nous dirons un mot lorsque nous étudierons les principes sur lesquels ils reposent.

Fig. 127. Thermomètre médical.

112. *Le thermomètre en hygiène et en médecine.* — Expérience. Mettre quelques minutes dans la bouche le réservoir d'un bon thermomètre à mercure. Il indique une température de 37°. C'est la température habituelle du corps humain, quand on est en bonne santé. En cas de maladie, la température s'élève en général : il y a *fièvre.* L'étude de la température est pour le médecin une indication précieuse qui lui permet de suivre la marche de la maladie. On a construit, à l'usage des médecins, des thermomètres dit *médicaux* (*fig.* 127), indiquant les températures de 33° à 43° seulement; ces appareils donnent le 1/10 de degré. Il faut évidemment que la graduation en ait été faite avec précision.

Dans les pièces que nous habitons, nous nous trouvons mal à aise quand la température est trop basse ou trop élevée. Pour les chambres à coucher, il suffit de 12°. Dans les cabinets de travail, les pièces où nous séjournons, on supporte bien de 14° à 16° ; il ne faut pas dépasser 18°. Pour les bains chauds, on porte l'eau à une température de 35° à 40°.

113. *Manière de prendre la température du corps.* — Dans tout ménage on devrait posséder un thermomètre médical et toute personne devrait aussi savoir prendre la température du corps. Sauf indications contraires, on prend la température sous l'aisselle.

Les thermomètres médicaux sont à *maxima* ; ils donnent la température la plus élevée à laquelle ils ont été portés. Avant de s'en

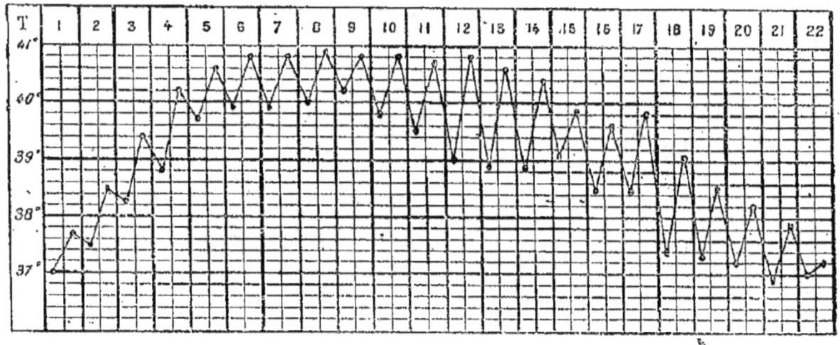

Fig. 128. — Courbe de la température du corps pendant la fièvre typhoïde.
(Évolution : 22 jours.)
Les températures sont prises à 6 heures du soir et à 6 heures du matin.

servir, il faut faire descendre la colonne de mercure au-dessous de 35°. On y arrive en saisissant le thermomètre de la main droite et en exécutant un énergique mouvement de rotation.

On écarte ensuite les vêtements du malade et on essuie le dessous du bras, dans l'angle que fait ce membre avec le tronc. On enlève ainsi la sueur qui en s'évaporant pourrait abaisser la température. On place alors le thermomètre, *le réservoir au contact direct de la peau et complètement caché dans le creux de l'aisselle.* Le malade applique le bras contre le thorax avec précaution pour ne pas casser l'appareil. On attend *dix minutes au moins* et on lit la température.

En prenant la température, il faut éviter au malade les refroidissements ; il y aura lieu de placer un châle, une couverture, sur les parties du corps découvertes.

Il est indispensable que les thermomètres médicaux soient précis. Aussi, depuis quelques années, il existe au Conservatoire national des Arts et Métiers un service de contrôle des thermomètres médicaux. Quand on achète un thermomètre médical, il faut prendre un thermomètre contrôlé et exiger le certificat de contrôle.

Quand il s'agit d'une longue maladie, l'étude régulière de la température du malade peut être précieuse pour le médecin. Pour conserver la trace des indications obtenues, on établit une feuille de température. La figure 128 indique la manière de procéder.

Disons encore que seul le médecin peut interpréter les indications de la feuille de température et en tirer des conclusions. Certaines maladies bénignes s'accompagnent d'une fièvre intense ; d'autres, au contraire, très graves, ne modifient pas beaucoup la température.

RÉSUMÉ

1. La notion de *température* nous est donnée par le sens du toucher; quand un corps nous paraît plus chaud qu'un autre, nous disons qu'il est à une température plus élevée.

Cette notion est insuffisante, et le toucher peut nous induire en erreur. D'où la nécessité d'appareils qui servent à comparer les températures avec précision. Ces appareils sont des *thermomètres*.

2. Le *thermomètre à mercure* se compose d'un réservoir en verre surmonté d'un tube fin et bien calibré. Dans le réservoir et une partie du tube, il y a du mercure.

Pour graduer le thermomètre, on le plonge d'abord dans la *glace fondante*, on marque 0 au point où le mercure s'arrête ; on le plonge ensuite dans la *vapeur d'eau bouillante sous la pression de 76 centimètres de mercure*. On marque 100 au point où s'arrête le mercure. On divise l'intervalle en 100 parties égales ; on prolonge les divisions au-dessus de 100 et au-dessous de 0.

Un degré centigrade est la centième partie de la différence entre la température de la glace fondante et celle de la vapeur d'eau bouillante sous la pression de 76 centimètres de mercure.

Quand le niveau du mercure monte d'une division dans le tube, on dit que la température s'élève d'un degré centigrade. Inversement, quand le niveau du mercure descend d'une division, on dit que la température s'abaisse de 1°.

3. Le *thermomètre à alcool* ressemble au thermomètre à mercure. On détermine le point zéro dans la glace fondante; par comparaison avec un thermomètre à mercure, on détermine un autre point de graduation.

Pour prendre la température de l'air, il faut que le thermomètre ne reçoive ni les rayons directs du soleil, ni la chaleur réfléchie par des murs ou des obstacles voisins.

4. On construit des thermomètres qui donnent les températures *maxima* et *minima* auxquelles ils ont été portés. En faisant la somme des deux indications et en divisant cette somme

par 2, on a la *température moyenne* de la journée. On peut ainsi, en un lieu, déterminer la température moyenne du mois, de l'année.

5. Le thermomètre est un appareil très utile, aussi bien en agriculture que dans l'industrie. Un certain nombre d'opérations ne réussissent que si elles. ont lieu à une température déterminée.

Le thermomètre est indispensable au médecin, que les variations de température du corps d'un malade renseignent sur la marche de la maladie.

A tous, le thermomètre est utile pour nous permettre de maintenir à une température convenable les pièces que nous habitons.

EXERCICES

I. Avez-vous vu un thermomètre ? — Décrivez cet appareil. — A quoi sert-il ? — Pouvez-vous apprécier les températures autrement qu'avec un thermomètre ? — Citez des exemples montrant que le sens du toucher est insuffisant pour comparer avec précision les températures. — Quel est dans le thermomètre le phénomène visible qu'on a choisi pour la comparaison des températures ? — Quand dit-on que la température d'un corps ou d'un milieu est constante, que la température s'élève, que la température s'abaisse ? — Quand dit-on qu'un corps A est à une température plus élevée qu'un autre corps B ? — Que signifie cette expression : la température de la glace fondante est constante ? — Dans quelles conditions la température de la vapeur d'eau bouillante est-elle constante ? — Pourrait-on dire que la température de l'eau bouillante est constante ? — Comment fait-on pour graduer le thermomètre à mercure ? — Qu'appelle-t-on un degré centigrade ? — Pourquoi ne doit-on pas dire : Un degré centigrade est une division de la tige du thermomètre ?

II. Un corps est à la température de 15 degrés, un autre est à la température de 30 degrés. Que signifient exactement ces expressions ? Peut-on dire que la température du second est double de celle du premier ? — On dit qu'un thermomètre est *sensible* quand, à une faible variation de température, correspond une variation appréciable de niveau du mercure. Comment peut-on augmenter la sensibilité du thermomètre à mercure ? — Dans une journée, un thermomètre maxima indique 8°, le thermomètre minima 4°. — Quelle est la température moyenne de la journée ?

III. Avez-vous vu un thermomètre à alcool ? — Quelles étaient les limites de la graduation ? — Aurait-on pu pousser la graduation au-dessus, au-dessous de celles qui y figuraient ? — Comment gradue-t-on un thermomètre à alcool ? — Quelles précautions faut-il prendre quand on détermine la température de l'air ? — Doit-on placer le thermomètre au soleil, dans le voisinage du sol, d'un mur frappé par le soleil ? — Comment prend-on la température d'un malade ? — Précautions indispensables. — Comment établir une feuille de température ?

12° LEÇON

DILATATION DES SOLIDES, DES LIQUIDES ET DES GAZ. APPLICATIONS DIVERSES.

Matériel. Appareil représenté par la figure 129. Pour chauffer rapidement le fil métallique sur toute sa longueur, on l'entoure d'un fil de coton qu'on imbibe d'alcool à brûler ou d'essence. — Appareil figure 131 : anneau en fil de fer ou de laiton, dans lequel passe exactement à froid une pièce de 0 fr. 10 ou un disque de métal. — Ballon avec eau colorée figure 137. — Appareil figure 138 et mélange réfrigérant. — Ballon figure 139 : petit ballon de 100 à 150 grammes. Le tube doit être de faible diamètre intérieur, 2 millimètres environ, pour que l'index le ferme bien. — Appareil figure 140. Le tube doit être de faible diamètre intérieur et assez long. Après avoir fermé à la lampe l'une des extrémités de ce tube, on chauffe le verre sur toute sa longueur pour faire sortir une partie de l'air. On plonge l'orifice du tube dans le mercure. Quand le tube se refroidit, le mercure monte dans le tube. On laisse entrer un index de 1 centimètre de longueur et l'appareil est prêt.

Dilatation des solides en longueur.

114. *Les corps solides se dilatent en longueur.* — Expérience. L'appareil est représenté par la figure 129, et les résultats de l'expérience sont indiqués sous la figure.

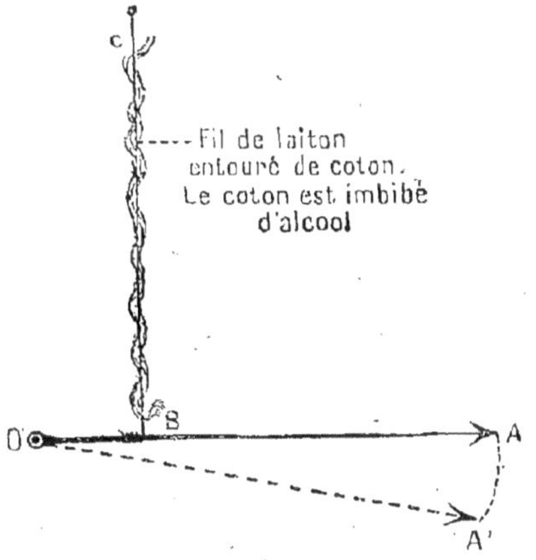

Fig. 129. — Quand on allume le coton, l'extrémité de l'aiguille descend de A en A'; quand le fil se refroidit, l'aiguille revient en A.

Ainsi, les corps solides s'allongent quand on les chauffe. On dit qu'ils se *dilatent* sous l'action de la chaleur. La dilatation en longueur s'appelle *dilatation linéaire*. On a déterminé la dilatation linéaire de différents corps par des méthodes que nous ne pouvons exposer ici. Voici quelques-uns des résultats :

Une barre de fer de 1 mètre de longueur à 0° s'allonge de $1^{mm},2$ quand on la porte à 100°. Dans les mêmes conditions, une barre de laiton s'allonge de $1^{mm},9$; une barre de platine, de $0^{mm},9$; Ainsi, les différents solides se dilatent inégalement. On a obtenu un acier dans lequel on a incorporé du nickel et dont la dilatation est pratiquement nulle (métal *invar*).

Application numérique. Un rail de chemin de fer a une longueur de 12 mètres. Les températures extrêmes qu'il subit sont —30° et +50°. Quelle variation de longueur maxima présente ce rail ?

Solution : La variation maxima de température est de 80°. Or, pour une longueur de 1 mètre et pour 100°, la dilatation du fer est 1ᵐᵐ,2. Pour 12 mètres et pour 80°, la variation de longueur sera :

$$1^{mm},2 \times 12 \times \frac{80}{100} \text{ ou } 11^{mm},4.$$

115. *Valeur des efforts développés par la dilatation.* — Un barre de fer de 1 mètre de long et de 1 centimètre carré de section s'allonge de 1ᵐᵐ,2 quand sa température s'élève à 100°. A ce moment, fixons solidement ses deux extrémités, et laissons-la refroidir. Elle tirera sur les supports

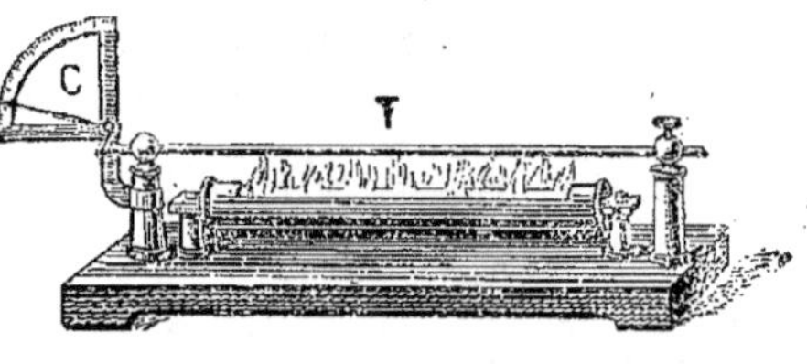

Fig. 130. — Pyromètre à cadran. — Quand la tige métallique T s'échauffe, elle se dilate et fait mouvoir une aiguille sur un cadran C. C'est l'appareil précédent perfectionné.

et tendra à les rapprocher. L'effort exercé sera égal à celui qui est nécessaire pour allonger de 1ᵐᵐ,2 cette barre de métal. L'expérience montre que cet effort est voisin de 2 500 kilogrammes. Si, au contraire, à froid on a bloqué la barre entre deux supports et qu'on la chauffe, elle tendra à déplacer ces supports ou à les briser. Ces efforts considérables ont été appliqués vers le milieu du siècle dernier pour redresser un mur du Conservatoire des Arts et Métiers.

Dilatation des solides en volume.

116. *Les solides se dilatent en volume.* — Expérience. On fabrique en fil de fer ou de laiton un anneau dans lequel passe exactement à froid, soit une boule de laiton, soit une pièce de 5 centimes (*fig.* 131). On chauffe la boule : elle ne passe plus dans l'anneau ; on la laisse refroidir : elle passe à nouveau. Ainsi, la dilatation se produit dans toutes les directions, et un corps creux se dilate absolument comme s'il était plein.

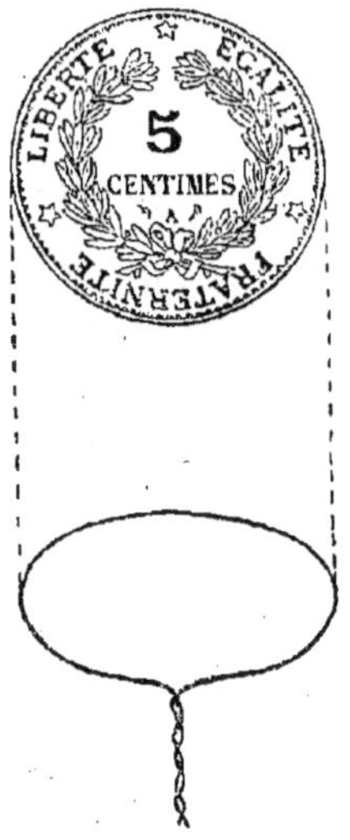

Fig. 131. — Quand on chauffe une pièce de monnaie, elle cesse de passer dans l'anneau de même diamètre ; elle y passe à nouveau en se refroidissant.

Nous avons vu plus haut que pour une barre de fer l'allongement est $\frac{1,2}{1\,000}$ de sa longueur quand la température s'accroît de 100°. L'expérience et le calcul montrent que l'augmentation de volume est 3 fois plus considérable. Cette augmentation serait donc pour le fer de $\frac{3,6}{1\,000}$ quand la température croît de 100°.

Application. Un décimètre cube de fer à 0° pèse 7 kg. 8. Quel sera le poids de 1 décimètre cube de ce métal à la température de 500° ? — *Solution :* 7 kg. 8 de fer, qui occupent à 0° un volume de 1 décimètre cube, occupent à 500° un volume de :

$$1^{dm3} + \frac{3,6}{1\,000} \times \frac{500}{100} \text{ décimètre cube, ou } 1^{dm3},018.$$

Le poids du décimètre cube à 500° sera donc :

$$\frac{7^{kg},8}{1,018} = 7^{kg},66.$$

Le poids d'un décimètre cube d'un corps solide s'appelle *poids spécifique*, ou encore *densité* de ce corps. Quand on donne la densité d'un corps, il faut préciser la température. Généralement, on détermine la densité à 0°.

Applications des dilatations.

117. *Constructions métalliques.* — Il faut tenir compte des dilatations dans les constructions où entrent des pièces métalliques. Ainsi, les tabliers des ponts sont libres à une extrémité (*fig.* 132), les rails de chemin de fer ne sont pas placés bout à bout (*fig.* 133). Les pièces de zinc ou de tôle qu'on utilise pour les toitures ne sont fixées qu'à un bout. Les roues des locomotives et des wagons sont en fonte, entourées d'un bandage en acier. Ce bandage est un peu plus étroit que la roue. On le chauffe au rouge, et la roue peut y pénétrer.

Fig. 132. — Les tabliers des ponts métalliques ont une extrémité non fixée, pour permettre la dilatation du métal.

Fig. 133. — Les rails de chemin de fer ne sont pas placés bout à bout. Entre deux rails consécutifs est ménagé un petit intervalle pour permettre la dilatation.

Fig. 134. — Pour cercler les roues de voitures, on chauffe le cercle au rouge (1); le cercle est ensuite mis en place, puis refroidi brusquement (2).

Par refroidissement, il serre énergiquement la jante. C'est ainsi que les charrons placent les bandages des roues de voitures (*fig.* 134). Quand on assemble par des rivets deux pièces de tôle, on peut porter au préalable les rivets au rouge.

Fig. 135. — La tour Eiffel.

Par l'action de la chaleur solaire, le sommet de la tour s'infléchit
à l'opposé du soleil.

Voici quelques exemples curieux des effets de la dilatation sur les constructions métalliques modernes :

1° En 1909, on jeta sur la Sioule, entre Clermont-Ferrand et Montluçon, un viaduc métallique de 376 mètres de long (viaduc de Fades). Le viaduc avait été poussé à partir des deux extrémités ; l'assemblage devait se faire sur le milieu. Or, au moment d'assembler les deux demi-ponts, la partie exposée à l'ombre s'assemblait exactement, la partie exposée au soleil présentait une discordance de 9 millimètres. Cette discordance s'annula dans la soirée quand les deux côtés eurent pris une température uniforme.

2° Dans la construction de la tour Eiffel, on a dû se préoccuper des effets de la dilatation. Des mesures rigoureuses ont montré les résultats suivants :

a) Les variations de température se traduisent par des variations de hauteur de la tour, variations qui atteignent 10 centimètres ;

b) Les parties exposées au soleil se dilatant plus que les parties opposées, le sommet de la tour s'infléchit légèrement du côté opposé au soleil ; il semble fuir le soleil. La plus grande amplitude de cette inflexion atteint 24 centimètres au 3e étage.

118. *Différence de dilatation.* — Quand deux corps, dont les dilatations sont différentes, se trouvent associés, les variations de température peuvent amener la rupture de l'un d'eux. — Exemple : L'émail qui recouvre les poteries se fendille, celui qui recouvre la tôle s'enlève en éclats. Quand on chauffe brusquement une plaque de verre, elle se brise, car le verre, étant peu conducteur de la chaleur, la partie chauffée se dilate seule ; elle écarte les parties voisines et en provoque la rupture.

119. *Pendule compensé.* — Dans les horloges, un balancier ou *pendule,* formé d'une lourde masse de plomb fixée à une tige d'acier, oscille, et la durée des oscillations varie avec la longueur de la tige. Quand la tige s'allonge, les oscillations ont une durée plus grande et l'horloge retarde pendant l'été. Le contraire a lieu pendant l'hiver. Pour régulariser le mouvement du pendule, on a imaginé un système de tringles représenté par la figure 136. Les tiges impaires sont en acier ; celle du milieu, 3, traverse le support transversal inférieur et porte la lentille ; elle peut donc se

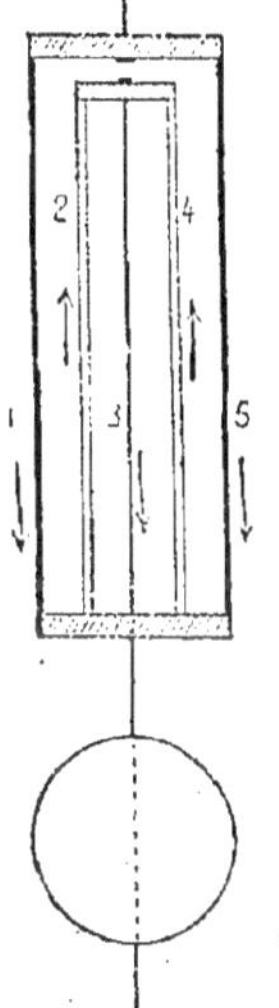

Fig. 136. — Balancier compensé d'une horloge.

dilater librement vers le bas. Quand la température s'élève, les tiges impaires fixées en haut se dilatent de haut en bas. Soit *l* l'allongement commun des tiges 1 et 5. Si les tiges 2 et 4 conservaient une longueur invariable, la tringle qui les réunit en haut s'abaisserait de la longueur *l*, et en appelant *l'* l'allongement de la tige 3, la lentille s'abaisserait de *l* + *l'*. Mais les tiges de laiton, fixées en bas, se dilatent vers le haut et relèvent la tringle qui supporte la lentille. Leur longueur est précisément calculée pour que leur dilatation compense celle des tiges d'acier.

Dilatation des liquides.

120. *Dilatation apparente et dilatation réelle.* — EXPÉRIENCES. I. Le ballon de la figure 137 renferme de l'eau colorée qui s'élève jusqu'au niveau n dans le tube. On plonge le ballon dans l'eau chaude. Le niveau du liquide descend d'abord jusqu'en n^1, puis remonte bientôt en n^2.

Ainsi, au contact de l'eau chaude, le verre du ballon se dilate d'abord, puis le liquide s'échauffe, se dilate à son tour et augmente de volume.

Si l'on se bornait à constater la variation du niveau de n en n^2, on n'aurait pas la dilatation totale du liquide : on observerait seulement sa *dilatation apparente*. A cette augmentation de volume il faut ajouter la dilatation du ballon pour avoir la *dilatation réelle* du liquide.

Dans le thermomètre, on observe la dilatation apparente du mercure ou de l'alcool dans le verre.

II. Remplir d'eau froide jusqu'au niveau du col un ballon de 500 grammes. Chauffer cette eau. L'eau monte de plusieurs centimètres dans le col du ballon.

On voit que la dilatation des liquides est bien plus considérable que celle des solides. Cette dilatation, dans un vase clos, développe des efforts énormes, comparables à ceux que nous avons constatés dans la dilatation des solides.

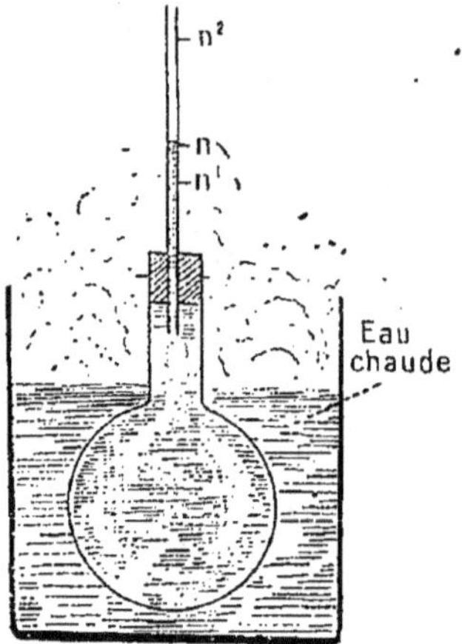

Fig. 137. — Le niveau du liquide, d'abord en n, baisse en n^1, puis remonte en n^2.

Ainsi, une masse de mercure, enfermée dans un vase complètement rempli à 0°, exerce à 50° sur les parois du vase une pression égale à environ 2 000 kilogrammes sur chaque centimètre carré. Dans les mêmes conditions, l'eau exercerait une pression d'environ 300 kilogrammes par centimètre carré.

III. Remplir d'eau un tube à essais ou un petit ballon. Le fermer avec un bouchon solide et chauffer. Si le bouchon ne cède pas, le tube est brisé.

Dans les thermomètres, on ménage au sommet de la tige une petite ampoule. Si par mégarde on vient à porter l'instrument à une température trop élevée, le liquide se répand dans l'ampoule. Si l'ampoule n'existait pas, le thermomètre serait brisé.

Aujourd'hui on conserve dans des récipients en fer forgé certains gaz liquéfiés. Les récipients ne doivent pas être remplis complètement, car la dilatation de ces liquides est énorme et les variations de température auxquelles ils sont soumis amèneraient la rupture du récipient.

121. *Valeurs numériques.* — Nous avons *admis* pour le thermomètre à mercure que des variations égales de volume apparent correspondent à des variations égales de température; autrement dit, que la dilatation apparente est proportionnelle à la variation de température.

Pour une variation de 1°, la *dilatation apparente* du mercure dans le verre est $\frac{1}{6\,480}$, la *dilatation réelle* $\frac{1}{5\,500}$. Pour l'alcool, le pétrole, la variation du volume est de $\frac{1}{1\,000}$ environ du volume primitif quand la température varie de 1°.

122. *Variation de densité.* — Comme pour les solides, la densité d'un liquide est le poids du décimètre cube. D'une façon générale, quand la température s'élève, un même poids de liquide occupe un volume plus grand; donc le poids du décimètre cube diminue. Ainsi, 1 décimètre cube d'alcool à 50° pèse moins qu'un décimètre cube à 0°.

Cette variation de densité fait que si l'on chauffe un liquide par la partie inférieure, le liquide qui s'échauffe gagne le haut du vase et est remplacé par du liquide froid. Il en résulte des courants à l'intérieur du liquide, et c'est grâce à ces courants dits de *convection* que la masse du liquide s'échauffe.

On a cherché à expliquer les *courants marins* en appliquant le phénomène précédent, mais aujourd'hui on attribue aux vents réguliers l'influence prépondérante dans la formation de ces courants.

Maximum de densité de l'eau.

123. *Étude de la dilatation de l'eau.* — Expérience. Dans le bouchon d'un petit ballon renfermant de l'eau passent un thermomètre à mercure et un tube de faible diamètre (*fig.* 138). Le niveau de l'eau arrive en *a*. On plonge le ballon dans un mélange réfrigérant. Le niveau de l'eau baisse d'abord jusqu'en *a'*, puis il reste stationnaire. À ce moment, le thermomètre à mercure indique 4°. Le niveau de l'eau remonte ensuite quand la température continue à s'abaisser.

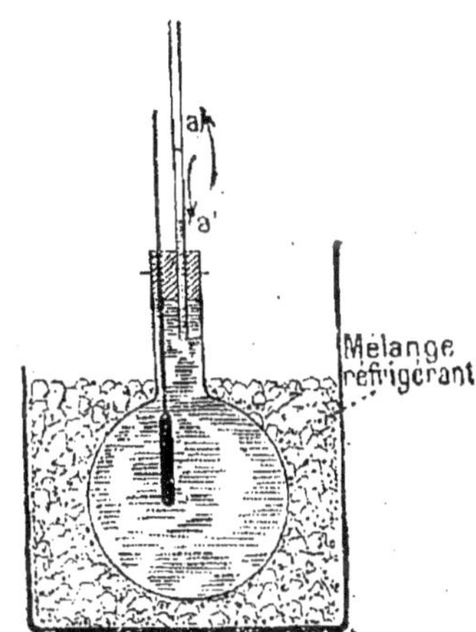

Fig. 138. — A 4°, le niveau de l'eau est en *a'*; quand la température s'abaisse, le niveau remonte.

Ainsi, lorsque la température de l'eau descend au-dessous de 4°, le volume occupé par le liquide augmente.

Si nous considérons 1 décimètre cube d'eau à 4°, à 0° le volume a augmenté de 0^{cm3},13. Quel est, d'après cela, le poids du décimètre cube d'eau à 0° ?

C'est donc à 4° qu'une masse d'eau a le volume le plus faible, et par conséquent que la densité de l'eau est maximum.

On dit qu'à 4° l'eau présente son *maximum de densité*. Lors de l'établissement du système métrique, on a choisi pour unité de poids un poids égal à celui de 1 centimètre cube d'eau à son maximum de densité. Ce poids est le *gramme*.

Dilatation des gaz.

124. *Dilatation en volume.* — EXPÉRIENCES. I. Placer une vessie à demi gonflée dans le voisinage d'un bon feu. Constater qu'elle se gonfle davantage.

II. Prendre l'appareil représenté par la figure 139. A la température ordinaire, l'index qui ferme le tube est en *a* : la chaleur de la main suffit pour faire avancer rapidement cet index. En refroidissant le ballon, l'index se déplace en sens inverse.

III. Dans le tube (*fig.* 140),

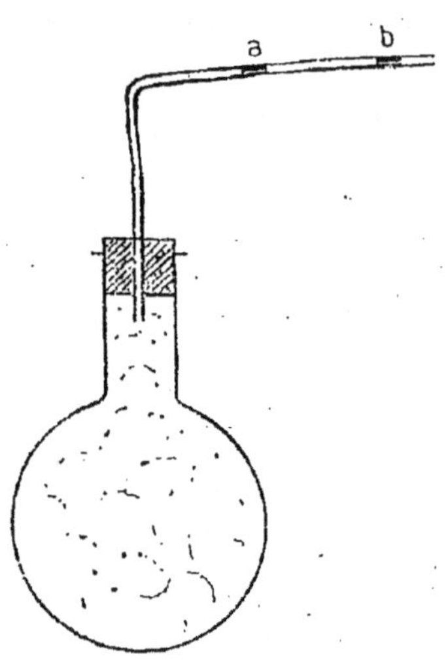

Fig. 139. — La chaleur de la main fait avancer l'index de *a* en *b*.

on isole une colonne d'air de 20 centimètres environ à la température de 10°, par exemple. On plonge le tube dans de l'eau à 60°. L'index se déplace de *a* en *b*. Le volume de la colonne *ab* mesure la dilatation du gaz. Pour une élévation de température de 50°, la longueur *ab* est 1/6 environ de la longueur primitive de la colonne d'air, ce qui donnerait pour un degré une augmentation de volume égale à 1/300 du volume primitif. Des expériences précises ont montré que l'augmentation de volume pour une élévation de température de 1° est la même pour l'air, l'oxygène, l'hydrogène, l'azote. Cette augmentation est appelée *coefficient de dilatation* des gaz. Elle est égale à 1/273 du volume du gaz considéré.

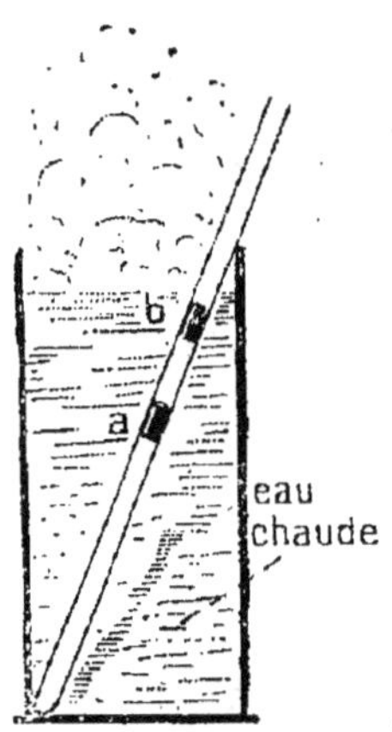

Fig. 140. — Pour une élévation de température de 50°, le volume du gaz augmente de 1/6 de sa valeur.

125. *Applications.* — **Tirage des cheminées. Montgolfières.** Le feu de nos cheminées, de nos poêles, échauffe une colonne de gaz (air et produits de la combustion) dont le poids est inférieur à celui d'une colonne de même volume à l'extérieur. Au sommet de la cheminée, l'air chaud s'élève à la façon du liège dans l'eau; il est remplacé par de l'air froid entrant par la partie inférieure. Ainsi s'effectue le *tirage* des cheminées. Autrefois, on gonflait avec de l'air chaud de grands sacs en papier qui s'élevaient dans l'air comme les ballons actuels. Ces sacs, appelés *montgolfières* (*fig.* 141), sont encore quelquefois lancés dans les petites villes, lors des réjouissances publiques.

Courants d'air. Expérience. Dans une salle chauffée, entr'ouvrir la porte. Placer une bougie allumée en bas, puis en haut (*fig.* 142). En bas, la flamme de la bougie s'incline vers l'intérieur de la pièce; en haut, elle s'incline vers l'extérieur. Expliquer ce qui se passe.

Vents. Les variations de température à la surface du globe pro-

Fig. 141. — Montgolfière. — C'était un sac de papier de forme sphérique et gonflé à l'air chaud.

Fig. 142. — L'air froid du dehors pénètre dans la salle par le bas de la porte; l'air chaud s'échappe par le haut.

duisent de même des courants d'air plus importants appelés *vents*. — Exemple : Au bord de la mer, dans la journée, l'eau s'échauffe moins vite que la terre; on constate un vent appelé *brise de mer* qui souffle du large (*fig.* 143). La nuit, le vent souffle en sens inverse (*fig.* 144). Expliquer la formation de ces vents. — Dans le voisinage de l'équateur, la température est très élevée; dans le voisinage des pôles, elle est très basse. On constate un courant d'air froid allant des pôles vers l'équateur. Ce courant est dit *vent alizé*. Expliquer sa formation.

RÉSUMÉ

1. Les corps solides se dilatent en longueur sous l'action de la chaleur, et leur dilatation permet d'exercer des efforts énormes.

2. Les corps solides se dilatent aussi en volume; il en résulte que le poids du décimètre cube (poids spécifique) varie avec la température.

3. La dilatation des corps solides a reçu des applications importantes. On l'utilise pour le bandage des roues de voi-

Fig. 143. — Le matin, la brise de mer souffle vers la terre.

Fig. 144. — Le soir, la brise de terre souffle vers la mer.

tures, de wagons, de locomotives. On en tient compte dans les constructions où entrent des pièces métalliques, dans la pose des rails de chemins de fer, dans l'établissement des toitures métalliques.

4. Lorsque des corps qui se dilatent inégalement sont assemblés, les variations de température peuvent amener la rupture de l'un d'eux. C'est ainsi que se fendille l'émail, que se brise le verre soumis à un échauffement et à un refroidissement brusques.

Il faut tenir compte des dilatations pour régulariser le mouvement du pendule des horloges.

5. Sous l'action de la chaleur, les *liquides* augmentent de volume, ils se *dilatent*. Leur dilatation est bien plus considérable que celle des solides.

6. On distingue pour les liquides la *dilatation apparente* et la *dilatation réelle*. La dilatation réelle est égale à la dilatation apparente augmentée de la dilatation de l'enveloppe. Dans le thermomètre, on observe la dilatation apparente du mercure dans le verre.

7. La dilatation de l'eau est irrégulière. Une quantité d'eau déterminée présente à 4° son plus faible volume et, par suite, sa *densité maxima*. On a choisi pour unité de poids un poids égal à celui de 1 centimètre cube d'eau à son maximum de densité. Cette unité s'appelle le *gramme*.

8. Les *gaz* se dilatent aussi sous l'action de la chaleur; l'augmentation de volume est de 1/273 du volume du gaz pour une élévation de température de 1°. La dilatation des gaz par la chaleur permet d'expliquer le tirage des cheminées, la formation des courants d'air, des vents, l'ascension des montgolfières.

EXERCICES

I. Indiquez quelques expériences montrant que les solides se dilatent : 1° en longueur; 2° en volume. — Avez-vous une idée de la valeur de cette dilatation? Exemple pour le fer. — Pourquoi les rails de chemins de fer ne sont-ils pas placés bout à bout? — Comment s'y prend le charron qui veut cercler une roue? — Comment les extrémités des ponts métalliques sont-elles placées sur leurs supports? — On a réglé pendant l'hiver une horloge à balancier non compensé. Que constate-t-on en été? — Avez-vous vu chez les horlogers des pendules compensés? Comment est obtenue la compensation? — Qu'arrive-t-il quand on chauffe brusquement une plaque de verre froide? Quand on fait l'inverse? — Faits d'observation journalière qui confirment ce que vous dites. — Quand on jette un morceau de soufre dans l'eau bouillante, on entend des craquements et la surface du soufre se fendille. Expliquer ce qui s'est passé. — Est-il bon de boire très froid quand on vient d'avaler des aliments très chauds? Dire ce qui en résulte pour les dents.

II. Indiquez une expérience qui montre la dilatation des liquides sous l'action de la chaleur. — Qu'appelez-vous dilatation apparente, dilatation réelle? — Avez-vous une idée de la valeur de la dilatation des liquides? — Vous prenez un ballon analogue à celui de la figure 137; ce ballon renferme de l'eau chaude; vous le plongez brusquement dans l'eau froide; que constatez-vous? (faire l'expérience). — Quelle particularité présente l'eau dans sa dilatation? — En hiver, par où commence la congélation de l'eau des étangs? — En serait-il de même si l'eau n'avait pas à 4° son maximum de densité?

III. Une salle est chauffée. On ouvre la porte qui donne sur un couloir non chauffé. Que se produit-il? — Expliquer comment se produit le tirage des cheminées. — Comment se forment les vents appelés *brises* sur le bord de la mer? — Qu'est-ce qu'une montgolfière?

13ᵉ LEÇON

FUSION ET DISSOLUTION. — SOLIDIFICATION, CRISTALLISATION.

MATÉRIEL. Mélange réfrigérant formé de glace et de sel marin ou d'une solution d'azotate d'ammonium. Plonger dans ce mélange : 1° un tube à essais plein d'eau et fermé par un bon bouchon ; 2° un tube à essais rempli jusqu'au tiers environ (*fig.* 145). — Sucre, sel marin, salpêtre, soufre, phosphore, iode, alcool, sulfure de carbone, cire. — Il est dangereux de chauffer à feu nu la benzine et le sulfure de carbone, corps très inflammables ; plonger le vase qui les contient dans de l'eau chaude. — Préparer une dizaine de paquets de 2 grammes de salpêtre et mettre dans un tube à essais ou dans un petit ballon 10 centimètres cubes d'eau pour les expériences sur la saturation.

Fusion et solidification.

126. *Étude et description du phénomène.* — Qu'arrive-t-il quand on chauffe du beurre, de la glace, du plomb ? — Que devient l'eau des bassins en hiver ? — Qu'arrive-t-il quand on laisse à l'air le plomb fondu ? le beurre fondu ?

Le passage de l'état solide à l'état liquide sous l'action de la chaleur s'appelle fusion ; le passage inverse est la solidification.

1° EXPÉRIENCE. Dans un mélange réfrigérant (*fig.* 145), on a mis un tube à essais avec un peu d'eau à la température de 10° et un thermomètre. Le thermomètre baisse jusqu'à ce qu'il marque 0°, puis il reste stationnaire. A ce moment, si on examine le tube à essais on remarque à l'intérieur qu'une partie de l'eau s'est solidifiée, s'est transformée en glace. Quand cette transformation est complète, le thermomètre descend au-dessous de zéro, jusqu'à — 15° environ. Retirons le tube à essais et laissons-le à l'air libre : la température remonte à 0° et s'y maintient quelque temps. On constate alors que la glace fond. Quand toute la glace est fondue, la température s'élève au-dessus de zéro ;

2° Tous les corps suffisamment chauffés fondent comme la glace, à moins qu'ils ne se décomposent sous l'action de la chaleur, comme le bois, le papier. Le fer fond dans les hauts fourneaux, le platine dans la flamme

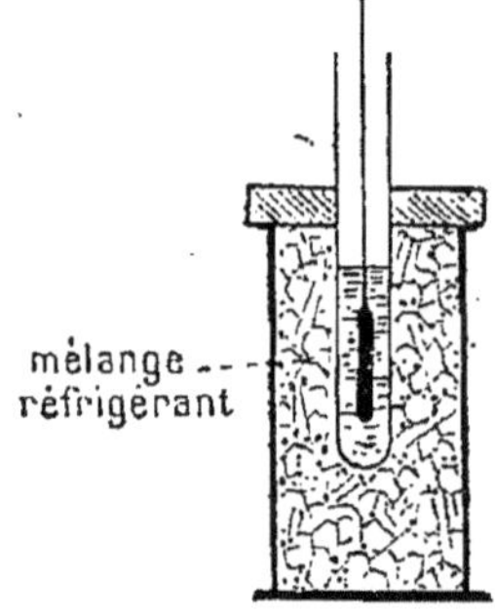

Fig. 145.
Solidification de l'eau.

du chalumeau oxhydrique. Certains corps dits *réfractaires*, qu'on n'avait pu fondre jusqu'à ces dernières années, comme la chaux, la magnésie, fondent dans le *four électrique* (Voir *Électricité*).

Inversement, tous les corps liquides refroidis suffisamment se solidifient. Depuis quelques années, grâce au froid produit par la vaporisation des gaz liquéfiés, on a pu solidifier tous les corps liquides. Ainsi, le mercure, l'alcool se solidifient dans l'air liquide ;

3° Chauffons un tube de verre : il se ramollit avant de fondre, et à ce moment on peut le travailler facilement, le tordre, l'étirer, etc. Il en est de même du fer : quand il se ramollit, on peut le forger, le souder à lui-même. On dit que le verre, le fer subissent la *fusion pâteuse*. La glace, le plomb, qui ne se ramollissent pas avant de fondre, subissent la *fusion franche* ou *fusion brusque*. Nous ne nous occuperons que de la fusion brusque.

127. Lois de la fusion et de la solidification. — L'expérience précédente nous permet de formuler les lois de la fusion :

1° *Tout corps commence à fondre et à se solidifier à une température fixe appelée son point de fusion.*

Voici quelques points de fusion :

Mercure	— 39°	Aluminium	650°
Eau	0°	Argent	960°
Étain	232°	Cuivre	1 050°
Plomb	237°	Or	1 060°
Zinc	419°	Platine	1 775°

On se rappelle que la température de fusion de la glace a été adoptée pour point de départ de l'échelle thermométrique centigrade.

Les corps qui subissent la fusion pâteuse n'ont pas de point de fusion bien déterminé ;

2° *Pendant toute la durée de la fusion ou de la solidification, la température reste invariable.*

Variations de volume qui accompagnent la fusion et la solidification.

128. Faits d'observation. — La glace flotte sur l'eau ; le beurre, la cire, le soufre, au contraire, restent au fond du liquide provenant de la fusion.

Quand on laisse congeler de l'eau dans un seau, la surface libre du liquide est bombée ; elle se creuse, au contraire, quand on laisse solidifier de la paraffine, de la bougie fondue (*fig.* 146).

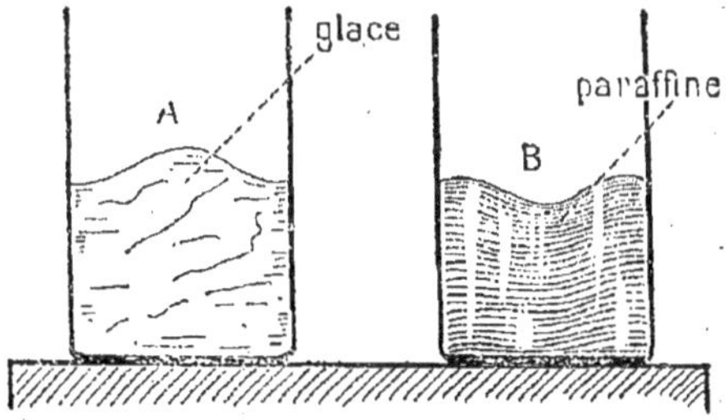

Ceci nous montre que la cire, le beurre, la paraffine, le soufre, la substance de la bougie *diminuent de volume en se solidifiant.* C'est ainsi que se comportent la plupart des corps.

Fig. 146. — La surface A de la glace est bombée ; la surface B de la paraffine se creuse lors de la solidification.

L'eau, au contraire, augmente de volume pendant la congélation : 13 litres d'eau donnent environ 14 litres de glace.

129. *Force d'expansion de la glace. Applications.* — Expérience. Une petite éprouvette pleine d'eau (*fig.* 147) et fermée par un solide bouchon est placée dans un mélange réfrigérant. Elle est brisée lors de la congélation du liquide.

La pression ainsi développée par la formation de la glace est énorme : on a pu briser des bombes, des canons de fusil pleins d'eau et hermétiquement fermés qu'on a soumis à un refroidissement suffisant pour congeler l'eau.

Pendant l'hiver, les tuyaux de conduite dans lesquels l'eau se congèle sont souvent brisés ; la *sève* peut se congeler dans les vaisseaux des arbres et déterminer la rupture de ceux-ci.

Certaines pierres tendres, dites *gélives*, se brisent l'hiver par suite de la congélation de l'eau qu'elles renferment. On ne doit pas les employer dans les constructions.

Fig. 147. — Une éprouvette remplie d'eau se brise lors de la congélation du liquide.

La *marne*, que l'on emploie pour améliorer certains terrains, est un mélange de calcaire et d'argile. L'argile ou terre glaise retient l'eau énergiquement. En se congelant l'hiver, cette eau, augmentant de volume, divise la masse. Aussi, quand on veut marner un terrain, on y dépose à l'automne la marne en petits tas. Au printemps, elle est réduite en poussière ; on peut alors la répandre sur le sol. La même action se produit sur la terre arable ; au printemps, lors du dégel, on voit la terre boursouflée, crevassée. Elle est devenue poreuse comme une éponge. Dans cet état, elle est très perméable à l'eau et à l'air.

L'action de la gelée explique encore l'utilité des labours qu'on donne au sol avant l'hiver. On ramène à la surface du sol une couche de terre située plus profondément. La congélation de l'eau divise cette couche, la brise en menus fragments, permettant à l'air et à l'eau de la pénétrer plus facilement.

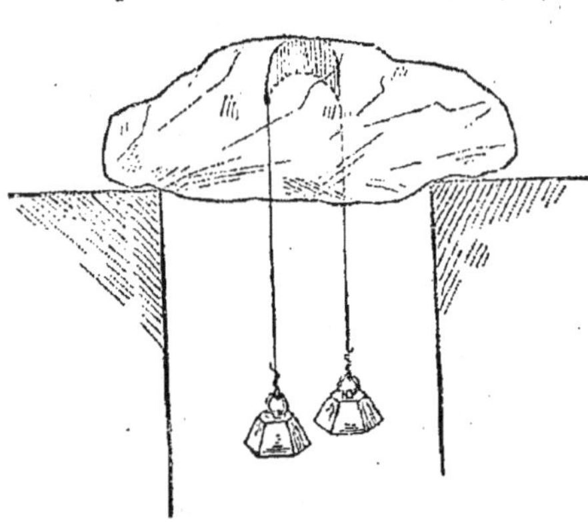

Fig. 148. — Expérience du regel.

130. *Regel.* — Puisque la glace en fondant diminue de volume, si on exerce sur la glace une pression considérable, on facilite sa fusion. Inversement, une forte pression retarde la congélation de l'eau. Une pression de 13 kilogrammes par centimètre carré, c'est-à-dire comparable aux plus fortes pressions que subissent les chaudières de machines à vapeur, n'abaisse que de 0°,1 le point de congélation de l'eau.

Expérience. Placer un bloc de glace sur deux supports (*fig.* 148). Sur le bloc, passer un fil de fer ou d'acier tendu par des poids de 5 kilogrammes au moins. Le fil traverse la glace, mais après son passage les deux morceaux sont soudés à nouveau. La pression du fil a déterminé la fusion de la glace à une température légèrement inférieure à 0°, mais l'eau provenant de la fusion, étant soustraite à la

Phot. Taurru.

Fig. 149. — Glacier des Bossons (mont Blanc). — Les particularités que présente le mouvement des glaciers s'expliquent par le phénomène du regel.

pression du fil, s'est congelée à nouveau au-dessus de celui-ci, soudant ainsi les deux morceaux de glace.

Ce phénomène, dit du *regel*, permet d'expliquer la possibilité de mouler la glace. Il rend compte aussi des particularités que présente le mouvement des glaciers (*fig.* 149).

Dissolution.

131. *Définition. Principaux dissolvants*. — Expériences I. Mettre un morceau de sucre dans un verre d'eau et agiter : le sucre disparaît, mais l'eau a une saveur sucrée. On dit que le solide s'est *dissous*. L'eau est un *dissolvant*. Dissoudre de même du sel, du salpêtre, dans l'eau.

II. Prendre un morceau de cire : la cire ne se dissout pas dans l'eau. La dissoudre dans la benzine (chauffer légèrement). Certains corps, insolubles dans l'eau, sont solubles dans d'autres liquides.

Exemples : Le soufre, le phosphore se dissolvent dans le sulfure de carbone ; l'iode, très peu soluble dans l'eau, se dissout dans l'alcool (teinture d'iode), dans le sulfure de carbone ; les graisses, les résines, le caoutchouc, insolubles dans l'eau, se dissolvent dans la benzine, l'essence de pétrole, l'alcool, etc.

Sulfure de carbone, éther, alcool, benzine, essence de pétrole, sont, après l'eau, les dissolvants les plus employés.

On appelle dissolution le passage d'un corps solide à l'état liquide au contact d'un autre corps liquide.

132. Saturation. — EXPÉRIENCE. Dans un tube à essais, mettons 10 grammes d'eau à la température de 20°, jetons 2 grammes de salpêtre et agitons : tout le salpêtre se dissout. Jetons dans le liquide un nouveau paquet de 2 grammes : tout le salpêtre ne se dissout pas.

Quand un solide cesse de se dissoudre dans un dissolvant, on dit que la solution est *saturée.*

Chauffons la solution précédente à 40° ; le salpêtre en excès se dissout ; nous pouvons même dissoudre un troisième paquet de 2 grammes ; c'est seulement avec le quatrième paquet que la solution est saturée.

Portons la solution à 60° : il faudra 6 paquets de 2 grammes pour la saturation.

Continuons ainsi à saturer la solution : à 80°, il nous faudra 9 paquets pour obtenir la saturation, et 12 paquets à 100°.

Ainsi, *il n'existe pas de température fixe de dissolution ; mais, à une certaine température, 100 grammes d'un dissolvant sont saturés par une quantité fixe d'un corps donné.*

Cristallisation.

133. *Cristallisation par évaporation.* — EXPÉRIENCE. Chauffer la solution de sel, de sucre, etc. : le liquide disparaît, se réduit en vapeur. Il reste le solide qu'on avait dissous. En général, les solides ainsi obtenus se présentent sous des formes géométriques, fixes pour la même substance. Quand ces formes sont bien nettes, elles ont des faces planes, des angles déterminés. Ces formes sont des *cristaux,* et on dit que le corps dissous a *cristallisé.*

On peut faire cristalliser le soufre, le phosphore, en vaporisant le sulfure de carbone dans lequel on a dissous ces corps. C'est par évaporation de l'eau de la mer que l'on fait cristalliser le chlorure de sodium ou sel marin.

Certains phénomènes naturels : formation des grottes, des stalactites, des stalagmites (*fig.* 150), fontaines pétrifiantes, etc., s'expliquent par la dissolution des roches calcaires sous l'action de l'eau chargée de gaz carbonique.

134. *Cristallisation par refroidissement.* — EXPÉRIENCE. Considérons la solution de salpêtre saturée à 100°. Nos 10 grammes d'eau (n° 132) ont dissous 24 grammes de salpêtre. Laissons maintenant refroidir cette solution : nous remarquerons que le salpêtre se dépose. A la température de 20°, il se sera déposé ainsi 20 grammes de salpêtre, puisque 10 grammes d'eau n'en peuvent plus dissoudre que 3 ou 4 grammes. Ce mode de cristallisation est fréquemment employé dans les laboratoires et dans l'industrie pour purifier un corps très soluble dans l'eau à chaud.

Applications.

135. *Dégraissage. Extraction des parfums. Vernis, etc.* — La dissolution et la cristallisation ont des applications nombreuses dans l'industrie.

1° Lorsqu'un corps soluble est mélangé avec des substances insolubles ou peu solubles, on sépare ce corps par dissolution dans un dissolvant approprié, puis on fait évaporer la dissolution. Nous en verrons de nombreux exemples dans le cours de chimie. Ainsi, on extrait les parfums des fleurs en mettant les pétales en contact avec des matières grasses qui en dissolvent les principes odorants (*fig.* 151) ;

Fig. 150. — Stalactites de la grotte de Dargilan. — L'eau chargée de gaz carbonique dissout le calcaire. Lorsque l'eau arrive à l'air libre, le gaz carbonique se dégage et le calcaire se dépose, formant des colonnes verticales. Les stalagmites se forment sur le fond de la grotte.

2° On enlève les taches de graisse sur les vêtements au moyen de la benzine, de l'essence de pétrole ;

3° Les *vernis* sont des solutions de certaines substances appelées *laques* ou *résines*, dans l'alcool ou l'essence de térébenthine ; la *colle* qui sert à coller le caoutchouc des chambres à air de bicyclette est une solution saturée de caoutchouc dans la benzine ; l'*encaustique* est de la cire dissoute dans l'essence de térébenthine.

Fig. 131. — Le triage des roses, dans une parfumerie de Grasse (Alpes-Maritimes).

136. *Mélanges réfrigérants.* — Expérience. Mélanger 50 grammes d'eau et 50 grammes d'azotate d'ammonium. Agiter. Un thermomètre plongé dans la dissolution descend à — 12°. Ainsi, de même que pour fondre, un corps absorbe de la chaleur pour se dissoudre. La dissolution précédente s'appelle *mélange réfrigérant*, en raison de l'abaissement considérable de température qu'elle produit.

Si les deux corps sont solides et si le mélange en provoque la fusion, l'abaissement de température sera plus important encore. — Exemples : Des poids égaux de glace pilée et de sel marin amènent un abaissement de température de 26°. De la glace pilée et du chlorure de calcium cristallisé peuvent donner un refroidissement suffisant pour congeler le mercure.

La sorbetière des ménages (*fig.* 152) est basée sur l'emploi des mélanges réfrigérants.

Fig. 152. — Sorbetière : c'est un baquet dans lequel on place un mélange réfrigérant. Au centre est un cylindre métallique dans lequel on place les substances à refroidir.

RÉSUMÉ

1. Tous les corps solides qui ne se décomposent pas par la chaleur *fondent* à une température plus ou moins élevée. De même, tous les corps liquides se *solidifient* quand on les refroidit suffisamment.

Quelques corps (verre, fer) se ramollissent avant de fondre; on dit qu'ils subissent la *fusion pâteuse;* les autres subissent la *fusion franche* ou *brusque.*

2. Les lois de la fusion brusque sont les suivantes : Tout corps commence à fondre ou à se solidifier à une température *fixe,* qu'on appelle son *point de fusion.*

Pendant toute la durée de la fusion ou de la solidification, la température reste constante.

3. Pendant la fusion, en général les corps augmentent de volume; le contraire a lieu pendant la solidification.

4. L'eau fait exception. En se solidifiant, elle *augmente* de volume. La glace exerce ainsi des efforts énormes sur les vases dans lesquels elle se produit; d'où la rupture des tuyaux de conduite en hiver et, au printemps, la destruction des jeunes tissus végétaux par la gelée blanche.

En exerçant une pression sur la glace, on la fait fondre à une température inférieure à 0°. L'eau provenant de la fusion se congèle dès qu'elle n'est plus soumise à la pression. C'est là le phénomène de regel, qui permet d'expliquer le moulage de la glace et les mouvements des glaciers.

5. On appelle *dissolution* le passage d'un corps solide à l'état liquide au contact d'un liquide appelé *dissolvant*.

Les principaux dissolvants sont : l'eau, l'alcool, la benzine, l'éther, le sulfure de carbone, l'essence de pétrole.

6. Lorsqu'un corps ne peut plus se dissoudre dans un dissolvant, on dit que la solution est *saturée*.

Il n'existe pas de température fixe de dissolution ; mais à une température donnée, 100 grammes d'un liquide ne peuvent dissoudre qu'un certain poids d'un corps solide soluble dans ce dissolvant.

7. Quand on fait évaporer le liquide d'une dissolution, il reste le corps solide dissous. Celui-ci se présente généralement sous des formes régulières ; on dit qu'il *cristallise*. On peut faire cristalliser un corps par évaporation du dissolvant (sel marin) ou par refroidissement d'une solution saturée à chaud (salpêtre).

8. La dissolution et la cristallisation sont utilisées dans l'industrie pour l'extraction ou la purification des substances solubles, pour la préparation des vernis, etc.

9. Un corps en se dissolvant absorbe de la chaleur. Certaines dissolutions, qui produisent un abaissement considérable de température, sont des *mélanges réfrigérants*. Exemple : eau et azotate d'ammonium, glace et sel marin.

EXERCICES

I. En quoi consiste la fusion d'un corps ? — Décrivez le phénomène de la fusion en prenant la glace comme exemple. — Phénomène inverse. — Quelle particularité présente la fusion du verre, du fer ? — Lois de la fusion brusque ; donnez les points de fusion de quelques solides usuels. — Citez les faits d'observation qui permettent d'apprécier les changements de volume survenus pendant la fusion. — Quelle particularité présente la solidification de l'eau ; donnez des applications de ce fait. — Expliquez ce qu'on entend par phénomène du regel.

II. Qu'arrive-t-il quand vous mettez un morceau de sucre, une pincée de sel dans un verre d'eau ? — Citez des solides très solubles, des solides peu solubles, des solides insolubles dans l'eau. — Citez les dissolvants les plus usuels. Quels sont les solides qui se dissolvent dans ces liquides ? — Quelle masse de salpêtre, de sel marin, 1 litre d'eau peut-il dissoudre à la température ordinaire ; à la température de 100° ? — Que se produit-il quand on fait évaporer une dissolution de sel marin ? — Une dissolution de salpêtre étant saturée à l'ébullition, dire ce qui arrivera pendant le refroidissement de cette solution. — Qu'appelle-t-on vernis ? — Comment fait-on l'encaustique ? — Qu'est-ce qu'un mélange réfrigérant ? Citez quelques mélanges réfrigérants.

III. Comparez la fusion et la dissolution des solides.

14ᵉ LEÇON .

VAPORISATION. — ÉVAPORATION
MÉTÉORES AQUEUX.

MATÉRIEL. Éther. — Papier buvard. — Dé à coudre. — Iode. — Petit ballon ou tube à essais. — Thermomètre. — Coton. — Alcaraza ou simplement vase en terre poreuse (vase pour piles). Placer ce vase à l'ombre dans un courant d'air. On peut aussi utiliser une bouteille entourée d'un linge mouillé. — Vase en métal poli, timbale en métal blanc argenté ou en aluminium, par exemple. Mélange réfrigérant. — Faire observer et reconnaître les différentes sortes de nuages.

Vaporisation. — Condensation.

137. *Faits d'observation.* — 1° Verser sur une feuille de papier buvard quelques gouttes d'éther. Au bout de peu de temps, le buvard est sec, l'éther semble avoir disparu, mais on perçoit dans toute la salle l'odeur caractéristique de ce corps. L'éther est passé à l'état gazeux, à l'état de vapeur; on dit qu'il s'est *vaporisé.*

2° L'eau qu'on met dans une assiette finit par disparaître; elle disparaît plus vite encore quand on chauffe. Après la pluie, le sol mouillé sèche plus ou moins rapidement; il en est de même du linge mouillé que la ménagère étend. Ici, comme pour l'éther de tout à l'heure, l'eau (liquide) est passée à l'état de vapeur : elle s'est *vaporisée.*

On peut faire passer un liquide à l'état de vapeur par deux moyens : ou bien la vaporisation se fait par la surface libre du liquide : c'est l'*évaporation;* ou bien des bulles de vapeur se forment sur les parois du vase, traversent le liquide qu'elles font bouillonner et s'échappent : c'est l'*ébullition.*

3° Si on place une assiette froide au-dessus de la marmite qui bout, on voit bientôt de l'eau ruisseler sur cette assiette; la vapeur qui s'échappait de la marmite a repris l'état liquide : elle s'est *condensée* ou *liquéfiée.*

REMARQUE. — Il y a des corps qui passent directement de l'état solide à l'état gazeux. Le carbone se vaporise sans fondre dans le four électrique ; la neige disparaît sans fondre par un vent chaud et sec : le fait est constaté depuis longtemps dans le Valais lorsque souffle le « fœhn » ; l'iode présente la même particularité.

Réciproquement, certains corps passent directement de l'état de vapeur à l'état solide; on dit qu'ils se *subliment.* Citons le bichlorure de mercure, qui porte le nom caractéristique de *sublimé,* la naphtaline, le soufre, l'iode.

EXPÉRIENCE. — Dans un petit ballon, jeter quelques petites parcelles d'iode et chauffer légèrement. De lourdes vapeurs violettes remplissent le ballon, alors que l'iode n'est pas en fusion ; d'autre part, dans le col du ballon, on voit des paillettes d'iode sublimé.

Évaporation.

138. *Vapeur saturante*. — 1° Quand on abandonne à l'air de l'eau placée dans une assiette, cette eau se transforme en vapeur et finit par disparaître en totalité ;

2° Recouvrons l'assiette d'une cloche, l'évaporation cesse au bout de peu de temps. L'air de la cloche contient alors la plus grande quantité possible de vapeur : on dit qu'il est *saturé*. Dans un espace limité, la vapeur qui reste au contact du liquide qui l'a produite est dite *saturante* quand l'évaporation a cessé ;

3° Il y a toujours de la vapeur d'eau dans l'air. La buée qui se dépose sur les vitres, sur un objet froid, la rosée, les brouillards, les nuages, etc... montrent la présence de la vapeur d'eau dans l'air.

L'évaporation des eaux de la mer et des eaux continentales, la respiration de l'homme et des animaux, la transpiration des plantes, la combustion des corps renfermant de l'hydrogène sont les sources de cette vapeur d'eau.

On peut mesurer la quantité de vapeur d'eau contenue dans un espace limité. Parmi les nombreux procédés utilisés pour cet objet, nous ne signalerons que le suivant. Certaines substances absorbent la vapeur d'eau (chlorure de calcium desséché, anhydride phosphorique, acide sulfurique concentré). Pesons une soucoupe renfermant l'une de ces substances absorbantes et introduisons cette soucoupe dans une cloche dont le volume est connu. Au bout de quelques jours, retirons la soucoupe et pesons-la à nouveau. Si nous avons mis suffisamment de substance desséchante, toute la vapeur d'eau sera absorbée, et la différence de poids représentera précisément le poids de vapeur contenue dans la cloche.

4° On a déterminé la quantité de vapeur capable de saturer 1 mètre cube d'air à diverses températures. Cette quantité augmente quand la température s'élève.

Ainsi 1 mètre cube d'air est saturé par :

9 gr. 5 de vapeur d'eau à la température de 10°.
17 gr. 3   —   —   20°.
30 gr.   —   —   30°.
51 gr.   —   —   40°.
82 gr. 7   —   —   50°, etc.

Prenons 1 mètre cube d'air saturé de vapeur à 10° et portons cette masse d'air à la température de 30°. L'air ne renferme toujours que 9 gr. 5 de vapeur par mètre cube, alors qu'il pourrait en renfermer 30 grammes ; il n'est plus saturé d'humidité.

Le rapport $\dfrac{9,5}{30}$ entre le poids de vapeur que renferme 1 mètre cube d'air à 30° et le poids de vapeur nécessaire pour saturer cet air à 30° sert à caractériser le *degré d'humidité de l'air*, qu'on appelle encore l'*état hygrométrique* de l'air. On exprime généralement ce rapport en centièmes. Ainsi, dans l'exemple ci-dessus, le degré d'humidité de l'air à 30° sera 32, c'est-à-dire que *l'air contient les* $\frac{32}{100}$ *du poids de vapeur qui serait nécessaire pour le saturer.*

Inversement, prenons-1 mètre cube à 30° renfermant, par exemple, 17 gr. 3 de vapeur d'eau, et refroidissons cet air. A 20°, l'air deviendra saturé d'humidité. Si le refroidissement continue, une partie de la vapeur passera à l'état liquide, se condensera. Ainsi, à 10°, nous aurons obtenu la condensation de 17 gr. 3 — 9 gr. 5, ou 7 gr. 8 de vapeur par mètre cube.

139. *Causes qui favorisent l'évaporation.* — Expérience. Remplir d'éther (ou d'un autre liquide très volatil) un dé à coudre, par exemple. Verser le liquide dans une assiette et remplir à nouveau le dé. Placer l'assiette et le dé l'un à côté de l'autre sur la table. Lorsque l'éther de l'assiette est évaporé complètement, on constate que le liquide du dé n'a pas diminué de façon appréciable.

Ainsi, dans les mêmes conditions et dans le même temps, la quantité de vapeur formée augmente avec l'étendue de la surface libre du liquide.

C'est pour obtenir la plus grande surface d'évaporation que les ménagères étalent le linge mouillé.

Dans les marais salants (*fig.* 153), on fait des bassins peu profonds, mais à grande surface, où l'on amène l'eau de la mer pour l'évaporer.

Quand on veut conserver des liquides très volatils, il importe que les flacons soient hermétiquement bouchés.

D'autre part, nous avons dit que la vaporisation d'un liquide cesse quand l'air est saturé de vapeur. Plus l'air est sec, plus l'évaporation est active. Il est d'observation courante que le linge ne sèche pas lorsque l'air est très humide; il sèche rapidement, au contraire, par un temps sec.

Quand la température s'élève, l'évaporation devient plus rapide, car pour un même degré d'humidité 1 mètre cube d'air peut absorber une quantité de vapeur d'autant plus grande que la température est plus élevée.

Exemple : Considérons 1 mètre cube d'air à 10° dont le degré d'humidité soit 75; cela signifie que l'air renferme les $\frac{75}{100}$ de la quantité de vapeur nécessaire pour le saturer.

Dans 1 mètre cube d'air à 10°, 9 gr. 5 $\times \frac{25}{100}$, ou 2 gr. 5 environ de vapeur, pourront encore se former.

A 30°, 1 mètre cube d'air dont l'état hygrométrique est 75 pourra encore dissoudre 30 gr. $\times \frac{25}{100}$ ou 7 gr. 5 de vapeur; l'évaporation sera sensiblement trois fois plus rapide que dans le premier cas.

Fig. 132. — Marais salants. — Environs de La Rochelle (Charente-Inférieure).

On a remarqué que le linge sèche plus vite par le vent que par un temps calme, les flaques d'eau que produit la pluie sur les routes disparaissent aussi plus rapidement quand l'air est agité. Ceci s'explique encore par ce qui précède.

Par un temps calme, il se forme à la surface du linge mouillé une couche d'air saturé d'humidité. Cette couche empêche l'évaporation. L'agitation de l'air enlève cette couche à mesure qu'elle se forme et remplace de l'air saturé de vapeur par de l'air plus sec. On applique les principes précédents dans les *séchoirs* ; les substances à dessécher sont étalées sur des claies, des cordes, etc., dans un hangar où l'on fait circuler un courant d'air chaud. Quand on utilise l'air extérieur, on le fait circuler dans le séchoir à l'aide de puissants ventilateurs.

140. *Froid produit par l'évaporation.* — Expériences. I. Verser de l'éther sur le dos de la main de quelques élèves. Faire constater la sensation de froid qui résulte de l'évaporation du liquide.

II. Recouvrir de ouate ou de gaze le réservoir d'un thermomètre, verser de l'éther sur le réservoir et agiter. La température s'abaisse rapidement et peut atteindre 12° au-dessous de zéro.

Ainsi l'évaporation d'un liquide absorbe de la chaleur. Pour l'eau, cette quantité de chaleur absorbée est énorme. A la température ordinaire, 1 kilogramme d'eau absorbe pour se vaporiser une quantité de chaleur équivalente à celle qui serait nécessaire pour porter à l'ébullition 6 kilogrammes d'eau environ.

Fig. 154. — Un modèle d'alcarazas, vase en terre poreuse dans lequel l'eau se maintient fraîche en été à cause de l'évaporation superficielle.

Le froid produit par l'évaporation des liquides comporte plusieurs applications pratiques.

1° Dans les régions du Midi, on rafraîchit l'eau dans des appareils appelés « alcarazas » ou « gargoulettes » (*fig.* 154). Ce sont des vases de formes variées en terre poreuse analogue à la terre de pipe. On remplit d'eau ces vases et on les suspend à l'ombre dans un courant d'air. L'eau suinte à travers les pores du vase, s'évapore à la surface, et la chaleur nécessaire à l'évaporation est empruntée au liquide intérieur qui se trouve ainsi refroidi.

2° Quand on est en transpiration, il faut éviter une trop rapide évaporation de la sueur. En conséquence, il ne faut pas se placer dans les courants d'air. Les tricots de flanelle doivent être portés par les personnes qui transpirent beaucoup. Ces tricots absorbent lentement la sueur, mais le liquide qui les imprègne s'évapore lentement aussi; le refroidissement qui résulte de l'évaporation risque moins qu'avec les tissus de coton ou de toile de produire des accidents. De plus, la flanelle ne se colle pas au corps et laisse interposée une couche d'air qui s'oppose encore à un brusque refroidissement.

3° La chaleur absorbée par l'évaporation de certains gaz liquéfiés (gaz sulfureux, gaz carbonique, ammoniaque) a été utilisée industriellement pour la production artificielle de la glace.

Météores aqueux.

On donne le nom de *météores aqueux* aux phénomènes qui ont pour origine la vapeur d'eau contenue dans l'air atmosphérique.

Point de rosée. Expérience. Prenons un vase en fer-blanc bien poli, renfermant de l'eau dans laquelle plonge un thermomètre. Ajoutons peu à peu de l'azotate d'ammonium et agitons. La température de l'eau s'abaisse. A 10°, par exemple, nous voyons le métal se ternir par suite de la formation d'une buée. Quand la température descend au-dessous de zéro, cette buée se congèle et le vase se trouve couvert d'une couche de givre. Que s'est-il passé? L'air s'est refroidi au contact du vase; à 10°, cet air est devenu saturé de vapeur. Le refroidissement continuant, une partie de la vapeur de l'air s'est condensée sur le métal. Au-dessous de zéro, l'eau déposée sur le vase s'est transformée en glace.

Cette expérience nous donne l'explication des phénomènes que nous allons examiner.

141. Rosée. Gelée blanche. — La nuit, par les temps clairs, la terre et les objets à sa surface rayonnent abondamment; ils se refroidissent et refroidissent les couches d'air à leur contact. Il arrive un moment où ces couches deviennent saturées de vapeur; le refroidissement continuant, la vapeur se condense et de l'eau se dépose en fines gouttelettes sur les feuilles des plantes: c'est la *rosée*. Si la température s'abaisse au-dessous de zéro, l'eau se congèle et donne la *gelée blanche*. La gelée blanche est particulièrement dangereuse au printemps, car elle détruit alors les jeunes pousses des arbres, les fleurs, qui prennent un aspect roussâtre. Comme alors la lune brille d'un vif éclat, on lui a attribué les méfaits de la gelée blanche, et on appelle *lune rousse* la période lunaire qui commence en avril et finit en mai. Dans les régions de l'Est, on protège les plantes contre la gelée blanche en brûlant par les nuits claires des matières goudronneuses qui produisent une fumée épaisse et lourde, véritable nuage qui s'oppose au rayonnement terrestre.

142. Brouillard. Givre. — Quand les couches d'air avoisinant le sol se refroidissent au-dessous de leur point de saturation, la vapeur d'eau qu'elles renferment se condense en fines gouttelettes qui restent en suspension dans l'air et lui enlèvent sa transparence. On a alors du *brouillard*. Si ces gouttelettes arrivent au contact d'objets à une température inférieure à 0°, elles se congèlent et forment à la surface de ces objets une couche glacée appelée *givre*.

143. *Nuages.* — La condensation de la vapeur peut avoir lieu dans les hautes régions de l'atmosphère. Le brouillard s'appelle alors *nuage.*

La hauteur à laquelle se trouvent les nuages est très variable. Les plus voisins du sol sont des nuages gris de plomb, qui se résolvent en pluie; leur altitude ne dépasse guère 1 000 mètres. Dans les pays de montagnes, on les voit fréquemment accrochés aux flancs des monts, dont ils cachent le sommet. Ce sont les *nimbus* (*fig.* 156).

Les *cumulus* sont des nuages blancs à contours arrondis et ressemblant à de gros flocons de laine; ils se trouvent à 2 ou 3 kilomètres de haut.

Les nuages qui atteignent 7 ou 8 kilomètres d'altitude sont formés de fines aiguilles de glace, en raison de la basse température des régions où ils se trouvent. Ils ont une forme fibreuse. Ce sont des *cirrus* (*fig.* 157).

Enfin, au coucher du soleil, on observe souvent des nuages disposés par des bandes horizontales ou *stratus.*

Les gouttelettes des nuages tombent lentement, mais quand la partie inférieure du nuage arrive dans des couches plus chaudes, ce nuage se vaporise par la partie inférieure, et la vapeur formée remonte à la partie supérieure où elle se condense à nouveau.

144. *Pluie. Verglas. Neige.* — Sous des influences mal définies, les gouttelettes d'eau qui forment un nuage peuvent se réunir et donner des gouttes plus ou moins fortes qui tombent et forment la *pluie.*

Lorsque la pluie arrive sur un sol à une température inférieure à zéro, elle s'y congèle et le recouvre d'une couche de *verglas.*

Fig. 155. — Flocons de neige.

Quand un nuage traverse des régions à une température inférieure à zéro, les gouttelettes se congèlent, s'accolent suivant des dispositions géométriques très curieuses dérivant de l'hexagone (*fig.* 155) et donnent des flocons de *neige.*

145. *Grêle.* — En été, les phénomènes atmosphériques désignés sous le nom d'orages sont souvent accompagnés de la chute de petites

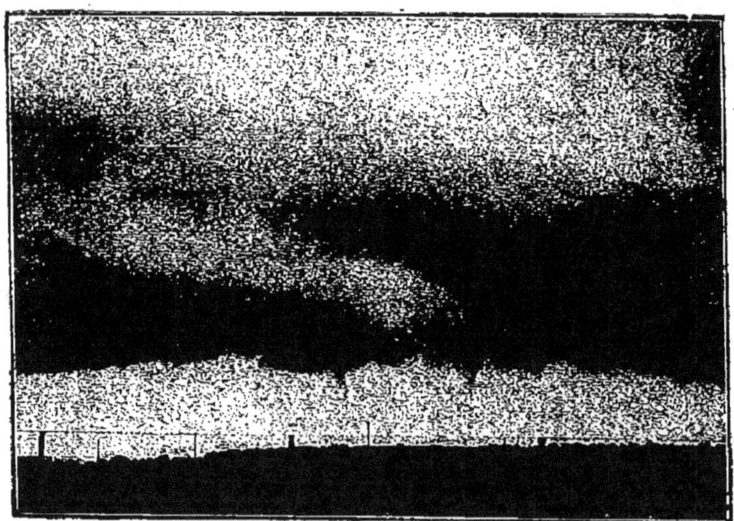

Fig. 156. — Nimbus.

Fig. 157. — Cirrus.

masses de glace plus ou moins sphériques appelées *grêlons*. La chute
de la grêle cause toujours dans les cultures d'effroyables dégâts.

Les grêlons se montrent formés de couches concentriques de glace

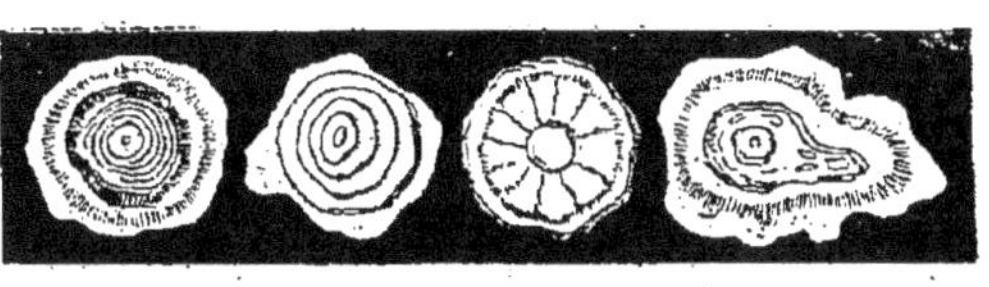

Fig. 158. — Coupe de grêlons.

disposées autour d'un
noyau central (*fig.* 158).
On n'est pas encore
bien fixé sur la façon
dont se produit la
grêle, mais on pense
que des cumulus, en-
traînés par un courant
d'air ascendant, peuvent s'élever jusque dans la région où se trouvent
des cirrus. Là, autour des aiguilles de glace des cirrus se congèlent
rapidement les gouttelettes d'eau des cumulus, formant ainsi un
grêlon plus ou moins volumineux.

Depuis quelques années, on étudie les effets du tir du canon pour
empêcher la formation de la grêle. Il semble établi que ce tir a une
certaine efficacité, et des régions sou-
vent éprouvées par la grêle (Bourgogne,
Charolais) sont munies d'une artillerie
spéciale (*fig.* 159) qu'on tire lorsqu'on
voit s'approcher un orage menaçant.

On utilise aussi des sortes de fusées
qui vont faire explosion à une certaine
hauteur dans l'atmosphère.

RÉSUMÉ

1. La *vaporisation* est le passage
de l'état liquide à l'état de vapeur;
le passage inverse s'appelle *liquéfaction* ou *condensation*.

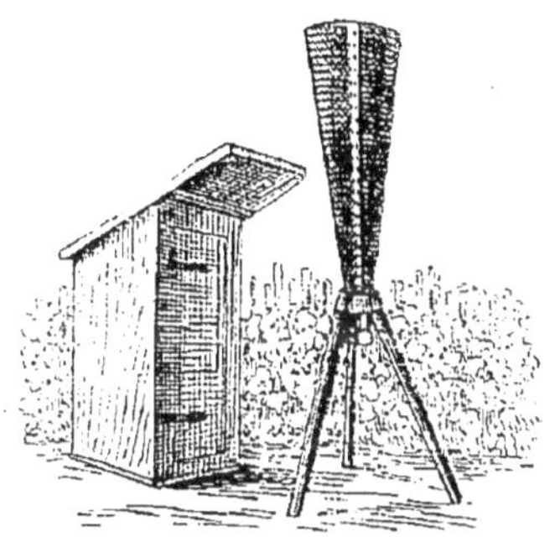

Fig. 159. — Canon paragrêle
et sa guérite.

L'*évaporation* est le passage d'un
liquide à l'état de vapeur par la surface libre de ce liquide.

2. Dans un espace limité, un liquide ne se vaporise pas indéfiniment. La vaporisation cesse lorsque cet espace renferme une
certaine quantité de vapeur. L'espace est alors *saturé*, et la
vapeur est dite *saturante*. La quantité de vapeur nécessaire pour
saturer un espace donné augmente quand la température s'élève.

3. On peut caractériser le *degré d'humidité* de l'air par le
rapport entre la quantité de vapeur que renferme un volume
d'air et la quantité nécessaire pour saturer cet air, la température restant constante.

En un temps donné, la quantité de vapeur formée est d'autant
plus grande :

a) Que la surface libre du liquide est plus étendue;

b) Que l'air en contact avec le liquide est plus sec. Cette dernière condition explique pourquoi l'élévation de température et l'agitation de l'air favorisent l'évaporation.

4. L'évaporation d'un liquide absorbe de la chaleur. Ce fait est appliqué principalement dans la production industrielle du froid.

5. Il existe toujours de la vapeur d'eau dans l'air, mais l'air est rarement saturé de vapeur. Quand on refroidit une masse d'air humide, cet air finit par devenir saturé de vapeur. Si le refroidissement continue, la vapeur se condense en fines gouttelettes.

6. La condensation de la vapeur d'eau sur les plantes, les objets à la surface du sol, constitue la *rosée*. On a une *gelée blanche* quand la température du sol est inférieure à 0°. La rosée et la gelée blanche se produisent la nuit par un temps clair, le refroidissement du sol est causé par le rayonnement nocturne.

7. La condensation de la vapeur dans les couches d'air avoisinant le sol forme le *brouillard* ; le brouillard qui se dépose sur les objets au-dessous de 0° forme le *givre*. Quand la condensation se produit à une grande hauteur dans l'atmosphère, elle donne naissance à des *nuages*. Le nuage peut se résoudre en *pluie* ; s'il traverse des régions à une température inférieure à 0°, il forme de la *neige*.

8. En été, pendant les orages, on observe parfois des chutes de *grêle*. On cherche à prévenir la formation de la grêle par le tir de canons paragrêles au début des orages menaçants.

EXERCICES

I. Citez des liquides plus volatils que l'eau, des liquides moins volatils que l'eau. — Citez des corps qui se subliment. En quoi consiste ce phénomène ? — En quoi consiste l'évaporation d'un liquide ? — Dans un espace limité, la vaporisation d'un liquide est-elle indéfinie ? — Qu'appelez-vous degré d'humidité de l'air ? — L'humidité de l'air dépend-elle seulement de la quantité de vapeur que l'air renferme ? — Qu'arrive-t-il quand on refroidit de l'air humide non saturé ?

II. Pourquoi les marais salants sont-ils larges et peu profonds ? — Pourquoi la ménagère étale-t-elle le linge qu'elle veut faire sécher ? — Le linge sèche mieux en été qu'en hiver, par un temps sec que par un temps humide, par le vent que par un temps calme. Pourquoi ? — Qu'arrive-t-il quand on est en sueur et qu'on reste exposé aux courants d'air ? — Justifiez l'usage des alcarazas que l'on utilise dans les pays chauds. Comment pourriez-vous obtenir le même résultat avec une bouteille ordinaire ?

III. Montrez que l'air renferme toujours de la vapeur d'eau. — Comment se forment la rosée, la gelée blanche ? — Pourquoi voyez-vous, le soir, le brouillard se former d'abord dans le voisinage des cours d'eau ? — Comment se forment le givre, la pluie, la neige ?

15ᵉ LEÇON

ÉBULLITION. — DISTILLATION. — MACHINES A VAPEUR.

Matériel : Ballon, casserole ou bouillotte avec eau en ébullition. — Assiette froide ou verre froid. — Ballon avec eau ordinaire et avec eau salée (300 gr. par litre) à l'ébullition. — Appareil distillatoire simple, représenté figure 163. — Bouilleur de Franklin, figure 161. — Appareil, figure 160. — Tube métallique de pompe à bicyclette. — L'expérience (*fig.* 160) présente quelque danger avec un ballon de verre; il est préférable d'employer un tube métallique. — Le même ballon avec eau à l'ébullition peut être utilisé dans la plupart des expériences de cette leçon.

Ébullition.

146. *Description du phénomène.* — Expérience. Chauffer de l'eau dans un ballon. On voit bientôt de fines bulles de vapeur s'échapper du liquide; ce sont des bulles de gaz dissous dans l'eau (air, gaz carbonique).

Ensuite des bulles plus grosses se forment au contact de la paroi du ballon, montent à travers le liquide et disparaissent avant d'atteindre la surface. On entend alors un bruit particulier et on dit que le liquide *chante.*

Enfin, les bulles parties de la paroi grossissent en s'élevant et viennent crever à la surface du liquide. Toute la masse de celui-ci est violemment agitée. L'eau est portée à l'*ébullition.*

147. *Constance de la température.* — Portons à l'ébullition à l'air libre :

1° De l'eau ordinaire ;

2° De l'eau saturée de sel marin (300 gr. par litre).

Un thermomètre plongé dans les deux liquides accuse des températures différentes, 100° dans l'eau ordinaire, 104° ou 105° dans l'eau salée. (V. *fig.* 124, p. 99).

Relevons le thermomètre de façon que le réservoir soit, non plus au sein du liquide, mais au sein de la vapeur. Nous constatons dans les deux ballons que la température est la même : 100°.

Cette température correspond au cas où la pression atmosphérique est voisine de la normale (76 cm.). Nous savons d'ailleurs (n° 106) que la température de la vapeur d'eau bouillante sous la pression normale a été choisie pour déterminer le point 100 du thermomètre centigrade.

Nous voyons donc que la température d'ébullition de l'eau s'élève si cette eau renferme des substances solides en dissolution.

Pour l'eau pure, la température du liquide en ébullition est sensiblement la même que celle de la vapeur.

Enfin, *pendant toute la durée de l'ébullition,* lorsqu'il s'agit d'eau ordinaire, *la température reste constante,* à condition toutefois que la pression supportée par le liquide ne subisse pas de variations notables.

148. *Influence de la pression.* — EXPÉRIENCES. I. **On augmente la pression.** Boucher avec un bon bouchon en caoutchouc un ballon dans lequel de l'eau est portée à l'ébullition (*fig.* 160).

Le bouchon est percé de deux trous : par l'un passe un thermomètre, par l'autre un tube effilé qui plonge dans le liquide. Fermer le tube effilé avec le doigt : la température du liquide s'élève, l'eau cesse de bouillir.

Lorsque la température s'est élevée de 4° ou 5° (ne pas dépasser ce chiffre par crainte de rupture du ballon), enlever le doigt. L'eau jaillit à plus d'un mètre de hauteur et l'ébullition du liquide reprend violemment.

Que s'est-il passé? En fermant le tube effilé, nous avons emmagasiné à la surface du liquide la vapeur qui ne pouvait plus s'échapper. Cette vapeur augmentant la pression au-dessus du liquide, l'ébullition de celui-ci a été retardée jusqu'au moment où on a enlevé le doigt. Alors l'excès de pression a produit un jet d'eau chaude.

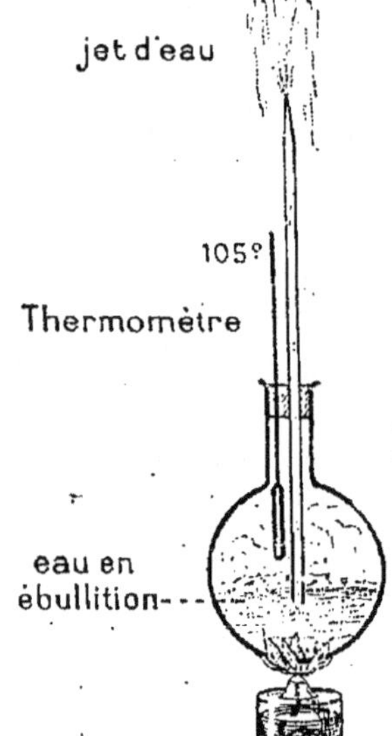

Fig. 160. — Si on empêche la vapeur de s'échapper, sa force élastique augmente.

II. **On diminue la pression.** Faire bouillir de l'eau dans un ballon à long col, fermer le ballon par un bon bouchon et le retourner (*fig.* 161). L'ébullition cesse, mais si on refroidit le ballon avec une éponge mouillée, par exemple, l'ébullition reprend tumultueuse. Ce résultat s'explique par la condensation d'une partie de la vapeur qui surmonte le liquide. La pression supportée par le liquide diminue et l'eau bout à une température bien inférieure à 100°.

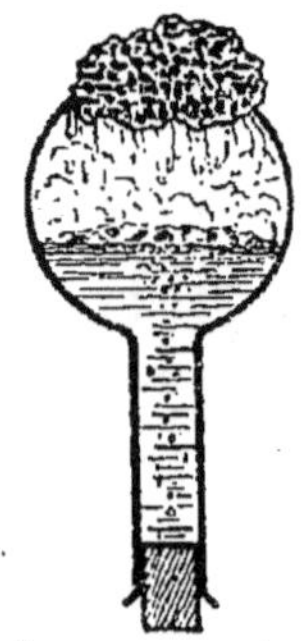

Fig. 161. — Bouilleur de Franklin.

Ainsi, *la température d'ébullition d'un liquide augmente ou diminue en même temps que la pression supportée par ce liquide.*

On applique ces faits industriellement :

Dans les chaudières de machines à vapeur, on fait bouillir l'eau à des températures qui atteignent 200°. Dans ces conditions, la pression que la vapeur exerce sur les parois de la chaudière atteint 16 kilogrammes par centimètre carré.

Au contraire, pour concentrer certaines solutions de substances organiques (jus sucrés, tanin, glycérine, etc.), on doit provoquer l'ébullition à une température inférieure à 100°. On y arrive en diminuant la pression à la surface du liquide, en enlevant l'air au moyen d'une pompe spéciale.

Enfin, quand on s'élève sur une montagne, la température d'ébullition s'abaisse, car la pression supportée par le liquide diminue.

Points d'ébullition. Expérience. Dans un petit ballon, faire bouillir de l'alcool : la température donnée par un thermomètre est 78°.

Faire de même bouillir de l'éther : on note 35°. Ces températures correspondent à des pressions extérieures voisines de 76 centimètres.

Pour chaque liquide, il existe *sous la pression normale* une température d'ébullition qui peut servir à caractériser ce liquide : c'est le *point d'ébullition* normal du liquide.

Voici les points d'ébullition de quelques liquides :

Éther ordinaire	35°	Acide sulfurique	326°
Alcool de bois	61°	Mercure	357°
Alcool ordinaire	78°	Soufre	445°

Condensation. Distillation.

149. *Condensation.* — Expérience. Dans le ballon où l'eau bout, il y a de la vapeur au-dessus du liquide, mais cette vapeur est invisible. Du col du ballon, on voit s'échapper un petit nuage. Ce nuage est formé de gouttelettes d'eau très petites ; la vapeur, au contact de l'air froid, est repassée à l'état liquide, elle s'est *condensée*. Le petit nuage, d'ailleurs, ne tarde pas à disparaître, parce que les petites gouttelettes, arrivant dans des couches d'air non saturées de vapeur, se vaporisent à nouveau. On peut rendre la condensation plus visible en plaçant au-dessus du col du ballon une assiette froide ; on voit bientôt l'eau ruisseler sur l'assiette. L'expérience peut se faire au moyen d'une bouillotte (*fig.* 162).

Fig. 162. — La vapeur d'eau d'une bouillotte vient se condenser sur une assiette froide et tombe en gouttelettes.

150. *Distillation.* — Expérience. Prendre un ballon renfermant de l'eau salée bouillante (*fig.* 163). La vapeur est amenée par un tube dans un autre ballon ou dans un flacon qui plonge dans l'eau froide. La vapeur refroidie se condense dans le flacon, mais l'eau de condensation n'est pas salée : c'est de l'eau pure.

On dit qu'on a distillé le liquide.

On distille ainsi les liquides qui renferment en dissolution des substances non volatiles ; on obtient le liquide pur.

On distille encore des mélanges de liquides volatils. Ex. : eau et alcool. L'alcool bout à 78°, l'eau à 100°, sous la pression normale ; le mélange bout à une température intermédiaire, mais d'autant plus voisine de 100° que le liquide est moins riche en alcool.

A l'ébullition, il se produit un mélange de vapeur d'eau et de vapeur d'alcool, mais la proportion d'alcool est plus forte dans la vapeur que dans le liquide soumis à la distillation. Donc, si on condense les vapeurs, on a encore un mélange d'eau et d'alcool, mais plus riche

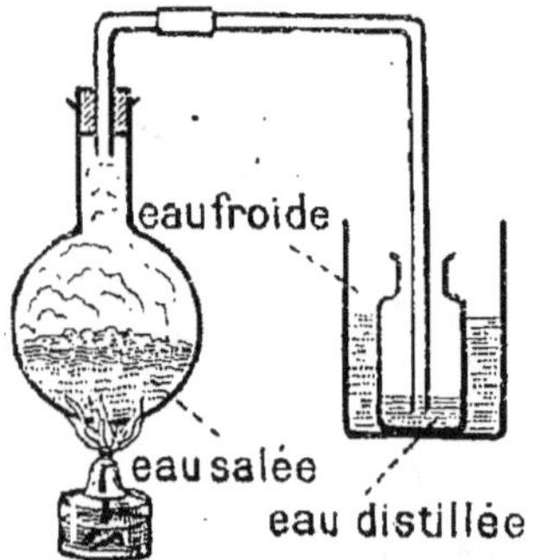

Fig. 163. — Appareil simple
à distillation.

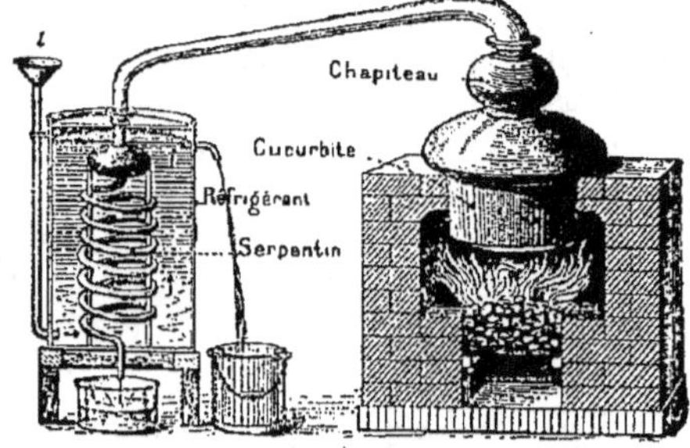

Fig. 164. — Appareil simple pour la distillation
d'un mélange d'eau et d'alcool.

en alcool que le mélange initial. En recommençant cette opération, on concentre l'alcool dans le mélange ; d'où le nom de *distillations fractionnées* donné à cette série de distillations.

L'appareil représenté par la figure 164 est un *alambic* simple utilisé dans la distillation des liquides alcooliques.

Machine à vapeur.

151. *Force élastique de la vapeur d'eau.* — L'expérience (*fig.* 160) nous a déjà montré que, quand on chauffe un liquide en vase clos, la température d'ébullition s'élève et que la vapeur acquiert une certaine force élastique ; elle exerce alors, comme un gaz, une pression sur les parois du vase.

La force élastique de la vapeur augmente rapidement avec la température. A 100°, elle est égale à la pression atmosphérique normale ; elle est donc voisine de 1 kg. par centimètre carré. A 120°, elle est de 2 kgs ; à 140°, 3^{kgs},7 ; à 160°, 6^{kgs},3 ; à 180°, 10^{kgs},3 ; à 200, 16 kgs. Si l'on chauffe de l'eau dans un vase suffisamment résistant, de façon que l'ébullition se produise à 180°, par exemple, la vapeur exercera sur les parois de ce vase une pression de 10^{kgs},3 par centimètre carré. Les expériences suivantes vont nous donner une idée encore plus nette de la force de la vapeur.

EXPÉRIENCES. I. Prendre un tube de pompe à bicyclette, mettre au fond du tube quelques centimètres cubes d'eau, fermer le tube par un bouchon et chauffer. A un certain moment le bouchon est projeté avec force.

C'est que, sous l'action de la chaleur, l'eau s'est vaporisée, et la force élastique de la vapeur formée a augmenté jusqu'au moment où le bouchon a sauté.

II. Reprendre le tube de pompe à bicyclette précédent. Enlever le bouchon et le remplacer par le piston habituel. Fermer l'orifice du piston et chauffer. A un certain moment on voit le piston poussé brusquement vers le haut du corps de pompe (*fig.* 165).

En bas du piston s'exerce la poussée de la vapeur; en haut s'exerce la poussée de l'air, poussée que nous avons étudiée (V. n° 57). Quand la poussée de la vapeur devient supérieure à la poussée de l'air, le piston s'élève.

Cette expérience nous amène directement à l'idée de la machine à vapeur. C'est à Denis Papin que revient l'honneur d'avoir le premier appliqué la vapeur à exercer un effet mécanique.

Fig. 165.
Quand l'eau est à une température suffisante, la poussée de sa vapeur est supérieure à la poussée de l'air et le piston s'élève.

152. *Fonctionnement théorique de la machine à vapeur.* — Considérons un récipient métallique, appelé *chaudière* (*fig.* 166), dans lequel on chauffe l'eau de façon que la pression de sa vapeur atteigne plusieurs kilogrammes :

1° La vapeur arrive par un tuyau dans un *cylindre* où elle pousse un piston de A vers B;

2° On ferme la communication avec la chaudière et on met le cylindre en communication avec une enceinte froide où la pression est faible : c'est le *condenseur*. La vapeur se condense, et la pression atmosphérique, agissant sur le piston, le ramène de B en A;

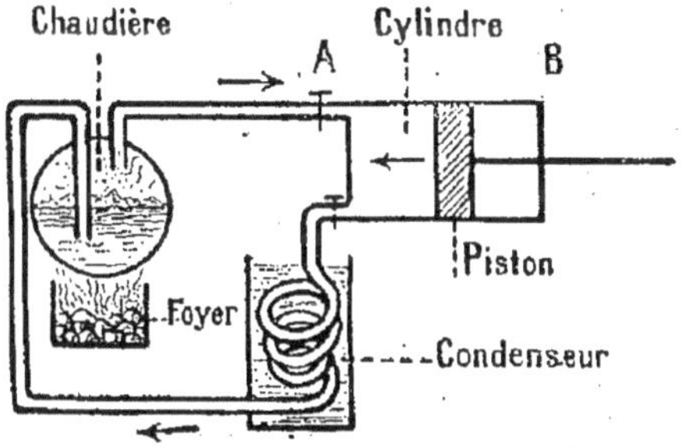

3° L'eau de condensation est ramenée à la chaudière;

4° Dans la pratique, on fait arriver la vapeur alternativement sur les deux faces du piston; quand un des côtés du cylindre communique avec la chaudière, l'autre communique avec le condenseur; c'est donc la vapeur qui produit dans les deux sens le mouvement du piston;

Fig. 166. — Principe de la machine à vapeur.

5° Le mouvement de va-et-vient du piston est utilisé pour faire tourner des roues; le mouvement rectiligne et alternatif du piston est transformé en mouvement circulaire continu.

En définitive, nous voyons que la même quantité d'eau peut servir indéfiniment à produire un travail mécanique. C'est ce qui se produit par exemple dans les machines marines et dans certaines machines industrielles. Ce qu'il faut fournir pour que la machine fonctionne, c'est de la chaleur, chaleur qui sera employée à vaporiser à nouveau l'eau provenant du condenseur. Somme toute, il y a dépense de vapeur et production de travail mécanique.

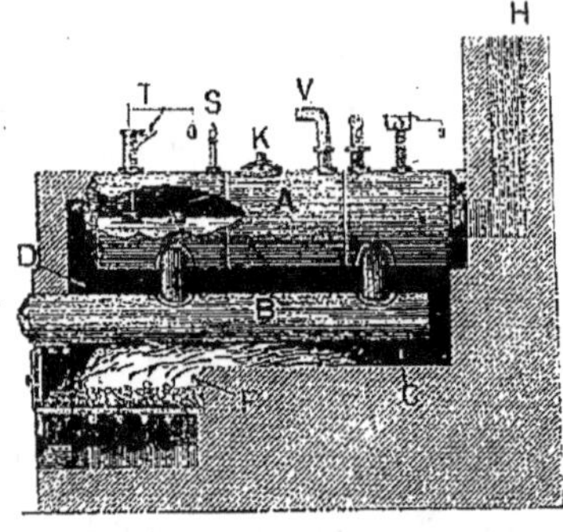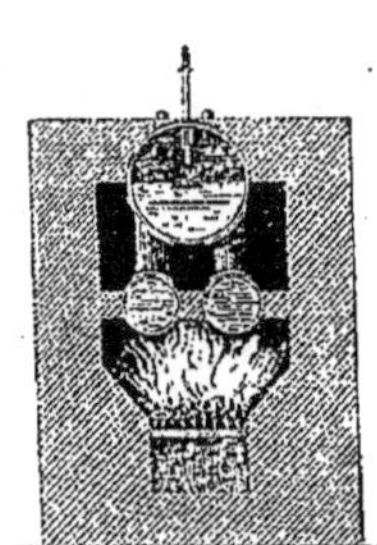

Fig. 167 et 168. — Chaudière à bouilleurs. — A, cylindre où arrive la vapeur; B, bouilleurs; C, D, carneaux; H, cheminée; V, tube de dégagement de la vapeur; S, sifflet d'alarme; T, soupape de sûreté; K, trou d'homme pour le nettoyage.

Nous pouvons donc dire de la machine à vapeur : *C'est un moteur capable de transformer de la chaleur en travail mécanique par l'intermédiaire de la vapeur d'eau.*

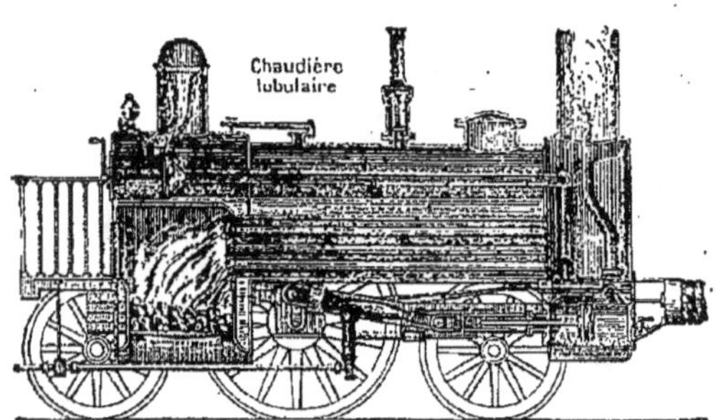

Fig. 169. — Chaudière de locomotive. La flamme passe dans des tubes entourés d'eau pour se rendre ensuite dans la cheminée.

153. Parties essentielles. — D'après ce qui précède, nous voyons que toute machine à vapeur comprend :

1° Un appareil générateur de vapeur sous pression élevée : c'est la *chaudière*;

2° Un organe dans lequel la vapeur agit sur un piston : c'est le *cylindre*;

3° Des organes (*bielle* et *manivelle*) qui effectuent la transformation du mouvement de va-et-vient du piston en mouvement circulaire continu.

Il faut ajouter à ces différents appareils les *régulateurs* de mouvement qui, comme leur nom l'indique, rendent plus régulier le fonctionnement de la machine en supprimant les à-coups.

154. *Chaudières à vapeur.* — **Chaudières à bouilleurs.** Ce sont les plus anciennes. Une chaudière à bouilleurs comprend un cylindre A en tôle terminé par deux calottes sphériques (*fig.* 167 et 168). Ce cylindre communique avec deux cylindres plus petits B ou *bouilleurs*. Les bouilleurs sont remplis d'eau, ils sont chauffés directement par le foyer; la flamme, après avoir échauffé les bouilleurs, revient

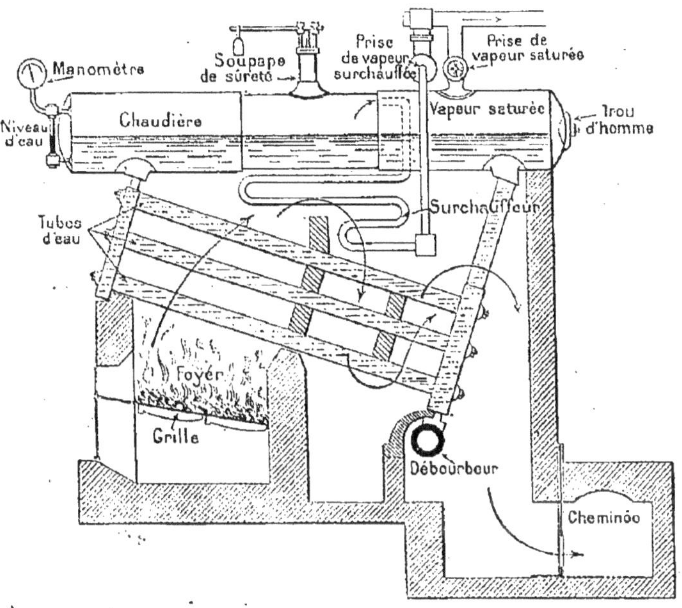

Fig. 170. — Chaudière industrielle moderne (système Babcock et Wilcox) à tubes d'eau et à surchauffeur de vapeur.

Les bouilleurs sont remplacés par des tubes en tôle d'acier de 3ᵐᵐ,5 d'épaisseur. La chaudière est en tôle d'acier de 11ᵐᵐ,5 d'épaisseur. Il y a 54 tubes (3 seulement sont figurés pour la clarté du dessin). La surface des tubes et de la chaudière soumise à l'action du foyer (surface de chauffe) est de 102 mètres carrés. — La vapeur est produite sous une pression de 12 kilogrammes, à une température de 191°. Avant d'être amenée dans le cylindre, elle passe dans un surchauffeur, appareil formé de 33 tubes chauffés par le foyer; elle est portée ainsi à une température de 350°.

sous le cylindre par les conduits ou *carneaux* D, puis retourne à la cheminée H. Le cylindre est à moitié plein d'eau.

Chaudières tubulaires des locomotives. Dans la chaudière à bouilleurs, la surface en contact avec le foyer ou *surface de chauffe* est faible, d'où la lenteur de la vaporisation. Dans les locomotives, on augmente la surface de chauffe en faisant passer la flamme dans des tubes qui sont entourés d'eau (*fig.* 169). La surface de chauffe peut ainsi dépasser 100 mètres carrés.

Chaudières tubulaires à tubes d'eau. Dans d'autres chaudières, les bouilleurs sont remplacés par un grand nombre de tubes chauffés directement par le foyer (*fig.* 170 et 171).

Accessoires de la chaudière. Toute chaudière doit être munie d'appareils de sécurité qui, à tout moment, permettent de contrôler la force élastique de la vapeur et le niveau de l'eau. On la munit aussi de signaux d'alarme qui fonctionnent lorsque le niveau de l'eau vient à descendre au-dessous du niveau de la maçonnerie ou lorsque la vapeur vient à prendre accidentellement une pression exagérée.

155. *Distribution de la vapeur : cylindre et tiroir.* — Le fonctionnement du piston est assuré de la manière suivante : la paroi du cylindre est percée de deux conduits A et B (*fig.* 172) qui amènent la

Fig. 171. — Chaudière de Babcook et Vilcox avec surchauffeur. — Vue d'ensemble de la chaudière représentée schématiquement par la fig. 170.

vapeur alternativement à chaque extrémité du cylindre. Ces conduits aboutissent d'autre part dans une boîte V ou *boîte à vapeur*, dans laquelle pénètre la vapeur. Une autre boîte, T, ou *tiroir,* animée par la machine même d'un mouvement de va-et-vient, ouvre et ferme alternativement chacun des conduits A et B. L'intérieur du tiroir est constamment en communication, par le tuyau C, soit avec le *condenseur*, soit avec l'air extérieur. Les figures 172 et 173 montrent la position du tiroir et la façon dont s'opère la distribution de la vapeur dans le cylindre.

156. *Organes de transmission du mouvement : arbre de couche, bielle et manivelle.* — Le mouvement de va-et-vient du piston est transformé en mouvement circulaire au moyen de la *bielle* et de la *manivelle.* Ce mouvement circulaire est transmis à *l'arbre de couche,* pièce d'acier cylindrique et horizontale qui tourne entre des coussinets. Sur l'arbre de couche sont calés les organes (engrenages, poulies) transmettant le mouvement à toutes les pièces qui doivent travailler. Nous laisserons de côté le rôle du condenseur, ainsi que l'étude des organes régulateurs du mouvement.

Puissance d'un moteur.

157. *Notion de travail et de puissance.* — Pour soulever un poids à une certaine hauteur, nous effectuons un travail. On mesure ce travail en prenant pour unité *le travail effectué pour soulever un poids de 1 kilogramme à 1 mètre.* Cette unité s'appelle *kilogrammètre.* Soulever 1 kilogramme à 10 mètres, 5 kilogrammes à 2 mètres, etc., c'est toujours effectuer le même travail.

Mais un travail déterminé peut être effectué en des temps variables par différents moteurs. La valeur d'un moteur pourra donc s'apprécier en faisant connaître le travail que ce moteur effectue en une seconde. Cette grandeur est la *puissance du moteur.* L'unité adoptée est le *cheval-vapeur.* C'est la puissance d'un moteur capable d'exécuter un travail de 75 *kilogrammètres en une seconde.*

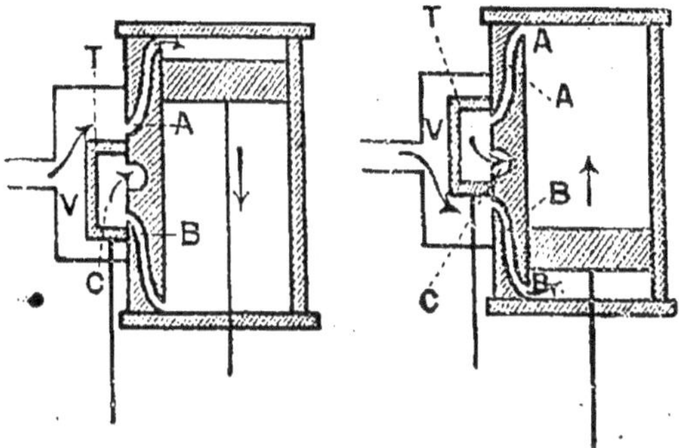

Fig. 172. — Positions du tiroir quand le piston est en haut et en bas de sa course.

Le cheval-vapeur est à peu près représenté par la puissance d'un attelage qui traînerait sur une route horizontale une voiture pesant 1 600 kilogrammes à une vitesse de 4 kilomètres à l'heure.

Depuis quelques années on a adopté l'abréviation HP pour désigner le cheval-vapeur. Les deux lettres H. P. sont les initiales des mots anglais *Horse Power,* littéralement : cheval-puissance.

Un moteur animé (cheval) peut travailler à pleine puissance pendant environ 8 heures par jour. Sa puissance équivaut pendant ce temps à peu près à celle d'un moteur mécanique de 1 cheval. Mais le moteur mécanique peut marcher 24 heures sans interruption ; on voit donc que le moteur de 1 cheval équivaut à trois bons chevaux de trait. Il faudrait 12 manœuvres au moins pour déployer la puissance de 1 cheval. Donc le travail fourni en 24 heures par un moteur mécanique de 1 cheval est au moins équivalent à celui que pourraient fournir 36 manœuvres travaillant 8 heures par jour. On voit par là de quelle énorme puissance dispose l'industrie moderne.

RÉSUMÉ

1. L'*ébullition* est la vaporisation d'un liquide par production de bulles de vapeur à l'intérieur même du liquide.

a) Pendant toute la durée de l'ébullition, la température reste invariable, à condition que la pression subie par le liquide ne subisse pas de variations notables.

b) Quand la pression supportée par le liquide augmente, la température d'ébullition s'élève ; quand la pression supportée par le liquide diminue, la température d'ébullition s'abaisse.

Le *point d'ébullition* normal d'un liquide est la température d'ébullition de ce liquide quand la pression extérieure est de 76 centimètres de mercure.

2. La *distillation* consiste à porter à l'ébullition un liquide et à condenser sa vapeur

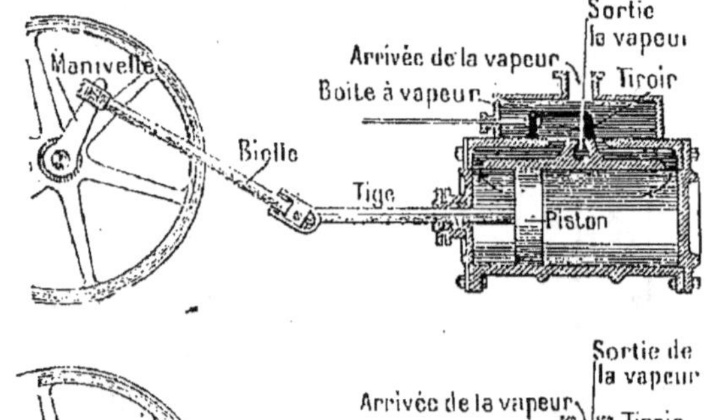

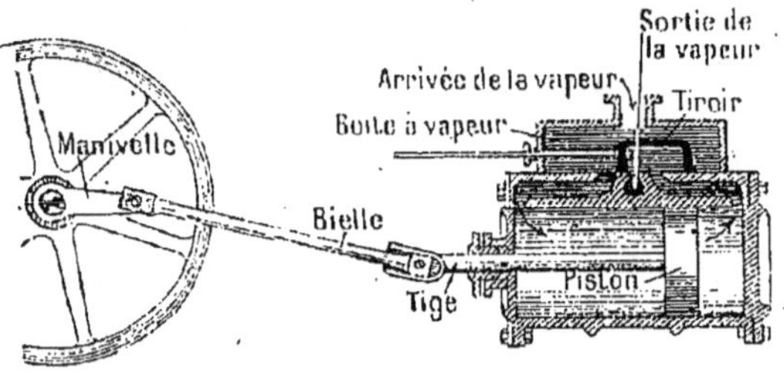

Fig. 173. — Jeu du piston et du tiroir et mécanisme de transformation du mouvement du piston au moyen de la bielle et de la manivelle.

en la faisant traverser un serpentin entouré d'eau froide (réfrigérant). En distillant un liquide qui renferme en dissolution des substances solides, on obtient ce liquide à l'état de pureté. On distille aussi des mélanges de liquides à points d'ébullition différents pour concentrer le liquide le plus volatil (industrie de l'alcool).

3. Quand on chauffe un liquide en vase clos, la vapeur produite peut acquérir une force élastique très élevée ; dans la machine à vapeur on utilise cette force à faire mouvoir un piston dans un cylindre ; la vapeur agit successivement sur les deux faces du piston.

4. Les parties essentielles d'une machine à vapeur sont : la *chaudière* ou générateur de vapeur, le *cylindre* dans lequel la

vapeur agit sur un *piston*, les organes de *transformation* du mouvement de va-et-vient du piston en mouvement circulaire continu, les organes *régulateurs* du mouvement.

5. Il y a plusieurs types de chaudières ; actuellement, on utilise presque exclusivement les *chaudières tubulaires*, dans lesquelles l'eau à vaporiser se trouve dans des tubes chauffés par le foyer. Toute chaudière est munie d'appareils de sécurité.

6. Le cylindre est à double effet, c'est-à-dire que la vapeur

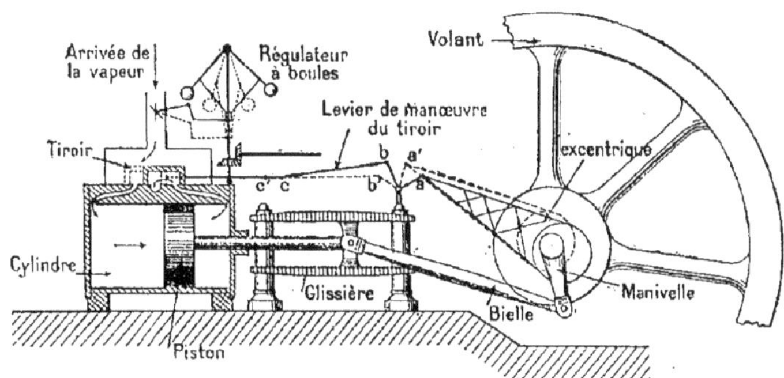

Fig. 174. — Schéma d'une machine à vapeur horizontale.

agit sur les deux faces du piston. Le plus communément, la vapeur arrive dans une caisse ou *boîte à vapeur*, et elle est distribuée au moyen du *tiroir*.

Le piston, par l'intermédiaire d'une *bielle* et d'une *manivelle*, communique à l'arbre de couche un mouvement circulaire.

7. Le *kilogrammètre* est le travail effectué pour soulever 1 kilogramme à une hauteur de 1 mètre. Le *cheval-vapeur* (HP) est la *puissance* d'un moteur capable d'effectuer en 1 seconde un travail de 75 kilogrammètres.

EXERCICES

Décrivez les phénomènes successifs qui se produisent quand on met sur le feu une casserole d'eau. — Quelle différence y a-t-il entre l'évaporation et l'ébullition ? — Quelle particularité présente la température d'ébullition d'un liquide ? — Peut-on faire varier la température d'ébullition d'un liquide ? — Qu'appelle-t-on point d'ébullition d'un liquide ? — Connaissez-vous les points d'ébullition de quelques liquides usuels ? — Comment peut-on condenser une vapeur ? — En quoi consiste la distillation d'un liquide ? Décrivez un appareil distillatoire simple ; à quoi servent ses différentes parties ? — Dans quel but distille-t-on des liquides ? Citez des exemples à l'appui de ce que vous dites. — Justifiez l'emploi de la vapeur d'eau dans le chauffage à la vapeur et dans les calorifères à eau chaude.

Quelles sont les parties essentielles de la machine à vapeur ? — Quel est le rôle de la chaudière ? — Différents types de chaudières. — Dessinez une coupe du cylindre permettant de rendre compte du fonctionnement du tiroir. — Dessinez les positions du piston et du tiroir aux deux extrémités de la course du piston. — Dessinez le mécanisme par lequel la tige du piston transmet le mouvement à l'arbre de couche. — Qu'appelez-vous un kilogrammètre, un cheval-vapeur ?

16ᵉ LEÇON

PROPAGATION DE LA CHALEUR

Matériel : Baguette de cuivre et baguette de verre. — Fil de fer de 1ᵐᵐ, 5 de diamètre environ et de 15 à 20 centimètres de longueur. — Fil de *cuivre rouge* de même diamètre et de même longueur que le précédent. Appareils représentés par les figures 175 à 177. — Toile métallique. — Lampe des mineurs.

Marmite norvégienne, qu'on peut faire soi-même. (V. *fig.* 182.) — Bouteille isolante. Dans ces bouteilles (thermos, majic), la perte de température ne dépasse pas 2° par heure pour un liquide bouillant ; on y conserve facilement de la glace pendant 48 heures. Elles constituent un exemple frappant de la mauvaise conductibilité des espaces vides. — Plaque de carton. — Vitre ordinaire.

Conductibilité.

158. Conductibilité des solides. Corps bons conducteurs et corps mauvais conducteurs. — Expériences. I. Mettons dans la flamme d'un bec de gaz l'extrémité d'une tige de cuivre que nous tenons à la main par l'autre extrémité. Bientôt nous ne pouvons plus tenir le métal. La chaleur s'est propagée jusqu'à notre main à travers la barre en échauffant toute la masse du métal. On dit que le cuivre est *conducteur* de la chaleur. La chaleur s'est propagée par *conductibilité*.

II. Plaçons dans la flamme la tige de cuivre précédente et une baguette de verre de

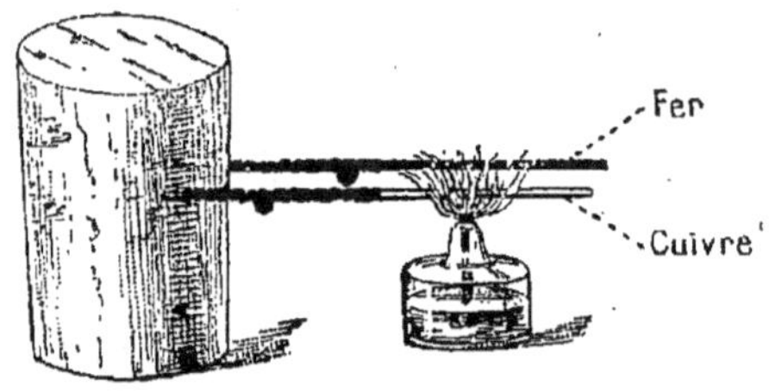

Fig. 175. — Sur le cuivre la cire fond plus vite que sur le fer.

même longueur. Alors que nous ne pouvons plus tenir la tige de cuivre, la baguette de verre peut être saisie à quelques centimètres de la flamme, et cependant l'extrémité dans le feu est portée au rouge. Ainsi, la chaleur ne se propage pas dans le verre aussi facilement que dans le cuivre. On dit que le cuivre est *bon conducteur*, le verre *mauvais conducteur* de la chaleur.

En général, les métaux sont bons conducteurs de la chaleur; le verre, le bois, le charbon, le soufre, etc., sont des corps mauvais conducteurs.

III. Prendre deux fils de même diamètre, l'un de cuivre rouge, l'autre de fer; enfoncer l'une des extrémités dans un bouchon (*fig.* 175). Chauffer les fils et les passer sur un morceau de cire ou sur une bougie. Il se dépose sur chaque fil une couche de cire ou d'acide stéarique (substance de la bougie) qui se solidifie. Placer l'extrémité libre des deux fils dans la flamme de la même lampe à alcool. Au bout de quelque temps, la cire est fondue plus loin sur le cuivre que sur le fer. Ainsi, le cuivre conduit mieux la chaleur que le fer.

Fig. 176. — Les liquides sont mauvais conducteurs de la chaleur.

159. *Conductibilité des liquides.* — EXPÉRIENCES. I. Dans un tube à essais (*fig.* 176), verser de l'eau. Au fond du tube placer un morceau de beurre ou de suif, maintenu par une rondelle de plomb. Chauffer l'eau par la partie supérieure. L'eau est portée à l'ébullition en haut, alors que le beurre ne fond pas en bas.

L'expérience est plus saisissante encore avec un morceau de glace à la place du beurre.

On peut aussi mettre dans le tube un thermomètre dont le réservoir arrive au fond. Quand l'eau est à l'ébullition en haut du tube, le thermomètre n'est monté que de quelques degrés; cependant, son réservoir n'est qu'à une petite distance de la partie chauffée.

II. Jeter de la sciure de bois dans un ballon renfermant de l'eau et chauffer. On voit se produire dans le liquide des courants, les uns ascendants, les autres descendants (*fig.* 177). Ces courants sont rendus visibles par le mouvement des particules solides qu'ils entraînent. Les particules liquides qui s'échauffent au contact de la paroi chaude du

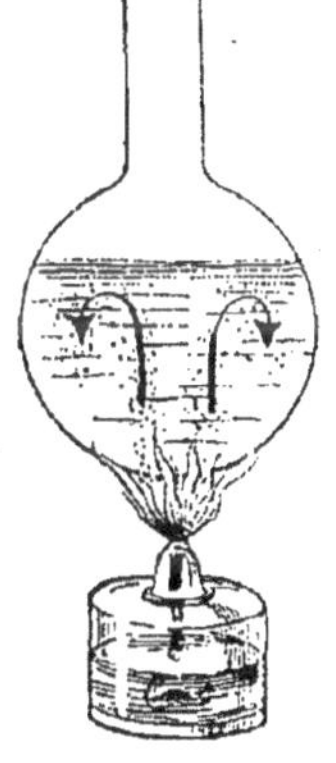

Fig. 177.—Les liquides s'échauffent par convection.— Les courants de convection sont rendus visibles en jetant dans le liquide de la sciure de bois.

ballon diminuent de densité et s'élèvent. Elles sont remplacées par des particules froides qui s'échauffent à leur tour. Les particules liquides, en s'élevant, échauffent ainsi les particules froides avec lesquelles elles sont en contact. Le phénomène précédent a été

appelé *convection*. C'est donc par convection et non par conductibilité
que s'échauffent les liquides.

160. Conductibilité des gaz. — Les gaz sont moins conducteurs
encore que les liquides, mais comme ils laissent passer la chaleur par
rayonnement et que les courants de convection
se produisent facilement dans leur masse, il est
difficile d'étudier leur pouvoir conducteur. On
évite la production des courants de convection
en emprisonnant les gaz dans des corps filamen-
teux : coton, laine, plumes, fourrures.

La chaleur ne se propage pas non plus par
conductibilité dans un espace vide. C'est pourquoi actuellement on conserve les gaz liquéfiés
tels que l'air dans des vases à double paroi
(*fig.* 178). On a fait le vide entre ces deux parois
et la chaleur extérieure ne se propage pas à l'intérieur du récipient.

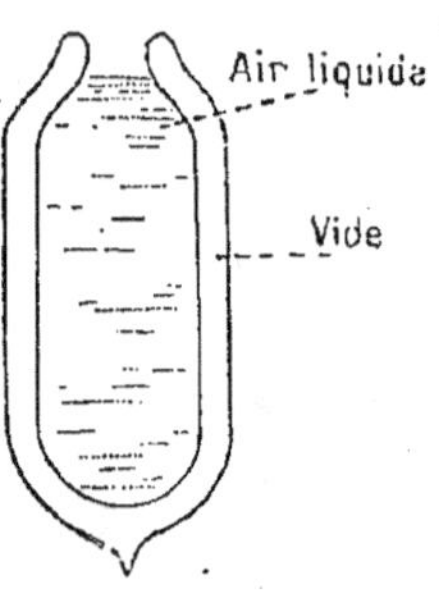

Fig. 178. — Appareil à
conserver l'air liquide.
— On a fait le vide dans
la double enveloppe.

**161. Propriétés des toiles métalliques. Lampe
des mineurs.** — Expérience. Couper par une toile
métallique la flamme d'un bec de gaz (*fig.* 179). La combustion est
arrêtée par la toile. Cependant, les gaz traversent la toile : on peut
les allumer au-dessus. On peut aussi couper le jet gazeux avec la
toile métallique et allumer au-dessus de la toile : la flamme ne se
propage pas au-dessous.

La première partie de
l'expérience peut d'ailleurs
être réalisée avec une
flamme quelconque : bou-
gie, lampe à alcool, etc.

Cette propriété des toiles
métalliques est une conséquence de la bonne con-
ductibilité des métaux. La
flamme est refroidie par la
toile métallique. Celle-ci
s'échauffe bien à l'endroit
où se produit la combus-
tion, mais la chaleur se pro-

Fig. 179. — Propriétés des toiles métalliques.

page rapidement dans la masse du métal et cette chaleur se répand
dans l'air par *rayonnement*. Les gaz, après avoir traversé la toile, ne
sont plus à une température suffisante pour brûler.

Pour chauffer un vase en verre, ballon, cornue, dans les laboratoires, on place toujours entre le vase et la flamme une toile métallique. Celle-ci évite le contact direct du verre et de la flamme et
régularise l'échauffement.

Dans les mines, il se dégage souvent de la houille un gaz assez semblable au gaz d'éclairage. On l'appelle *grisou*. Mélangé à l'air, il est extrêmement dangereux, car au contact d'une flamme il produit une explosion terrible. Aussi les mineurs utilisent une lampe spéciale, représentée par la figure 180 et imaginée par le savant anglais Davy. Le verre est très épais et il est surmonté d'une cheminée formée d'une toile métallique. Si le mineur pénètre dans une atmosphère chargée de grisou, une explosion se produit dans l'intérieur de la lampe, mais la flamme est arrêtée par la toile métallique et ne se propage pas à l'extérieur.

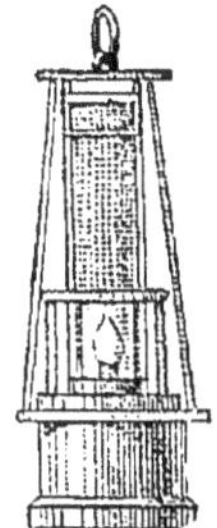

Fig. 180.
Lampe des
mineurs.

162. *Manches des outils. Sensation de chaud et de froid.* — Expliquer pourquoi on met des anses en bois aux théières, cafetières et aux objets métalliques allant au feu. — Pourquoi met-on une queue en fer aux casseroles de cuivre ? — Pourquoi le fer de la serrure semble-t-il plus froid que le bois de la porte ?

— Expliquez les sensations différentes que vous éprouvez quand vous marchez nu-pieds sur la pierre, sur un parquet, sur un tapis à la même température.

163. *Édredons. Fourrures. Vêtements.* — Nous avons vu que les gaz emprisonnés par des substances filamenteuses sont de mauvais conducteurs de la chaleur. C'est cette propriété que l'on utilise dans les édredons, les fourrures, les couvertures, les vêtements.

La température du corps de l'homme est de 37° à 38°. C'est à peu près aussi la température du corps des mammifères. Chez les oiseaux cette température atteint 40°. Dans la saison d'hiver des régions tempérées et dans les régions glaciales, il faut protéger le corps contre le refroidissement. Les mammifères ont la peau couverte de poils, les oiseaux sont couverts de plumes. La fourrure est d'autant plus épaisse, le duvet d'autant plus fin que l'animal habite une région plus froide. C'est pourquoi les fourrures des animaux des zones glaciales sont les plus appréciées. Certains animaux ont une fourrure d'hiver plus épaisse que la fourrure d'été. Cette fourrure, ce duvet emmagasinent à la surface de la peau une couche d'air mauvaise conductrice qui s'oppose au refroidissement du corps.

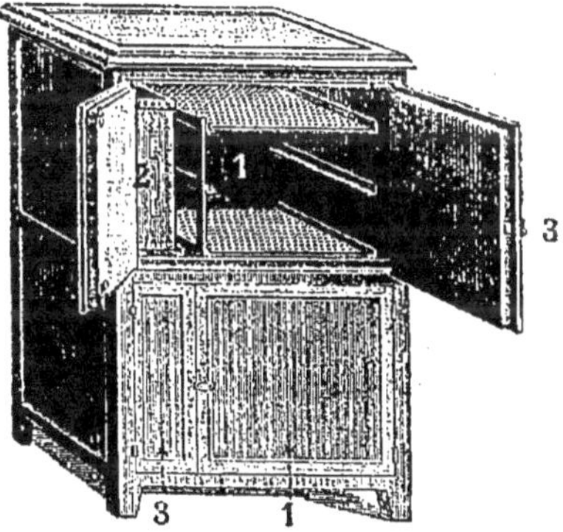

Fig. 181. — Meuble glacière. — 1, compartiment où l'on place les aliments à conserver ; 2, récipient à glace ; 3, portes. — Les parois de ce meuble sont épaisses et constituées par des matières peu conductrices de la chaleur.

Le porc, la baleine ont le corps presque nu, mais sous la peau ils possèdent une couche de graisse qui joue le même rôle que la fourrure.

L'homme, pour préserver son corps du refroidissement, porte des vêtements. Les tissus de laine conviennent pendant l'hiver; ils emmagasinent entre leurs filaments une grande quantité d'air, et sont ainsi mauvais conducteurs de la chaleur; ils maintiennent contre le corps une couche d'air chaud qui empêche la déperdition de la chaleur interne. Quand on superpose plusieurs vêtements, on multiplie les couches isolantes.

164. Appartements. Glacières. Conservation des boissons chaudes. — Dans les pays froids, on emploie souvent les doubles portes et les doubles fenêtres. On emprisonne entre les châssis une couche d'air qui protège l'intérieur des appartements contre le refroidissement.

Inversement, on peut conserver

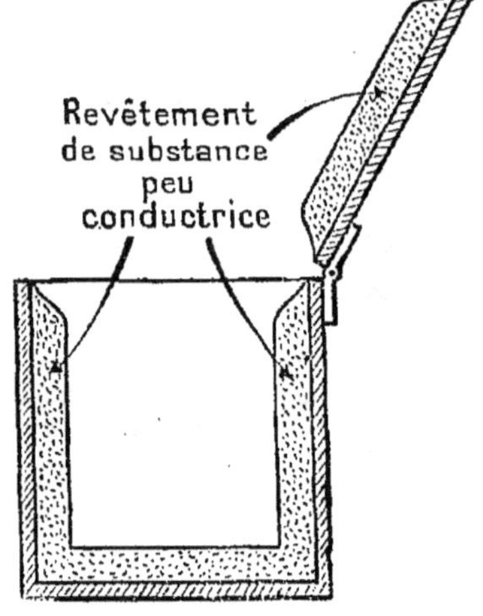

Fig. 182. — Coupe d'une marmite norvégienne.

la glace pendant l'été en la plaçant à l'intérieur d'une substance peu conductrice : paille, sciure de bois. On empêche ainsi la chaleur extérieure de pénétrer. C'est le principe des glacières. La figure 181 représente un meuble glacière utilisé dans les ménages pendant la saison chaude pour la réfrigération des aliments.

Le même meuble pourrait servir pendant la saison froide à conserver des aliments chauds. Les parois garnies de substances peu conductrices s'opposent à la déperdition de la chaleur intérieure.

Dans beaucoup de casernes, les soldats possèdent des *marmites norvégiennes* (*fig.* 182) pour conserver des boissons chaudes pendant toute la journée. Ces appareils, très utiles aussi dans un ménage, sont faciles à construire. On prend une caisse en bois dont les dimensions intérieures dépassent de 10 centimètres environ le diamètre du vase que l'on veut y placer : on dispose sur les faces internes,

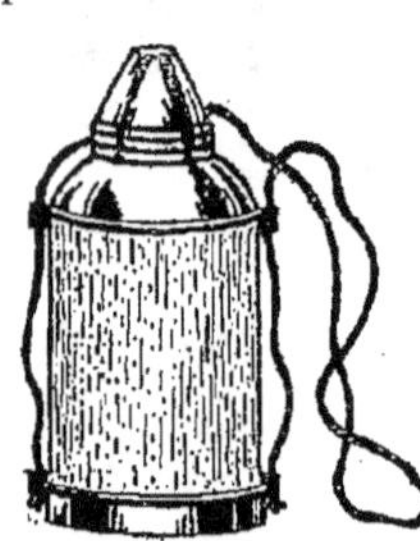

Fig. 183.
Bouteille « thermos ».

sur le fond et sur le couvercle, un revêtement de substances filamenteuses peu conductrices : laine, sciure de bois bien sèche, feutre, d'une épaisseur de 4 à 5 centimètres. Quand la marmite norvégienne est bien construite, un liquide bouillant qu'on y place ne se refroidit pas de plus de 2° par heure : d'où une économie considérable pour les familles d'ouvriers, car du bouillon préparé le soir, par exemple, est encore le lendemain à une température de 70° à 80°. L'ouvrier peut avoir un repas chaud avant de partir pour son travail, et cela sans dérangement comme sans dépense de combustible.

Les bouteilles isolantes dites bouteilles « thermos » sont de même des bouteilles entourées d'une enveloppe mauvaise conductrice. Elles permettent à volonté de conserver pendant très longtemps des boissons chaudes ou glacées. L'enveloppe mauvaise conductrice est une ampoule à vide analogue à celle de la figure 178.

Rayonnement.

165. *Définition et propriétés.* — Par un beau soleil, nous recevons une impression de chaleur. Il en est de même quand nous plaçons la main à distance d'un feu bien ardent, d'une lampe allumée, d'un fer à repasser chaud, d'un vase plein d'eau bouillante. Interposons un simple écran de carton entre la source de chaleur et le visage ou la main : la sensation précédente disparaît. Cette sensation ne tient donc pas à la température de l'air ; elle est due à ce que *la chaleur s'est transmise de la source jusqu'à nous sans échauffer l'air intermédiaire.* Ce phénomène s'appelle *rayonnement.*

Par conductibilité, la chaleur ne se propage pas dans un espace vide, mais il n'en est pas de même de la chaleur rayonnante qui se propage à travers les espaces vides. D'ailleurs ceci est vérifié par le fait que la chaleur du soleil nous parvient à travers l'espace.

L'air, le verre, sont *transparents* pour la chaleur du soleil ; une feuille de carton, une planchette de bois, une lame de métal arrêtent le rayonnement ; ces corps sont *opaques* pour la chaleur rayonnante.

Expérience. Prenons une vitre ordinaire. Approchons le dos de la main, qui est très sensible à la chaleur, à quelques centimètres d'un vase plein d'eau bouillante, d'un fer à repasser chaud, d'une lampe à pétrole allumée, d'un foyer quelconque. Nous éprouvons nettement la sensation de chaleur. Plaçons la vitre entre le corps chaud et la main : la sensation est supprimée. Le fait précédent a été mis en évidence par des expériences très précises sur lesquelles nous n'insisterons pas.

La chaleur rayonnée par les sources que nous savons réaliser n'est donc pas de même nature que la chaleur rayonnée par le soleil, puisque le verre, opaque à la première, est transparent pour la deuxième. On a appelé *chaleur lumineuse* la chaleur rayonnée par le soleil ; *chaleur obscure*, celle que rayonnent nos sources calorifiques. Nous pouvons donc dire : *Le verre est transparent pour la chaleur lumineuse, il est opaque pour la chaleur obscure.*

Cette propriété du verre est utilisée par les horticulteurs dans les serres, les châssis vitrés, les cloches à melons. La chaleur du soleil pénètre à travers le verre, échauffe le sol, les plantes et l'air emprisonné sous le châssis ou la cloche. La chaleur se trouve ainsi emma-

gasinée, car les objets placés sous le verre rayonnent de la chaleur
obscure qui ne traverse pas le verre.

Lorsque plusieurs corps à des températures différentes se trouvent
dans une même enceinte, ils rayonnent de la chaleur l'un vers l'autre
jusqu'à ce que tous soient à la même température. A partir de ce
moment, la quantité de chaleur que rayonne un corps est égale à celle
qu'il reçoit, et sa température demeure constante et égale à celle de
l'enceinte.

Quand nous plaçons la main à une petite distance d'un vase rempli
de glace, il nous semble que ce vase rayonne du froid : c'est qu'il
absorbe la chaleur rayonnée par la main.

Ainsi, quand nous considérons deux corps voisins, celui qui est à la
température la plus élevée *rayonne* ou *émet* de la chaleur ; l'autre
absorbe de la chaleur.

On a constaté que les corps polis absorbent peu de chaleur ; ils en

Fig. 184. — Châssis de jardin pour couches chaudes.   Fig. 185. — Cloche à melon.

émettent peu aussi. Chacun sait que les théières en métal poli, les
bouillottes nickelées se refroidissent moins vite que les mêmes ustensiles en grès ou en terre.

En ce qui concerne la *chaleur lumineuse*, les corps blancs absorbent
moins bien la chaleur que les corps de couleur sombre. On a trouvé,
par exemple, qu'une surface recouverte de céruse et exposée au
soleil absorbe 11 fois moins de chaleur qu'une surface égale, recouverte de noir de fumée, et placée dans les mêmes conditions. Ce qui
précède justifie l'usage des vêtements clairs en été.

Dans la journée, le sol s'échauffe en absorbant la chaleur du soleil ;
l'air, au voisinage du sol, s'échauffe surtout par contact. La nuit, au
contraire, le sol rayonne de la chaleur et se refroidit. Les couches
d'air avoisinant le sol se refroidissent aussi ; la vapeur d'eau qu'elles
renferment se condense et se dépose en fines gouttelettes sur les
feuilles des plantes. Ainsi se forme la rosée. Si le refroidissement est
assez intense pour faire descendre la température au-dessous de zéro,
les gouttelettes de rosée se congèlent et forment la gelée blanche, si
désastreuse au printemps.

RÉSUMÉ

1. La chaleur se propage par *conductibilité* à travers un corps en *échauffant toute la masse de celui-ci.* Il y a des corps *bons conducteurs* comme les métaux, et des corps *mauvais conducteurs*, comme le bois, le verre, le soufre.

Les métaux eux-mêmes ne sont pas également conducteurs; la conductibilité du cuivre est bien plus grande que celle du fer.

Les liquides, sauf le mercure, sont mauvais conducteurs: ils s'échauffent par *convection.*

Les gaz sont aussi mauvais conducteurs; mais, pour éviter le rayonnement et les courants de convection, il faut les emprisonner dans des substances filamenteuses.

2. La conductibilité des métaux explique la propriété qu'ont les toiles métalliques de couper les flammes; cette propriété est utilisée dans la *lampe des mineurs.*

La mauvaise conductibilité du bois le fait employer pour faire des anses aux ustensiles métalliques qui doivent aller au feu.

3. De même, la mauvaise conductibilité des gaz explique le rôle des fourrures, des vêtements, des couvertures, etc. On cherche à emmagasiner à la surface de la peau une couche d'air qui protège le corps contre le refroidissement.

On conserve la glace dans une substance mauvaise conductrice qui empêche la chaleur extérieure de pénétrer.

Les *marmites norvégiennes* servent à conserver les boissons chaudes pendant toute une journée. Elles sont, comme les glacières, constituées par une caisse dont les parois sont garnies d'un revêtement peu conducteur.

4. La chaleur se propage par *rayonnement* d'un point à un autre sans échauffer sensiblement l'espace intermédiaire. Les *espaces vides* ne sont pas conducteurs, mais ils se laissent traverser par la chaleur rayonnante.

5. Le verre se laisse traverser par la chaleur solaire: chaleur lumineuse; il est opaque pour la chaleur rayonnée par nos sources calorifiques ordinaires: chaleur obscure. Dans les serres, les couches vitrées, les cloches à melon, on applique cette propriété. La chaleur du soleil traverse le verre, échauffe le sol, les plantes; mais la chaleur obscure que rayonnent ceux-ci est arrêtée par le verre et se trouve en quelque sorte emmagasinée sous le verre.

6. Quand des corps à des températures différentes sont dans une même enceinte, ils échangent de la chaleur par rayonnement jusqu'à ce qu'ils soient tous à la même température.

Un corps chaud rayonne de la chaleur. Les métaux polis rayonnent peu de chaleur. Les corps placés dans le voisinage d'une source de chaleur s'échauffent en *absorbant* une partie de la chaleur rayonnée par la source. En ce qui concerne la *chaleur solaire*, les couleurs claires absorbent *moins* de chaleur que les couleurs sombres; c'est pourquoi nous mettons en été des vêtements blancs ou de couleur claire.

7. La *rosée*, la *gelée blanche* sont causées par le refroidissement du sol et des couches d'air avoisinantes sous l'action du rayonnement nocturne et par un temps clair. La vapeur d'eau que contiennent ces couches se condense sur les plantes, les objets à la surface du sol.

EXERCICES

I. Citez des corps bons conducteurs, des corps mauvais conducteurs de la chaleur. — Pourquoi met-on des manches en bois aux outils ou aux ustensiles qui doivent aller au feu ? — Un linge humide est-il bon ou mauvais conducteur de la chaleur ? — Est-ce par conductibilité que s'échauffe l'eau que l'on fait chauffer dans une casserole? — Pourquoi mettez-vous en hiver plusieurs vêtements superposés? — Quelle différence y a-t-il entre les étoffes de laine et celles de coton au point de vue de la conductibilité ? — Dans les régions froides, on établit des doubles portes, des doubles fenêtres, pourquoi? — Montrez comment un récipient à parois non conductrices peut servir à volonté à conserver des liquides chauds ou des liquides froids.

II. Qu'appelez-vous rayonnement de la chaleur? — Donnez des exemples de propagation de la chaleur par rayonnement. — Quand vous approchez de la joue un fer à repasser, pourquoi éprouvez-vous une sensation de chaleur ? — Qu'arrive-t-il si vous placez entre le fer et la joue une lame de verre ? — Qu'entendez-vous par chaleur lumineuse et chaleur obscure ? — Expliquez le rôle du verre dans les cloches à melons, les serres. — Pourquoi mettez-vous en été des vêtements blancs ou de couleur claire ? — Expliquez la formation de la rosée, de la gelée blanche. — Pourquoi a-t-on été amené à attribuer à la lune les méfaits de la gelée blanche? — Pourquoi la gelée blanche se remarque-t-elle surtout au printemps et à l'automne? — Dans certains pays où l'air est très sec et le ciel clair, on peut obtenir de la glace en laissant pendant la nuit un vase à large surface plein d'eau dans un endroit découvert. Expliquez ce fait. — Expliquez comment divers corps placés dans une même enceinte finissent par prendre la même température. — Vous approchez la main d'une cuvette remplie de glace, vous éprouvez une sensation de froid. Dites pourquoi.

III. Dans les pays froids, la neige est-elle utile à l'agriculture en hiver? — Pourquoi jette-t-on des cendres, de la terre sur la neige?

En Algérie, où l'air est très sec, la chaleur est excessive pendant le jour; la nuit, la température descend souvent au-dessous de zéro. Dire pourquoi. — Les Arabes ont pour vêtement un burnous de laine blanche. Expliquez comment ce vêtement les protège contre la chaleur et contre le froid.

Un liquide bouillant se conservera-t-il plus longtemps chaud dans un vase en métal poli que dans un vase semblable en poterie? Pourquoi?

17ᵉ LEÇON

QUANTITÉS DE CHALEUR. — SOURCES DE CHALEUR. CHAUFFAGE DOMESTIQUE.

MATÉRIEL : Gravures représentant divers appareils de chauffage. On se procurera ces gravures en s'adressant à des constructeurs ou à un fumiste de la localité. — S'il y a un calorifère dans un établissement public, on en fera si possible visiter l'installation. — On fera prendre à différentes époques de l'année, de préférence aux environs des 20 décembre, 20 mars, 20 juin, 20 septembre, l'angle des rayons solaires à midi. Il s'agit ici du midi solaire, et non du midi légal. Pour les localités sur le méridien de Paris, il faut prendre la mesure à midi 10, et, pour chaque degré de longitude, augmenter ou diminuer de 4 minutes, selon qu'on se trouve à l'est ou à l'ouest du méridien de Paris.

Quantités de chaleur.

166. *Faits d'observation.* — L'observation journalière nous donne la notion de quantité de chaleur.

Prenons, par exemple, des vases identiques, casseroles, ballons, dans lesquels nous chauffons de l'eau au moyen d'une lampe à alcool, d'un fourneau à gaz. Dans ces appareils de chauffage, la masse de combustible brûlée est sensiblement proportionnelle au temps. Nous pouvons donc admettre qu'en une minute, le liquide a reçu la même quantité de chaleur.

Or on sait que, pour élever de 40° la température d'un litre d'eau, il faut à peu près un temps double de celui qui est nécessaire pour élever de 20° la température de la même masse de liquide. De même, pour porter à l'ébullition deux litres d'eau, il faut sensiblement deux fois plus de temps que pour obtenir le même résultat avec un litre.

La quantité de chaleur absorbée pour échauffer l'eau nous apparaît donc comme :

1° Proportionnelle à la masse du liquide quand l'élévation de température est la même ;

2° Proportionnelle à l'élévation de température quand la masse du liquide est la même.

Des expériences sur lesquelles nous ne pouvons insister ont précisé ces résultats.

167. *Calorie.* — On a été amené à prendre pour unité de quantité de chaleur, *la quantité de chaleur nécessaire pour élever de 1° la température de 1 gramme d'eau.* Cette unité s'appelle calorie. De même, 1 gramme d'eau, en se refroidissant de 1°, abandonne 1 calorie.

On prend quelquefois pour unité de quantité de chaleur une unité 1 000 fois plus grande que la précédente : c'est la calorie-kilogramme, ou la quantité de chaleur nécessaire pour élever de 1° la température de 1 kilogramme d'eau.

Cette unité est encore appelée grande calorie, par opposition à la calorie gramme ou petite calorie.

Nous emploierons l'une ou l'autre de ces unités suivant les besoins, de même que nous employons comme unité de masse le gramme ou le kilogramme.

Quand nous mesurerons en grammes la masse d'un corps, la quantité de chaleur employée à échauffer cette masse sera, à moins d'indication contraire, exprimée en petites calories.

168. Chaleur spécifique. — On a pu déterminer *la quantité de chaleur nécessaire pour élever de 1° la température de 1 gramme de fer, de cuivre, etc.* On a trouvé que cette quantité n'est pas la même pour les différents corps. Ainsi, 1 calorie échauffe de 1° : 9 gr. de fer, 11 gr. de cuivre, 30 gr. de mercure, 3 gr. d'huile d'olive, etc.

La quantité précédente a été appelée *chaleur spécifique* de la substance considérée. D'après ce qui précède, la chaleur spécifique du fer, par exemple, est 1/9, ce qui signifie qu'il faut 1/9 de calorie pour échauffer de 1° un gramme de fer.

La chaleur spécifique de l'eau est égale à 1.

169. Importance de la chaleur spécifique de l'eau. — On voit que la chaleur spécifique de l'eau est notablement supérieure à la chaleur spécifique des autres corps. Ce fait a une importance considérable. En effet, l'eau s'échauffe plus lentement, mais aussi se refroidit plus lentement que les autres corps.

C'est là une des raisons pour lesquelles l'océan est un régulateur des climats. Les variations extrêmes de température entre l'été et l'hiver sont plus faibles pour la mer que pour la terre. En hiver, le vent qui vient du large est relativement chaud ; le contraire a lieu pendant l'été.

Dans les bouillottes, les calorifères à eau chaude, l'eau est en quelque sorte le véhicule de la chaleur empruntée au foyer.

L'industrie utilise très souvent l'eau dans les appareils appelés *réfrigérants*. Des vapeurs viennent passer dans des récipients entourés d'eau froide. Ces vapeurs se refroidissent et se *condensent*. La vapeur qui a agi sur le piston des machines à vapeur vient de même se mélanger à de l'eau froide. Elle se condense au contact de celle-ci.

Les fourneaux industriels sont constitués par des briques réfractaires. Souvent on les entoure d'une enveloppe dans laquelle circule un courant d'eau froide.

Sources de chaleur.

170. Chaleur solaire. — La chaleur rayonnée par le Soleil est la principale, sinon l'unique source de chaleur dont nous disposons. La quantité de chaleur reçue par la Terre en une année est énorme : on a calculé qu'elle suffirait pour fondre une couche de glace de 45 mètres d'épaisseur et qui entourerait le globe terrestre.

Cette chaleur est utilisée directement par les parties vertes des végétaux, qui décomposent le gaz carbonique puisé dans l'air et utilisent le carbone à la formation de nouveaux tissus. Ainsi le bois et les combustibles dérivant de sa transformation (charbon de bois, houille, etc.) ont pour origine le rayonnement solaire ; *ces combustibles représentent de la chaleur solaire emmagasinée.*

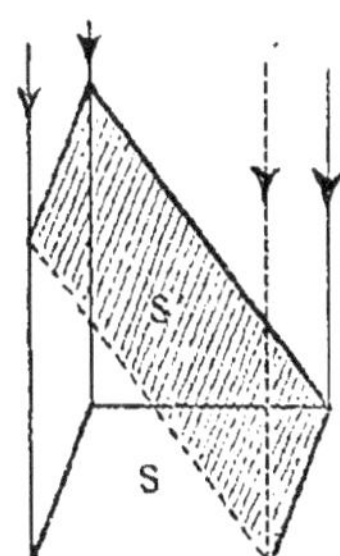

Fig. 186. — La quantité de chaleur reçue par unité de surface diminue quand l'inclinaison de cette surface augmente par rapport à la direction des rayons calorifiques.

Les végétaux servant de nourriture aux animaux sont la source de la chaleur animale et, par suite, de la vie.

D'autre part, la quantité de chaleur reçue par une surface (1 mètre carré, par exemple), tient à l'inclinaison des rayons solaires par rapport à cette surface. Soit, en effet (*fig.* 186), une surface S de $1\,m^2$, normale à la direction d'un faisceau calorifique. Considérons une autre surface S′, limitée par ce même faisceau et inclinée sur celui-ci.

S′ a une aire plus grande que S, donc 1 mètre carré de S′ ne recevra qu'une partie de la chaleur reçue par S.

On démontre facilement qu'une surface inclinée de 60°. sur la direction d'un faisceau calorifique reçoit moitié de la chaleur que recevrait la même surface normale aux rayons.

Or, pour une région donnée, l'inclinaison des rayons solaires varie :

a) Avec le moment de la journée. C'est à midi que l'inclinaison est la plus faible ;

b) Avec la période de l'année. Dans nos régions, c'est aux environs du 20 juin que cette inclinaison est minimum ; elle est maximum vers le 20 décembre.

Expérience. Planter verticalement un bâton sur un terrain bien horizontal. Déterminer sur le sol la longueur de l'ombre portée par le bâton. Construire à une échelle déterminée le triangle rectangle B A C (*fig.* 187). Mesurer au rapporteur l'angle B. C'est l'angle d'inclinaison des rayons solaires.

A Paris, on trouve un angle voisin de 22° au 20 juin et à midi. Vers le 20 décembre, cet angle atteint 68°. Dans ces conditions, le calcul montre qu'aux approches du solstice

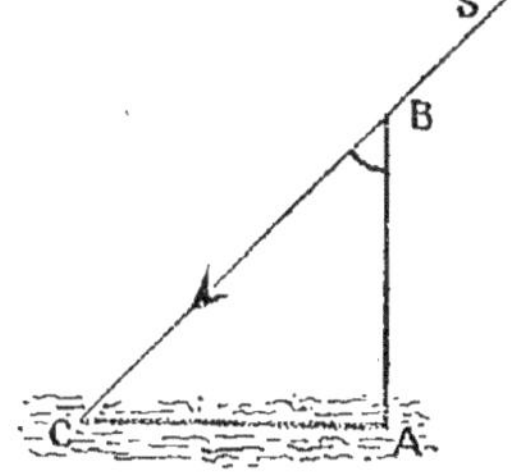

Fig. 187. — Moyen simple de déterminer l'inclinaison des rayons solaires.

d'hiver, une surface donnée reçoit seulement 0,4 de la quantité de chaleur reçue pendant le même temps à midi, au moment du solstice d'été.

Ajoutons encore que pendant l'été, le jour, c'est-à-dire la durée d'échauffement de la Terre, est plus long que la nuit, pendant laquelle la Terre se refroidit par rayonnement, et nous aurons les principaux éléments qui permettent d'expliquer les saisons.

La différence d'échauffement des diverses régions du globe à un moment donné est la cause principale des vents et des courants marins.

Le Soleil vaporise aussi l'eau de la mer; les vapeurs ainsi formées s'élèvent dans l'air. Transportées par les vents, elles donnent naissance aux nuages. Ces nuages tombent en pluie, en neige et sont l'origine des cours d'eau. Quand l'industrie utilise les chutes d'eau pour faire tourner ses moteurs, c'est, en dernière analyse, le rayonnement solaire qui lui procure l'énergie nécessaire.

On a cherché à utiliser directement le rayonnement solaire, mais jusqu'ici les tentatives n'ont pas donné de résultats pratiques.

171. Chaleur terrestre. — A la surface du sol, la température varie constamment; mais, à une certaine profondeur, à 20 mètres au-dessous du sol environ dans nos régions, la température reste invariable. Si on descend ensuite dans le sol, la température croît d'une façon continue. Dans les puits de mine, dans le creusement des tunnels, on a constaté cette élévation de température sur des profondeurs supérieures à 2 000 mètres. La moyenne des résultats donne un accroissement de 1° pour 33 mètres. Si cet accroissement se poursuit, on voit qu'à 100 kilomètres la température serait de 3 000° environ. Aussi l'on pense que le centre de la Terre est occupé par une masse en fusion. Les manifestations volcaniques, les sources thermales, trouvent leur explication dans cette hypothèse.

La chaleur terrestre n'a pas reçu d'utilisation pratique. Quelques sources thermales (Chaudesaigues, 81°) sont employées pour le chauffage domestique. En Toscane, les gaz chauds qui s'échappent des *suffioni* servent à la concentration des solutions d'acide borique.

172. Les combustions. — Dans la pratique, la source de chaleur la plus importante nous est fournie par les combustions. En chimie, nous étudierons les combustibles les plus employés. Nous savons qu'ils renferment deux corps : le carbone et l'hydrogène, qui, en brûlant, c'est-à-dire en se combinant à l'oxygène de l'air, dégagent une grande quantité de chaleur. Ainsi, 1 gramme d'hydrogène en brûlant produit 34 500 calories, c'est-à-dire une quantité de chaleur suffisante pour porter à l'ébullition 345 grammes d'eau prise à 0° ou pour échauffer de 1 degré 34,5 kilogrammes d'eau. 1 gramme de bon charbon dégage en brûlant environ 8 000 calories. Les combustions sont utilisées dans le chauffage domestique et le chauffage industriel.

173. Changements d'état. — A propos de la fusion de la glace, nous avons vu que la température reste constante pendant toute la durée de la fusion. Cependant, la glace absorbe de la chaleur; on a même pu déterminer la quantité de chaleur nécessaire pour produire la fusion de 1 kilogramme de glace : c'est la *chaleur de fusion* de la glace. Cette quantité de chaleur est considérable. 1 kilogramme de glace absorbe pour fondre 80 calories; c'est-à-dire que 1 kilogramme de glace, placé dans 1 kilogramme d'eau à 80°, ramènera à 0° la température de cette eau. La chaleur absorbée par la glace pour sa fusion est utilisée dans la réfrigération.

De même, la température de l'eau qui bout reste constante pendant toute la durée de l'ébullition; cependant, on fournit de la chaleur. Cette chaleur est encore absorbée pour effectuer le passage de l'état liquide à l'état de vapeur : c'est la *chaleur de vaporisation.*

1 kilogramme d'eau portée à 100° et se transformant en vapeur absorbe 537 calories, c'est-à-dire assez de chaleur pour porter de la température ordinaire à la température d'ébullition environ 6 kilogramme d'eau.

Inversement, quand la valeur d'eau se condense, elle abandonne la quantité de chaleur qu'elle a absorbée pour se former. Ainsi, 1 kilogramme de vapeur qui se condense perd 537 calories.

La vapeur d'eau nous apparaît donc comme un *véhicule* de la chaleur; elle emprunte la chaleur au foyer pour se former, et elle l'abandonne là où elle se condense. C'est cette propriété de la vapeur que l'on utilise dans les calorifères à vapeur et dans le chauffage à la vapeur.

174. *Production de chaleur par les actions mécaniques.* — a) **Par le frottement.** La scie du menuisier s'échauffe lorsque l'ouvrier coupe une planche; les essieux des voitures s'échauffent si on n'a pas soin de procéder au graissage; la lime du serrurier s'échauffe lorsque l'ouvrier façonne le fer. En frottant la tête d'un clou sur une planche, ce clou devient bientôt brûlant. Les peuplades sauvages allument du feu en frottant rapidement un morceau de bois dur contre une planche; aujourd'hui encore, c'est la chaleur produite par le frottement qui enflamme le phosphore des allumettes chimiques.

b) **Par le choc.** Le choc d'un caillou de silex contre un morceau d'acier a été utilisé autrefois pour allumer du feu (briquet) ou pour allumer la poudre (fusil à pierre).

c) **Par la compression des gaz.** Les gaz comprimés s'échauffent. Réciproquement, un gaz comprimé revenant brusquement à son volume primitif absorbe de la chaleur. Ce dernier phénomène a été utilisé pour obtenir des abaissements considérables de température et pour liquéfier les gaz.

175. *Production de chaleur par le courant électrique.* — Le courant électrique traversant un fil très fin le porte à l'incandescence. C'est là une propriété utilisée pour l'éclairage.

Si un courant puissant aboutit à deux charbons qu'on écarte légèrement, une lumière éblouissante en forme d'arc jaillit entre les deux charbons. C'est l'*arc électrique*, employé aussi pour l'éclairage. Si on

Fig. 188. — Four électrique en marche.

fait jaillir cet arc dans un creuset en chaux, on a le *four électrique,* dû à M. Moissan (*fig.* 188 et 189) et dans lequel tous les corps, sauf le charbon, peuvent être fondus.

176. *Idée des transformations de l'énergie.* — Nous avons vu les actions mécaniques produire de la chaleur et, d'autre part, la chaleur solaire être l'origine d'actions mécaniques telles que les vents, les courants marins. Dans la machine à vapeur, c'est la chaleur produite dans le foyer qui est transformée partiellement en travail mécanique; chez les animaux, la combustion des aliments a pour résultat d'entretenir la vie et par suite le mouvement. Nous verrons plus tard le travail mécanique, les actions chimiques produire de l'électricité, et le courant électrique à son tour devenir le générateur de chaleur, de réactions chimiques, de travail mécanique.

Fig. 189. — Four électrique. — L'arc électrique jaillit dans un creuset en chaux entre les pointes de deux charbons, par lesquels arrive le courant.

Lorsqu'un corps est animé de mouvement, on dit qu'il possède de *l'énergie;* il est capable d'accomplir un travail mécanique. Tout phénomène susceptible de produire des actions mécaniques, directement ou indirectement, est une manifestation de l'énergie. Ainsi la chaleur, les actions chimiques, le courant électrique sont des formes d'énergie. Nous apprendrons que ces diverses énergies sont transformables et qu'à une certaine quantité d'énergie disparue sous une forme en correspond une quantité invariable qui apparaît sous une autre forme. *Dans la nature, nous n'étudions que des transformations de l'énergie.*

Chauffage industriel.

177. Nous indiquerons au fur et à mesure que nous en aurons l'occasion les différents appareils utilisés pour le chauffage industriel.

Dans l'industrie, on vise à économiser le combustible et à obtenir des températures élevées.

Les opérations industrielles s'effectuent dans des fours. (Voir *Fours à chaux, Fours à plâtre, Industrie de la soude, Verrerie, Poteries, Gaz d'éclairage, Industrie du fer et de l'acier, Four électrique.*)

Dans ce qui va suivre, nous ne nous occuperons que du chauffage domestique.

Chauffage domestique.

178. Combustibles. — Les combustibles les plus employés sont le bois, la houille et le coke.

Quelques appareils de chauffage utilisent aussi le charbon de bois, le pétrole et le gaz d'éclairage.

Ces combustibles sont utilisés dans divers appareils qui peuvent se ramener à 3 types : 1° les cheminées; 2° les poêles; 3° les calorifères.

179. Cheminées. — Les cheminées sont des foyers peu profonds situés le plus souvent dans l'épaisseur des murs. En avant on place généralement un rideau mobile pour activer le tirage. Le foyer est surmonté d'un tuyau par lequel s'échappent les produits de la combustion. Ce conduit s'appelle aussi lui-même cheminée.

La cheminée échauffe l'air par rayonnement. La chaleur rayonnée par le foyer est absorbée par les murs, les meubles, qui s'échauffent et échauffent l'air à leur contact.

Les cheminées sont peu économiques, car, lorsqu'on chauffe au bois, 6 pour 100 seulement de la chaleur produite sont utilisés pour le chauffage. Avec le coke ou les agglomérés (briquettes, boulets de charbon ou d'anthracite), le rendement atteint 12 pour 100.

Pour accroître le rendement, on place souvent en arrière du foyer

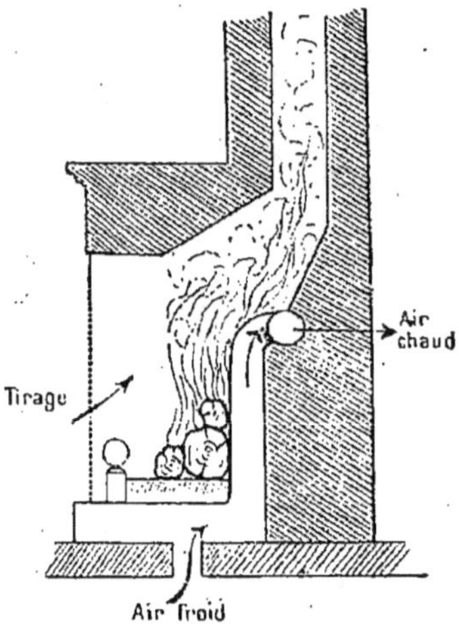

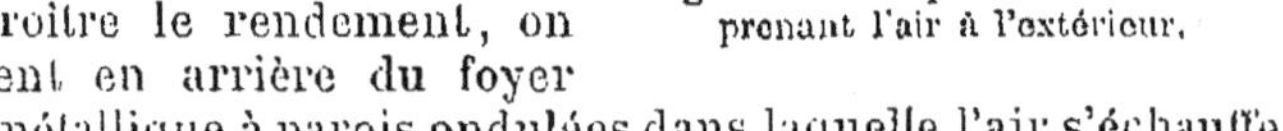

Fig. 190. — Coupe d'une cheminée prenant l'air à l'extérieur.

une caisse métallique à parois ondulées dans laquelle l'air s'échauffe. L'air chaud se répand dans la pièce.

Le système Fondet-Cordier prend l'air à l'extérieur (*fig.* 190); le système Silbermann prend l'air à l'intérieur de la pièce (*fig.* 191 et 192). Dans ces cheminées le rendement atteint 40 pour 100.

Le chauffage par les cheminées est le plus gai et le plus hygiénique, surtout avec le bois comme combustible. Quand le tirage se fait bien, les cheminées produisent une ventilation énergique de la pièce.

180. Poêles. — Ce sont des foyers fermés en fonte, en tôle, en briques réfractaires ou en faïence (*fig.* 193). Ces foyers sont placés à l'intérieur de la pièce et sont munis d'un conduit de fumée. Ils échauffent l'air par rayonnement de l'enveloppe, mais aussi par convection.

Ils donnent un excellent rendement, soit de 70 à 75 pour 100, mais ils sont peu hygiéniques.

Les poêles à enveloppe métallique peuvent être portés au rouge ; alors ils grillent les poussières organiques que contient l'air, produisant une odeur désagréable et pénible. De plus, certains savants prétendent que la fonte au rouge se laisse traverser par l'oxyde de carbone. Les poêles métalliques s'échauffent rapidement, mais se refroidissent vite

Fig. 191. — Vue d'une cheminée Silbermann.

Fig. 192. — Caisse métallique de la cheminée Silbermann.

aussi. On munit quelquefois l'enveloppe d'arêtes saillantes qui accroissent le rayonnement.

On construit aujourd'hui beaucoup de poêles formés d'une enveloppe métallique en tôle d'acier, garnie intérieurement d'un revêtement en brique réfractaire. Le poêle peut aussi être muni d'une double enveloppe. Entre les deux enveloppes circule de l'air froid qui s'échauffe et rentre dans la pièce (*fig.* 194).

On peut modérer la combustion de deux façons :

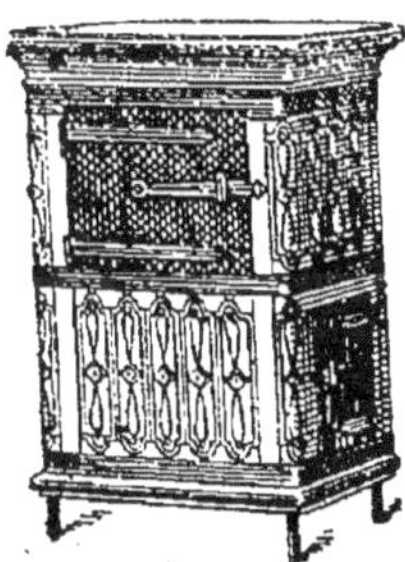

Fig. 193. — Poêle en faïence.

1° En plaçant dans le tuyau une clé qui oblitère plus ou moins complètement le conduit de fumée. Ce procédé est à rejeter, car les produits de la combustion se répandent dans la pièce et vicient l'air ;

2° En modérant l'arrivée de l'air sur le foyer. C'est ce dernier moyen qui est employé dans les « poêles à combustion lente » (*fig.* 195). Ces poêles sont constitués par une cavité cylindrique dans laquelle on verse d'un seul coup le combustible pour une durée de 12 heures ou même de 24 heures. On emploie comme combustible le coke ou l'anthracite. Le combustible ne brûle qu'à la partie inférieure. Les gaz de la combustion circulent dans une deuxième enveloppe métallique avant de se rendre dans le conduit de fumée.

Ces poêles produisent une grande quantité d'oxyde de carbone à cause de l'accès insuffisant d'air. *Ils constituent un danger permanent pour les personnes habitant les pièces où ils sont installés. On doit absolument les proscrire des chambres à coucher et des pièces dont l'aération n'est pas suffisante.*

Très dangereuse est la pratique qui consiste à transporter un poêle tout allumé d'une pièce chaude dans une pièce froide (poêles

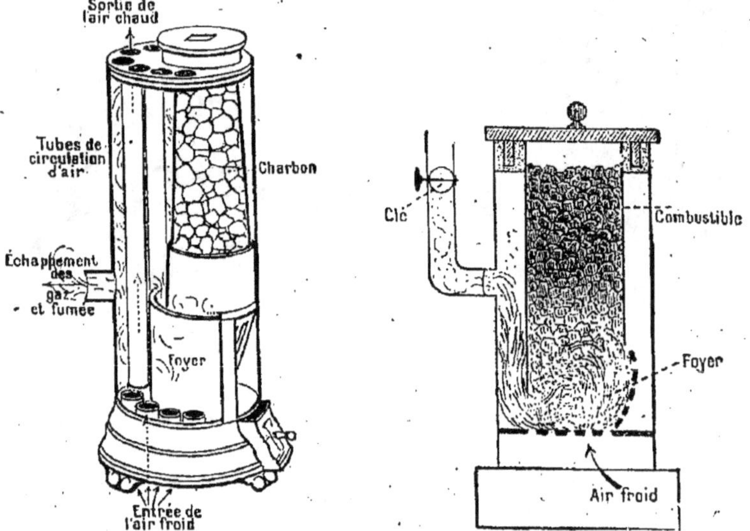

Fig. 194. — Poêle Besson à circulation   Fig. 195. — Poêle à combustion
          d'air chaud (coupe).   ralentie (coupe).

mobiles). Le tirage peut alors se renverser et le poêle rejette dans la pièce une grande proportion d'oxyde de carbone.

Il est à remarquer que des cas d'asphyxie ont été constatés dans des appartements voisins de ceux où fonctionnait un poêle à combustion lente ou une cheminée à tirage insuffisant lorsque des fissures pouvaient mettre en communication deux conduits de fumée.

On a cherché à améliorer les poêles précédents en provoquant la combustion de l'oxyde de carbone dans la double enveloppe.

181. Calorifères. — Dans les calorifères, ce n'est plus par rayonnement direct du foyer que se produit l'échauffement de l'air. On emploie un intermédiaire, un *vecteur* de la chaleur du foyer.

a) **Calorifères à air chaud.** La cheminée Foudet-Cordier, la cheminée

Silbermann, le poêle Besson sont déjà en quelque sorte des calorifères à air chaud installés dans une pièce unique. Dans les grands

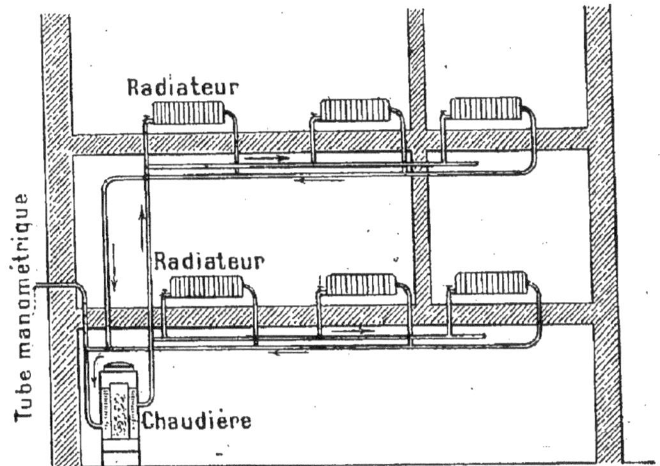

Fig. 106. — Schéma de l'installation d'un calorifère à eau chaude.

calorifères à air chaud, le principe est le même. L'air du dehors passe
dans une série de tubes chauffés directement par le foyer et se
répand par une canalisation dans les pièces à chauffer.

Ce mode de chauffage présente de graves inconvénients :

Il dessèche l'air ;

Il grille les poussières organiques de l'air si les tuyaux sont portés au rouge ;

Il peut devenir dangereux si des fissures se produisent dans les tuyaux du foyer ; les produits de combustion se mélangent à l'air.

b) **Calorifères à eau chaude.** Principe. L'eau d'un réservoir inférieur est portée par le foyer à une température élevée ; en raison de la diminution de densité due à sa dilatation, elle circule de bas en haut dans une canalisation (*fig.* 196) où elle se refroidit en abandonnant à l'air la chaleur qu'elle a empruntée au foyer.

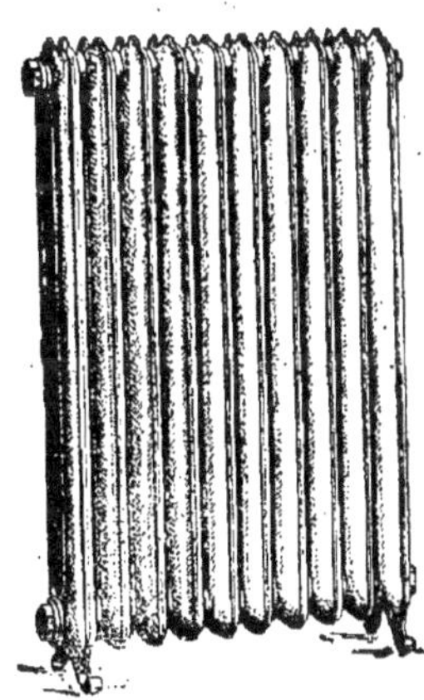

Fig. 197. — Un modèle de radiateur.

Dans les pièces à chauffer sont installés des *radiateurs* de formes diverses, destinés à augmenter la surface rayonnante (*fig.* 197).

L'eau qui s'est refroidie revient à la chaudière par une autre canalisation.

La figure 196 montre, schématiquement, une installation. Ce mode de chauffage est excellent; son seul inconvénient est la possibilité de rupture d'une canalisation, ce qui **entraîne** des fuites d'eau dans l'habitation.

c) **Calorifères à vapeur.** PRINCIPE. De l'eau est portée à l'ébullition dans une chaudière. La vapeur formée circule dans une canalisation où elle se condense en abandonnant la chaleur absorbée au foyer pour obtenir la vaporisation de l'eau. (On sait qu'à 100° un kilogramme d'eau absorbe pour se vaporiser 537 calories.) La canalisation traverse les pièces à chauffer. Dans celles-ci sont installés des radiateurs pour augmenter la surface de chauffe.

L'installation des calorifères est coûteuse. Les constructeurs d'appareils pour chauffage domestique ont cherché à tirer parti de la chaleur perdue dans les poêles pour chauffer une ou plusieurs pièces voisines.

Ce résultat a été

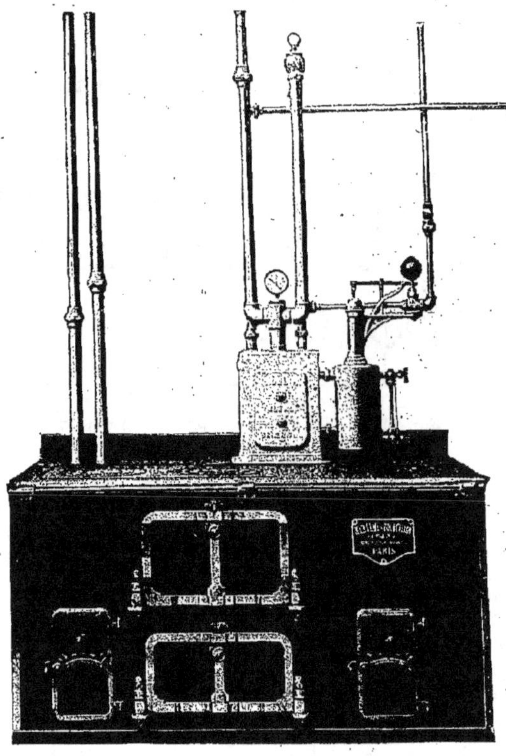

Fig. 198. — Transformation d'un fourneau de cuisine, permettant le chauffage à la vapeur d'une ou de plusieurs pièces et donnant en outre une distribution d'eau chaude dans l'appartement. (Ducharme et Bocquillon.)

obtenu dans les appareils Choubersky, en entourant le foyer d'une chaudière où l'eau est portée à une température voisine de l'ébullition et va échauffer une pièce voisine.

Les ingénieurs Ducharme et Bocquillon ont utilisé le fourneau de cuisine, qu'ils ont modifié d'une manière très ingénieuse et très pratique, de façon à en faire aussi un calorifère à vapeur pouvant chauffer, outre la cuisine, une ou plusieurs pièces de l'appartement (*fig.* 198); cette transformation n'est pas très coûteuse.

182. *Chauffage au gaz, au pétrole.* — Dans les villes où l'on a le gaz, on chauffe parfois de petites pièces, des cabinets de travail, au moyen de *radiateurs à gaz.* Le gaz brûle dans des brûleurs analogues aux brûleurs Bunsen et échauffe des tubes en terre réfractaire. Ce sont ces tubes qui rayonnent la chaleur ; ils sont perforés pour permettre le dégagement des produits gazeux. La figure 199 représente un de ces radiateurs.

Depuis quelques années, on construit des radiateurs à vapeur très intéressants. Une petite chaudière placée à la partie inférieure renferme de l'eau qu'un brûleur à gaz porte à l'ébullition. C'est la vapeur provenant de cette eau qui circule dans le radiateur et abandonne en se condensant la chaleur qui a été absorbée pour la produire.

Il existe aussi pour la cuisine divers types de fourneaux ou de réchauds à gaz. Là où l'on ne peut utiliser le gaz, on emploie des réchauds à pétrole ou à alcool, soit pour la cuisine, soit pour le chauffage des petites pièces, cabinets de toilette, de travail, etc.

Au point de vue hygiénique, ces divers appareils présentent un inconvénient commun ; les produits de la combustion se dégagent dans la pièce à chauffer et vicient l'air. A cet inconvénient, il faut ajouter les dangers qui résultent d'une imprudence, d'une négligence dans la manipulation du gaz ou des liquides combustibles.

Fig. 199. — Radiateur à gaz. — A droite, l'un des tubes en terre réfractaire dans lesquels brûle le gaz.

Le chauffage à l'électricité serait l'idéal s'il n'était pas si coûteux ; mais les appareils coûtent très cher et le prix de l'énergie électrique ne permet pas le développement de ce mode de chauffage. A Marseille, cependant, la Compagnie du gaz et de l'électricité cherche à développer le chauffage électrique en fournissant l'énergie électrique à 0 fr. 15 le kilowatt pour cet usage.

RÉSUMÉ

1. La *chaleur du Soleil* est la principale source calorifique naturelle dont nous disposons.

Le Soleil n'échauffe pas également les diverses parties de la Terre ; la quantité de chaleur reçue par mètre carré en un temps donné dépend principalement de l'inclinaison des rayons solaires. Or, cette inclinaison varie :

a) Suivant le moment de la journée;

b) Suivant l'époque de l'année.

Les différences d'échauffement de la Terre par le Soleil permettent d'expliquer les vents, les courants marins, les saisons.

La *chaleur terrestre* se manifeste chaque fois qu'on creuse dans le sol un trou suffisamment profond; la température augmente en moyenne de 1° quand on descend de 33 mètres.

2. Les principales *sources artificielles* de chaleur sont les *combustions*. L'hydrogène est le combustible qui dégage le plus de chaleur.

La *fusion* et la *vaporisation* absorbent de la chaleur; inversement, la *solidification*, la *condensation* abandonnent de la chaleur.

Les *actions mécaniques*, frottement, choc, compression des gaz produisent de la chaleur; la *détente* des gaz comprimés absorbe de la chaleur et permet les refroidissements utilisés pour la liquéfaction des gaz.

Le *courant électrique* échauffe les conducteurs qu'il traverse; le *four électrique* est la source de chaleur la plus puissante que nous sachions produire.

3. Dans la machine à vapeur, il y a transformation en énergie mécanique de la chaleur produite dans le foyer. *La chaleur est une forme de l'énergie.* Les actions mécaniques, chimiques, électriques, susceptibles de fournir de la chaleur ou du travail mécanique, sont d'autres formes de l'énergie. Toutes ces formes de l'énergie sont transformables les unes dans les autres. *Dans la nature, nous n'étudions que des transformations de l'énergie.*

4. Le *chauffage domestique* s'effectue par les cheminées, les poêles, les calorifères.

Les *cheminées* sont des foyers ouverts surmontés d'un conduit pour le départ des produits de la combustion.

Les cheminées qui tirent bien sont hygiéniques; elle provoquent une énergique ventilation de la pièce, mais elles sont peu économiques.

On en améliore le rendement en plaçant autour du foyer une caisse métallique dans laquelle circule de l'air. Cet air s'échauffe et se répand dans la pièce.

5. Les *poêles* sont des foyers fermés placés à l'intérieur de la pièce et munis d'un conduit pour le dégagement des produits de la combustion. Les parois sont en fonte, en faïence, en terre réfractaire. Ils sont économiques, mais peu hygiéniques.

Les poêles à *combustion lente sont dangereux ;* il peuvent répandre dans la pièce l'oxyde de carbone qui provient de la combustion incomplète du combustible; *on doit les proscrire des chambres à coucher et des pièces dont l'aération est insuffisante.*

6. Les *calorifères* échauffent les appartements en y apportant de la chaleur empruntée au foyer par l'intermédiaire :

a) De l'air chaud, qui se répand directement dans les pièces à échauffer;

b) De l'eau chaude, qui circule dans une canalisation traversant les pièces à chauffer;

c) De la vapeur, qui circule aussi dans une canalisation où elle se condense, abandonnant la chaleur empruntée au foyer pour la vaporisation de l'eau.

7. Il existe encore des appareils de chauffage, moins importants que les précédents, où l'on utilise le gaz, le pétrole, l'alcool.

Le chauffage par le courant électrique est encore trop coûteux pour entrer dans la pratique courante.

EXERCICES

1. Quelles sont les sources naturelles de chaleur dont nous disposons ? — Pourquoi à midi, le temps étant bien clair, le Soleil échauffe-t-il moins la Terre en hiver qu'en été ? — Quelles sont les sources artificielles de chaleur que nous utilisons ? — Montrez que la chaleur est une forme d'énergie.

II. Examiner un fourneau de cuisine ; en faire une coupe verticale :

a) dans le sens de la longueur ;

b)　　—　　largeur.

Remarquer le trajet de la flamme. Utilisation des différentes parties du fourneau de cuisine.

III. Quels appareils servent au chauffage domestique? — Décrivez une cheminée. — Quels combustibles brûle-t-on dans la cheminée? — Comment la cheminée échauffe-t-elle la pièce ? — Avantages et inconvénients de la cheminée. — Comment peut-on augmenter le rendement d'une cheminée? Quels sont les différents poêles que vous connaissez? — Faites pour chacun une coupe verticale qui passe par l'axe du tuyau de dégagement. — Quels combustibles brûle-t-on dans les poêles ? — Avantages des poêles. — Inconvénients des poêles en fonte ordinaire, danger des poêles à combustion lente. — Qu'est-ce qu'une cheminée mobile ? — Est-il prudent de transporter une de ces cheminées d'une chambre chaude dans une chambre froide? — Doit-on laisser la nuit une cheminée ou un poêle allumé dans une chambre à coucher ? — Donnez une idée de l'installation d'un calorifère à air chaud, à eau chaude, à vapeur. Avantages et inconvénients de ces appareils. — Avez-vous vu des réchauds à gaz, des radiateurs à gaz, des réchauds à alcool, au pétrole? Faites comprendre leur fonctionnement. — Quelles précautions faut-il prendre dans la manipulation du gaz ou des liquides combustibles ?

18ᵉ LEÇON

LUMIÈRE. — SA PROPAGATION.

MATÉRIEL : Il est utile, pour les expériences sur la lumière, de disposer d'une chambre suffisamment obscure. — Il n'est pas toujours commode d'utiliser la lumière solaire, mais il est possible d'employer pour source lumineuse, soit une lanterne de projections dont on enlève l'objectif, soit une lampe à acétylène (lampe de bicyclette, par exemple). — Corps transparents, opaques, translucides — 3 écrans percés d'un trou — 1 écran percé de plusieurs petits trous de formes différentes. — Bougie. — Sphère en métal poli.

Définitions.

183. *Corps lumineux, transparents, opaques, translucides.* — Le Soleil qui nous éclaire pendant le jour, une lampe allumée, un morceau de fer rouge sont des *sources lumineuses* ou des corps lumineux.

Le Soleil est la source lumineuse la plus intense. Les sources artificielles sont basées sur la propriété qu'ont les corps solides, portés à haute température, de devenir lumineux. On dit que ces corps sont *incandescents*. Dans les lampes ordinaires, les bougies, ce sont des particules de charbon qui, portées à l'incandescence, produisent l'éclat lumineux. Dans la lumière Drummond, les becs Auer, on porte à l'incandescence un morceau de craie, un manchon imprégné de certaines substances. Dans les lampes électriques, on porte à l'incandescence un filament de charbon.

Les corps non lumineux, placés dans le voisinage d'une source lumineuse, deviennent visibles : ils sont *éclairés*. Ainsi la Lune nous paraît éclairée parce qu'elle nous renvoie la lumière du Soleil.

Entre l'œil et une source lumineuse, plaçons un carton, une feuille de tôle, une planchette ; ces corps nous cachent la source de lumière : on dit qu'ils sont *opaques*. Une lame de verre, une cuve en verre pleine d'eau laissent passer la lumière : ces corps sont *transparents*. Une assiette de porcelaine, une feuille de papier huilé, une vitre recouverte de peinture blanche laissent encore passer la lumière, mais ne permettent pas de distinguer les détails des objets extérieurs : ces corps sont *translucides*.

184. *Intensité des sources lumineuses.* — L'unité choisie pour mesurer l'intensité des sources lumineuses est à peu près équivalente à l'intensité de la bougie stéarique ordinaire. Cette unité s'appelle aussi *bougie*. Dire qu'une source lumineuse vaut 10 bougies signifie donc qu'elle produit le même éclairement que 10 bougies mises à sa place.

Des mesures précises ont montré que :

        1 bougie placée à 1 mètre éclaire autant que
        4 bougies placées à 2 mètres ou que
        9   —   — à 3   — , etc.

Ainsi la lampe électrique ordinaire d'appartement de 16 bougies, placée à 4 mètres d'une feuille de papier blanc, l'éclairera autant qu'une bougie stéarique placée à 1 mètre.

Propagation de la lumière.

185. *La lumière se propage en ligne droite.* — Dans une chambre noire, laissons entrer la lumière du Soleil par une petite ouverture. Les poussières de l'air sont éclairées et dessinent la marche de la lumière. On aperçoit une trace lumineuse qui est une ligne droite.

On appelle *rayon lumineux* la ligne droite qui joint un point d'une source lumineuse à un point quelconque de l'espace, car la lumière se propage dans toutes les directions. En réalité, on n'a jamais un **rayon lumineux** isolé, mais un groupe de rayons parallèles forme un *faisceau lumineux*.

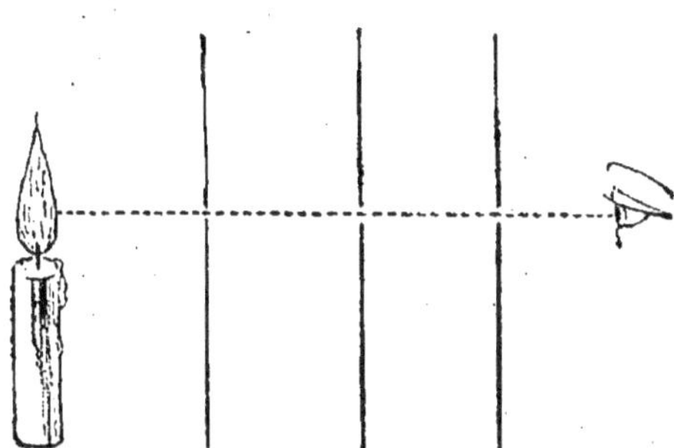

Fig. 200. — La lumière se propage en ligne droite.

Expérience. — Prenons trois écrans percés d'un petit trou et une bougie allumée (*fig.* 200). L'œil ne peut apercevoir la source lumineuse que lorsqu'il est sur une ligne droite passant par les trous des trois écrans et la source lumineuse. Quand on dérange un écran, on n'aperçoit plus la flamme.

Dans la pratique de l'arpentage, pour tracer une ligne droite sur le terrain, on pose un piquet ou *jalon* aux deux extrémités de la ligne. L'arpenteur se place de façon que le jalon le plus proche lui cache celui de l'autre extrémité. Un aide place ensuite des jalons intermédiaires qui sont cachés par le premier, l'arpenteur restant à la même place. Tous les jalons sont ainsi sur une même ligne droite.

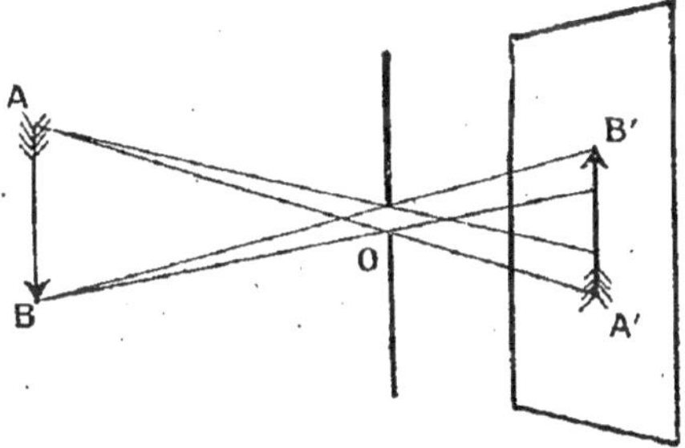

Fig. 201. — Les petites ouvertures, quelle que soit leur forme, donnent une image renversée des objets lumineux.

La lumière met un certain temps pour se propager d'un point à un autre. Des mesures très délicates ont montré qu'elle parcourt 300 000 kilomètres par seconde, de sorte que, pour les points de la Terre compris dans les limites de la visibilité, on peut dire que la propagation est instantanée.

186. *Images données par les petites ouvertures.* — Dans la chambre noire, laissons arriver la lumière du dehors par une petite ouverture (*fig.* 201). Sur un écran, placé à quelque distance, nous voyons se dessiner renversé le paysage extérieur. De même, si nous plaçons un écran percé d'un trou devant une bougie allumée, de l'autre côté du carton nous recevons sur un écran l'image renversée de la bougie.

Quelle que soit la forme de l'ouverture, pourvu qu'elle reste petite, l'image obtenue est la même. Chaque point du corps lumineux envoie bien par l'ouverture un faisceau qui donne sur l'écran une tache lumineuse de même forme que le trou. Ces taches se superposent et donnent finalement une image de l'objet lumineux.

Ainsi, les rayons du Soleil qui passent par les interstices des feuilles des arbres donnent sur le sol, non pas les images des interstices, mais des taches rondes qui sont des images du Soleil. En cas d'éclipse de Soleil, on aperçoit les taches en forme de croissant.

187. *Ombre propre. Phases de la Lune.* — Dans la chambre noire, allumons une bougie ; plaçons à quelque distance un corps opaque

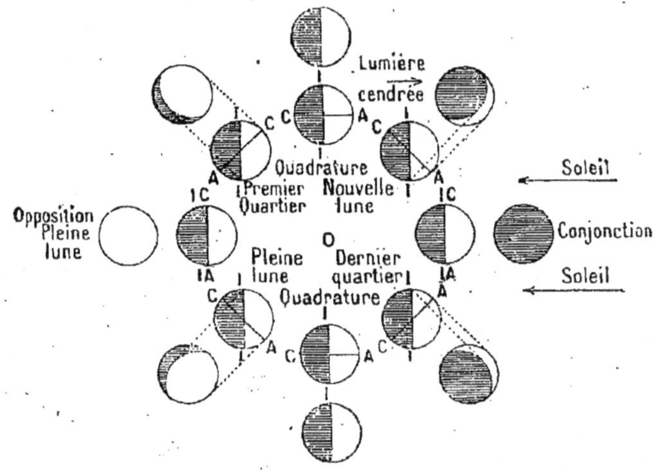

Fig. 202. — Positions de la Lune permettant d'expliquer les phases. La Terre est supposée au centre de la figure. — II est le diamètre du grand cercle qui limite l'hémisphère éclairé ; AC est le diamètre du grand cercle qui limite l'hémisphère visible d'un point de la Terre. Nous observons la projection de la partie éclairée sur le grand cercle de diamètre AC.

quelconque : une sphère, par exemple. Une partie seulement de la sphère est éclairée. En se déplaçant autour de cette sphère, on réalise l'apparence des phases de la Lune. La Lune, en effet, n'a qu'un hémisphère éclairé par le Soleil. La figure 202 montre comment, d'un point de la Terre, on peut apercevoir, soit tout l'hémisphère éclairé, soit seulement une partie de cet hémisphère. La Terre renvoie d'ailleurs à la Lune la lumière du Soleil, et c'est cette lumière renvoyée par la Terre qui éclaire d'une teinte grisâtre la portion du disque lunaire non éclairée par le Soleil. On appelle *lumière cendrée* cette lumière reçue de la Terre et que nous renvoie à nouveau la Lune.

188. Ombre portée. Pénombre. Éclipses. — Dans l'expérience précédente, la portion de sphère non éclairée est dite dans l'*ombre*. Mais en arrière, une partie de l'espace ne reçoit pas de lumière; on dit que cette région est dans l'*ombre portée* par le corps. Allumons deux bougies S et S' placées à peu de distance l'une de l'autre et plaçons un écran de l'autre côté de la sphère (*fig.* 203). Une portion de l'écran ne reçoit pas de lumière du tout : elle est dans l'*ombre*. Une autre partie reçoit la lumière d'une seule bougie : elle est dans la *pénombre*. Le reste de l'écran est éclairé par les deux bougies.

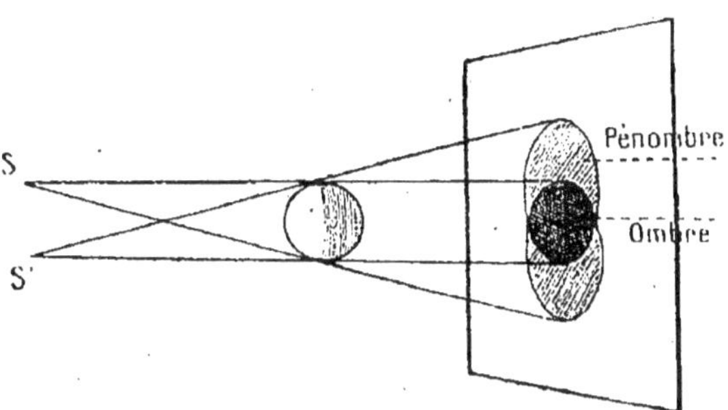

Fig. 203. — Ombre et pénombre.

Quand la source lumineuse est d'assez grandes dimensions, un

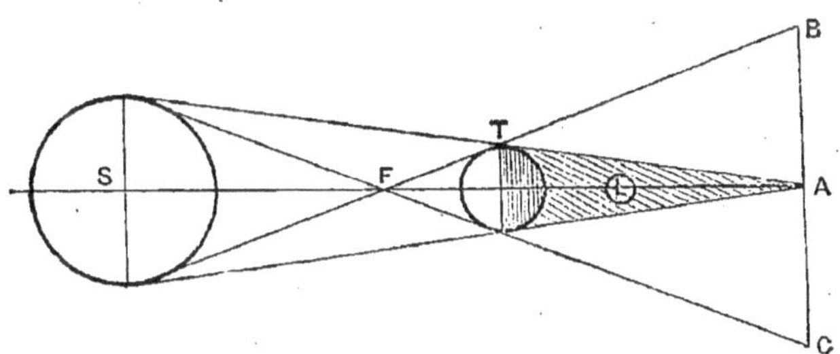

Fig. 204. — Éclipse de Lune. La Lune, passant dans le cône d'ombre portée par la Terre, devient invisible.

corps opaque projette derrière lui une zone d'ombre et une zone de pénombre.

Ainsi la Terre et la Lune projettent derrière elles dans l'espace une zone d'ombre et une zone de pénombre. Cette zone a la forme d'un cône. Quand la Lune passe dans le cône d'ombre portée par la Terre, elle ne reçoit plus la lumière du Soleil, elle est invisible : il

y a *éclipse de Lune* (*fig.* 204). Si une région de la Terre se trouve dans
le cône d'ombre portée par la Lune, le Soleil est invisible pour cette
région : il y a *éclipse totale de Soleil* (*fig.* 205). Quand la région de la

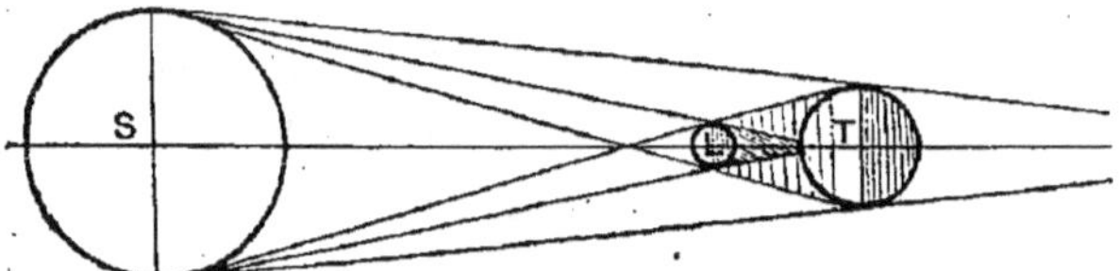

Fig. 205. — Éclipse de Soleil. Pour les régions de la Terre qui se
trouvent dans le cône d'ombre portée par la Lune, il y a éclipse
totale de Soleil.

Terre se trouve dans la zone de pénombre, une partie du Soleil est
visible : il y a *éclipse partielle de Soleil*.

Réflexion de la lumière.

189. *Diffusion et réflexion régulière.* — 1° Quand on fait tomber la
lumière du Soleil sur une plaque de métal poli, sur un verre étamé,
sur la surface d'une eau tranquille, cette lumière est renvoyée dans
une certaine direction. On dit qu'elle est *réfléchie.* Dans une salle
obscure, on peut apercevoir la trace lumineuse du faisceau qui
tombe sur la surface réfléchissante et la trace du faisceau réfléchi.
On obtient sur les murs, sur le plafond une tache lumineuse qu'on
déplace à volonté en changeant la direction de la surface réfléchissante.

Les surfaces précédentes sont des *miroirs.* On sait que les miroirs
nous donnent des images des objets extérieurs. Au bord d'un lac,
d'un étang, nous apercevons renversée l'image du paysage.

Ainsi, sur une surface polie, la lumière subit la *réflexion* dite
régulière.

2° La lumière du Soleil tombant sur une feuille de papier blanc est
renvoyée dans toutes les directions. Nous apercevons la feuille de
papier, mais nous ne voyons pas l'image des objets extérieurs. On dit
que le papier *diffuse* la lumière. Une glace dépolie diffuse la lumière,
qui la traverse.

190. *Propriétés des miroirs plans.* — Définitions. Le faisceau lumineux qui arrive sur un miroir est dit *faisceau incident;* celui qui
est renvoyé est le *faisceau réfléchi* (*fig.* 206). Le point où le faisceau
incident rencontre le miroir est le *point d'incidence.* La perpendiculaire
au miroir au point d'incidence est la normale. Le rayon incident
forme avec la normale *l'angle d'incidence:* l'angle du rayon réfléchi et
de la normale est *l'angle de réflexion.*

Expériences. I. Prenons deux bougies de même dimension et une plaque de verre ordinaire (*fig.* 207). Allumons une des bougies, et plaçons la plaque verticalement entre les bougies, de façon que l'image de celle qui est allumée se fasse à la place de l'autre. Il semble que la deuxième bougie soit allumée aussi, mais on ne peut en éteindre la flamme ; de plus, on peut mettre un écran à la place de cette deuxième bougie : on ne verra pas se former sur cet écran l'image de la bougie allumée, comme dans le cas des petites ouvertures (n° 186). En un mot, l'image que donne le verre par réflexion n'existe que pour l'œil, elle n'est pas réelle ; c'est une image *virtuelle*.

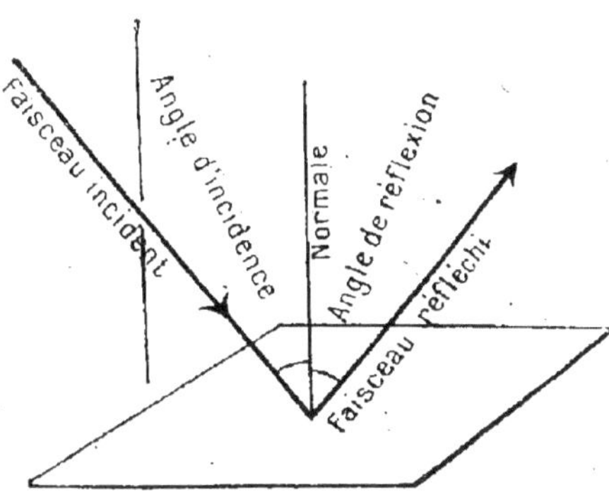

Fig. 206. — Définitions relatives à la réflexion de la lumière.

Nous voyons que la plaque de verre est perpendiculaire à la ligne joignant les bougies et qu'elle est placée au milieu de leur distance. Deux figures placées par rapport à un plan de la même façon que les bougies précédentes sont dites *symétriques* par rapport au plan. A chaque point B de l'une correspond le point B′ de l'autre, situé sur une droite B B′ perpendiculaire au plan et de façon qu'on ait B M = B′ M.

II. Sur une feuille de papier quadrillé, traçons un dessin quelconque. Plaçons une plaque de verre verticalement et son arête suivant l'une des lignes du quadrillage.

On voit, par réflexion, le dessin de l'autre côté du miroir ; on peut reproduire ce dessin en suivant avec un crayon l'image vue par réflexion, et il est facile de voir que l'image est symétrique de l'objet par rapport au miroir.

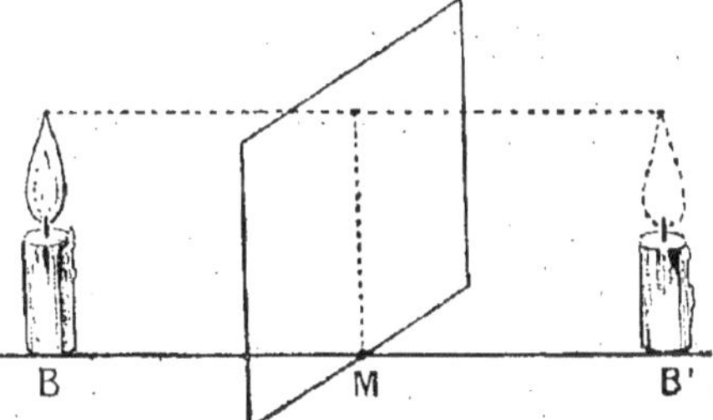

Fig. 207. — La glace sans tain M est au milieu de B B′ ; la flamme de B semble, par réflexion, se projeter sur B′.

Ainsi, *les miroirs plans donnent des objets placés devant eux une image virtuelle. Cette image est symétrique de l'objet par rapport au miroir* (*fig.* 208).

191. *Applications.* — La dernière expérience nous montre le parti qu'on peut tirer des glaces sans tain pour copier des dessins. On voit que le dessin ainsi copié est symétrique du premier. Dans les

théâtres, on utilise souvent les glaces sans tain (*fig.* 209) pour produire des spectres sur la scène.

192. *Lois de la réflexion régulière*. — On a déterminé par l'expérience les lois suivantes, dites lois de la réflexion régulière :

1° Le rayon incident, le rayon réfléchi et la normale sont dans un même plan ;

2° L'angle d'incidence est égal à l'angle de réflexion.

Ces lois permettent d'expliquer les propriétés des miroirs plans.

Fig. 208. — L'image donnée par un miroir est symétrique de l'objet.

RÉSUMÉ

1. Les corps qui produisent de la lumière sont des *sources lumineuses*. Un corps peut devenir visible lorsqu'il est *éclairé* par une source lumineuse. Les corps qui arrêtent la lumière sont *opaques*; ceux au travers desquels on peut distinguer les détails des objets sont *transparents*,

Fig. 209. — Spectre de théâtre. — Le personnage B, fortement éclairé, est aperçu sur la scène par réflexion dans la glace sans tain placée en A.

ceux qui laissent passer la lumière, mais ne permettent pas de distinguer les détails de forme, sont *translucides*.

2. La lumière se propage en ligne droite avec une vitesse de 300 000 kilomètres par seconde. On appelle *rayon lumineux* toute droite joignant un point lumineux à un autre point de l'espace.

Un ensemble de rayons parallèles constitue un *faisceau lumineux*.

3. Les petites ouvertures donnent dans la chambre noire des images renversées des corps lumineux, quelle que soit la forme de l'ouverture.

4. Un corps opaque placé dans le voisinage d'une source lumineuse n'est éclairé que sur une partie de sa surface. La partie non éclairée est dans l'*ombre*. Ainsi la Lune n'a jamais qu'un hémisphère éclairé par le Soleil. La Lune tournant autour de la Terre, la partie éclairée présente les apparences qui constituent les *phases de la Lune*.

5. Lorsqu'un corps opaque se trouve devant une source lumineuse, ce corps intercepte la lumière à toute une région de l'espace en arrière de lui. Cette région est dans l'*ombre portée* par le corps. Si la source est de grandes dimensions, outre la région dans l'ombre, il existe une région éclairée seulement par une partie de la source : c'est la zone de *pénombre*.

6. Les *éclipses de Lune* se produisent quand la Lune passe dans le cône d'ombre portée par la Terre. Il y a *éclipse de Soleil* pour une région de la Terre quand cette région se trouve dans le cône d'ombre que la Lune projette dans l'espace.

7. Les surfaces polies, la surface des liquides en équilibre renvoient la lumière dans une direction déterminée : elles *réfléchissent* la lumière. Les surfaces non polies *diffusent la lumière*, c'est-à-dire la renvoient dans toutes les directions.

8. Les surfaces polies constituent des *miroirs*. Les miroirs plans donnent des images des objets lumineux placés devant eux. Ces images n'existent que pour l'œil : elles sont *virtuelles*. Elles sont *symétriques de l'objet par rapport au miroir*, c'est-à-dire que, si on considère un point quelconque de l'objet, l'image de ce point s'obtient en menant une ligne perpendiculaire à la surface du miroir et en prenant sur cette ligne de l'autre côté du miroir une longueur égale à la distance du point au miroir. L'image est aussi grande que l'objet.

9. On appelle *rayon incident* celui qui arrive sur un miroir. Le point où il rencontre le miroir est le *point d'incidence*. Le rayon renvoyé par le miroir est le *rayon réfléchi*. La *normale* est la perpendiculaire au miroir au point d'incidence.

La réflexion régulière est soumise aux lois suivantes :

a) Le rayon incident, le rayon réfléchi et la normale sont situés dans un même plan;

b) L'angle d'incidence est égal à l'angle de réflexion.

EXERCICES

Quelle différence faites-vous entre les corps lumineux et les corps éclairés ?
— Citez des corps transparents, translucides, opaques. — Qu'est-ce qu'un
rayon, un faisceaux lumineux ? — Dans une chambre noire, des faisceaux de
lumière solaire pénètrent par de petits trous du volet ; quelle est la forme des
images obtenues ? — Quelle est la forme des images produites sur le sol par
les rayons solaires qui traversent les interstices du feuillage des arbres ? —
Pourquoi la Lune présente-t-elle successivement les aspects que vous connaissez ? — Expliquez les phases. — Quand se produisent les éclipses de Lune ? —
Comment se produisent les éclipses de Soleil ? — Montrez, au moyen d'une
figure, les régions de la Terre pour lesquelles il peut y avoir éclipse totale ou
éclipse partielle de Soleil.

Citez des exemples de surfaces qui réfléchissent la lumière, de surfaces qui
diffusent la lumière. — Les images données par les miroirs plans peuvent-elles
être reçues sur un écran ? — Comment sont placés l'image et l'objet par rapport à un miroir plan ? — Vous est-il facile d'effectuer un travail en regardant
votre image dans un miroir ? Pourquoi ? — Qu'appelez-vous rayon incident,
point d'incidence, normale, rayon réfléchi ? — Énoncez les lois de la réflexion
régulière. — Comment pouvez-vous reproduire un dessin en utilisant la réflexion sur une vitre ?

19ᵉ LEÇON

RÉFRACTION DE LA LUMIÈRE. LENTILLES. APPLICATIONS.

MATÉRIEL : Terrine ou vase cylindrique à paroi opaque. — Vase cylindrique
en verre. — Planchette représentée par la figure 214. — Règle. — Lentille
convergente ou loupe ordinaire.
— Lentille divergente (verre de
monocle). Besicles pour myopes
et pour presbytes. — Bougie. —
Montrer un appareil photographique, une lanterne de projections,
un microscope, des jumelles, si
on peut se procurer ces appareils.

Expériences simples.

193. *Réfraction de la lumière.* — 1° Plongeons obliquement une règle dans
l'eau : elle semble brisée au
point où elle pénètre dans le

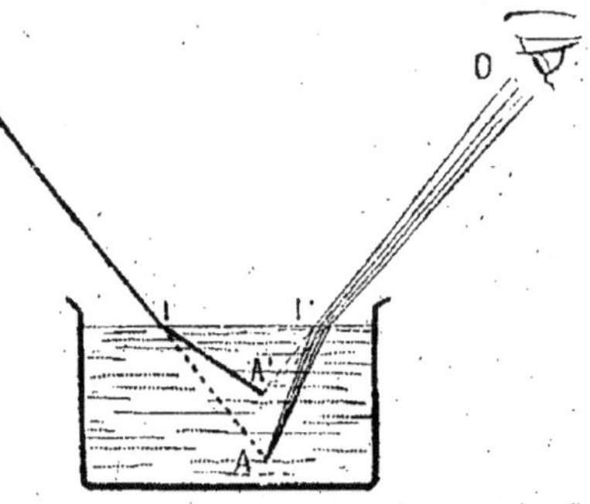

Fig. 210. — Expérience du bâton brisé.

liquide ; la partie I A paraît avoir la direction I A' (*fig.* 210). Or l'œil
aperçoit un point lumineux, A' par exemple, dans le prolongement du
faisceau qui lui parvient. Le faisceau qui parvient à l'œil suivant I'O

semble venir de **A'**, mais en réalité ce faisceau vient de **A** ; il a donc dans l'eau la direction A I', et il change de direction en I'.

Ce changement de direction d'un faisceau lumineux passant d'un milieu transparent dans un autre a reçu le nom de réfraction.

2° Au fond d'un vase : on met une pièce de monnaie et on place l'œil de façon que le bord du vase cache la pièce (*fig.* 211). On verse de l'eau dans le vase : la pièce paraît se soulever et devient visible en **A'**. On enlève l'eau du vase au moyen d'un siphon : la pièce disparaît à nouveau.

La figure 211 permet d'expliquer ce qui se passe.

3° Dans une pièce obscure, faisons arriver un faisceau de lumière solaire de direction S I (*fig.* 212). Ce faisceau rencontre en I la sur-

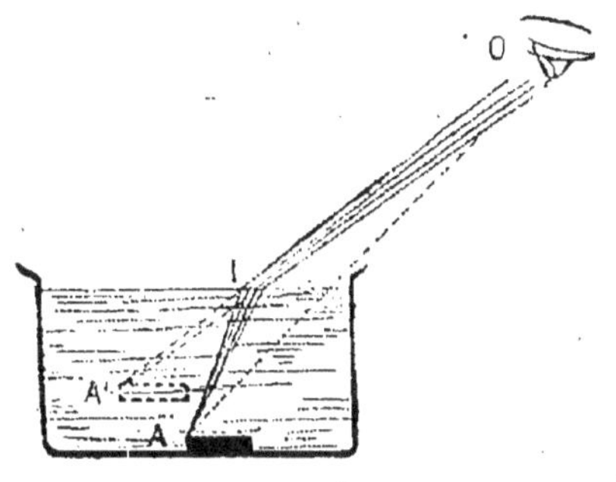

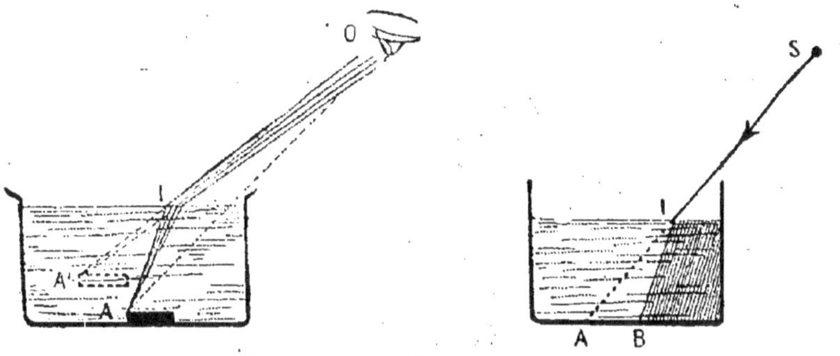

Expériences sur la réfraction.

Fig. 211. — La pièce de monnaie, invisible quand le vase est vide, apparaît en A' quand le vase est plein d'eau.

Fig. 212. — L'ombre du bord opaque du vase vient en B quand le vase est plein d'eau.

face de l'eau dans un vase. On voit qu'en I le faisceau se brise et prend la direction I B. — On peut aussi considérer l'ombre portée par le bord du vase lorsque celui-ci est vide, puis lorsqu'il est plein d'eau. Dans le premier cas, l'ombre s'étend jusqu'en **A** ; dans le deuxième, elle est limitée en **B**.

Lois de la réfraction.

Les définitions relatives à la réfraction de la lumière s'expliquent suffisamment par la figure 213.

194. *Lois de la réfraction.* — Expérience. Sur une planchette carrée traçons un cercle et figurons un diamètre en plantant trois clous (*fig.* 214). Figurons de même un diamètre perpendiculaire au premier. Plongeons dans l'eau le demi-cercle A B A', de façon que le diamètre A O A' coïncide avec la surface du liquide. Plaçons l'œil en un point tel que le clou O paraisse nous cacher le clou C, et enfonçons sur le

cercle un clou C' qui nous cache les deux autres. La direction OC'
est celle du faisceau GO, après réfraction à la surface du liquide.

Plantons de même un clou D' qui cache O et D. Nous voyons que l'angle BOC est plus petit que l'angle B'OC'. De même, l'angle BOD est plus petit que l'angle B'OD'.

Un rayon de direction C'O aurait dans l'eau la direction OC. Nous pouvons donc considérer C'O comme rayon incident, OC comme rayon réfracté.

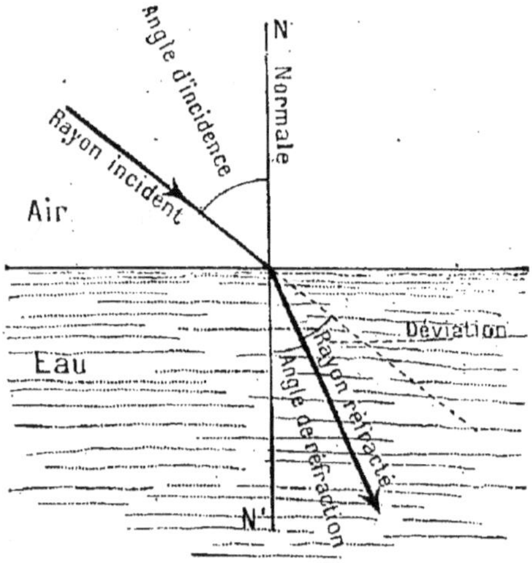

Donc, *quand un rayon lumineux passe de l'air dans l'eau, l'angle de réfraction est plus petit que l'angle d'incidence ; le contraire a lieu quand un rayon passe de l'eau dans l'air.* On dit que l'eau est un milieu plus *réfringent* que l'air. Le verre est plus réfringent que l'air et même que l'eau. Le diamant est le corps le plus réfringent.

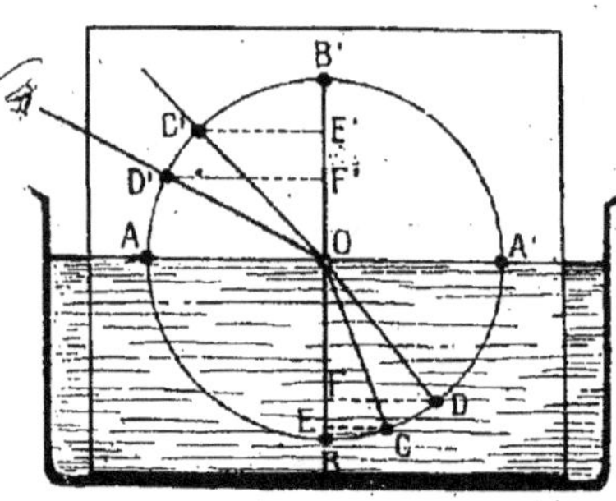

Fig. 213. — Définitions relatives à la réfraction de la lumière.

Fig. 214. — Vérification des lois de la réfraction.

On montre aussi que *le rayon incident, le rayon réfracté et la normale sont dans un même plan.*

Lentilles.

195. *Diverses sortes de lentilles. Marche d'un rayon lumineux.* — On appelle *lentille* un milieu transparent limité par deux faces qui sont des portions de surfaces sphériques (*fig.* 215). Il y a des lentilles plus épaisses au centre que sur les bords : elles sont dites *convexes* ou *convergentes*. On en distingue trois formes : la lentille *biconvexe*, la lentille *plan-convexe*, et le *ménisque convexe*. Dans d'autres lentilles, le centre est plus mince que les bords. Ces lentilles sont appelées *concaves* ou *divergentes* : ce sont la lentille *biconcave*, la lentille *plan-concave* et le *ménisque concave*.

La ligne qui joint les centres des deux sphères s'appelle l'*axe principal* de la lentille.

Lentilles convergentes.

196. *Foyer.* — EXPÉRIENCE. Disposons la lentille de façon qu'elle reçoive les rayons solaires dans une direction parallèle à l'axe principal (*fig.* 216). En plaçant un écran en arrière de la lentille, on trouve un point où il y a concentration de chaleur et de lumière. Ce point s'appelle *foyer* de la lentille. En retournant la lentille, le foyer reste à la même distance de celle-ci. Dans la chambre noire, on aperçoit nettement à la sortie de la lentille le cône formé par les rayons

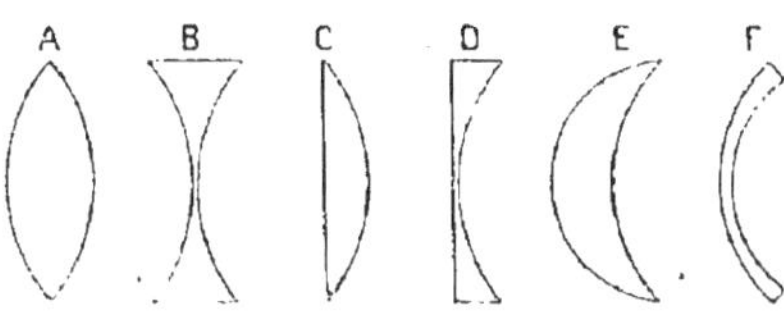

Fig. 215. — Diverses sortes de lentilles : A, biconvexe; B, biconcave; C, plan convexe; D, plan concave; E, ménisque convexe; F, ménisque concave.

émergents. La distance F C est dite *distance focale* de la lentille.

Réciproquement, si nous plaçons en F une source lumineuse, les rayons qui ont traversé la lentille sortent parallèles à l'axe; ils for-

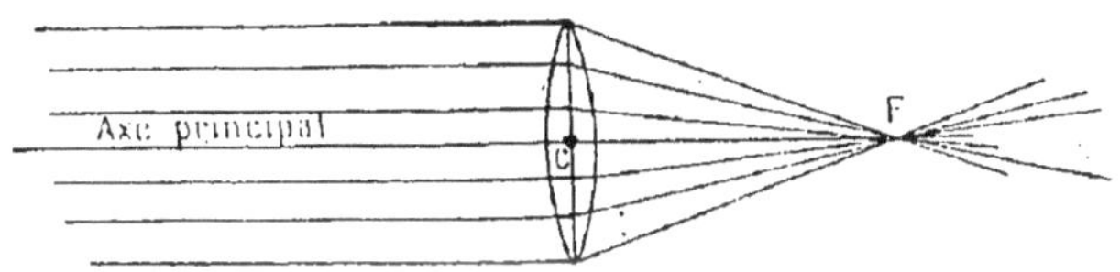

Fig. 216. — Les rayons parallèles à l'axe principal convergent au foyer F.

ment ainsi un faisceau lumineux, qui pourra être visible à une grande distance, car son intensité ne s'affaiblira que lentement à travers l'air. La lentille constitue un *condensateur* de lumière. Nous trouvons un pareil condensateur dans la lanterne de projections. C'est encore un condensateur puissant qu'on établit dans les *phares* (*fig.* 248). Comme la source lumineuse ici n'est pas un point, on a donné au condensateur une forme spéciale (*fig.* 217),

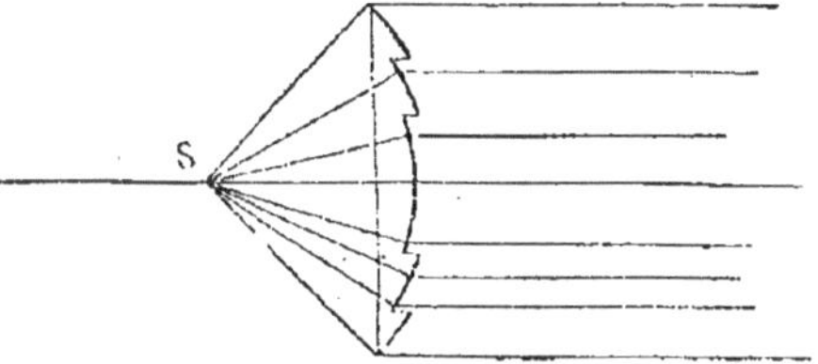

Fig. 217. — Lentille en échelons pour phares. — La source lumineuse est au foyer S. Les rayons émergents sont parallèles à l'axe principal.

pour obtenir un faisceau émergent formé de rayons parallèles.

197. Images réelles. — EXPÉRIENCES. I. Prenons une lentille biconvexe dont nous déterminons la distance focale, par exemple en l'exposant au Soleil et en cherchant la distance du foyer à la lentille. Soit 15 centimètres cette distance.

Fig. 218. — Grand phare de Belle-Ile (Morbihan).

Nous plaçons d'un côté de la lentille une bougie allumée à 1 mètre par exemple. En déplaçant de l'autre côté de la lentille une feuille de papier blanc, nous trouvons un point où l'image de la bougie se forme

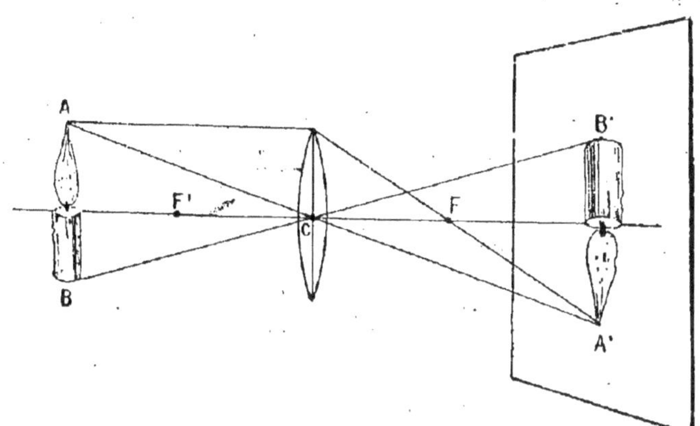

Fig. 219. — Un objet lumineux placé au delà du foyer donne une image *réelle* et *renversée*.

sur le papier. Cette image est dite *réelle* parce qu'on peut la recevoir sur un écran. Elle est *renversée* et *plus petite que l'objet*. Tant que la bougie sera à une distance plus grande que 30 centimètres, soit 2 fois la distance focale, nous aurons le même résultat. De plus, nous pourrons constater que l'image est entre 15 et 30 centimètres de la lentille, soit entre 1 fois et 2 fois la distance focale.

II. Mettons la bougie là où se formait l'image précédente, soit entre 1 fois et 2 fois la distance focale. L'image se forme

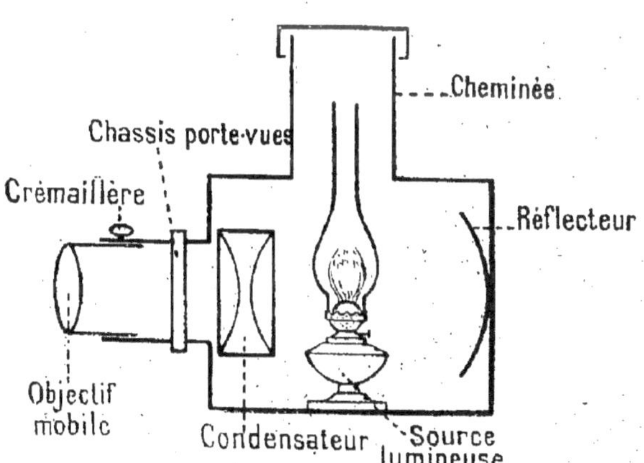

Fig. 220. — Schéma de la lanterne à projections.

maintenant à l'endroit où était la bougie. C'est encore une image *réelle, renversée, mais plus grande que l'objet*. Elle est située à une distance de la lentille plus grande que 2 fois la distance focale.

Applications. 1° Dans la *lanterne de projections (fig.* 220), on se propose d'obtenir une image réelle et agrandie d'un petit objet ou d'un dessin sur verre ou sur papier transparent. L'objet à projeter est fortement éclairé ; il est placé dans un châssis porte-vues, entre une fois et deux fois la distance focale d'une lentille convergente, ou d'un système de lentilles convergentes constituant l'*objectif*.

En déplaçant l'objectif par rapport à la vue à projeter, on amène l'image à se former nettement sur l'écran : c'est la *mise au point*.

2° Dans l'*appareil photographique* (*fig.* 221), un *objectif* formé d'une lentille convergente ou d'un système de lentilles donne d'un objet une image réelle, généralement plus petite que l'objet. Ce dernier se trouve par conséquent à une distance supérieure à deux fois la distance focale de l'objectif. L'image se forme dans une chambre noire, sur

Fig. 221. — Appareil photographique à tirage. — On voit en arrière un châssis pour négatif et en avant un obturateur qui permet de limiter la durée pendant laquelle la plaque est soumise à l'action de la lumière.

une *plaque sensible*. C'est une plaque de verre ou de celluloïd recouverte d'une émulsion de bromure d'argent dans la gélatine (plaques au gélatinobromure d'argent). Les sels d'argent possèdent la propriété de se décomposer sous l'action de la lumière, mais l'image n'est pas apparente : elle se forme sous l'action de certains réactifs dans l'opération appelée *développement*.

3° Le *cinématographe* est une combinaison (*fig.* 222) de l'appareil photographique et de la lanterne de projections.

On prend d'abord une série de photographies. Ces

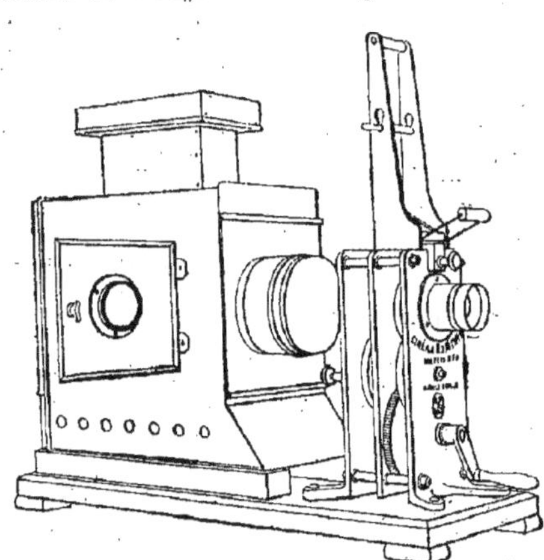

Fig. 222. — Schéma d'un petit cinématographe. — En avant de la lanterne à projections, on voit l'appareil qui sert à faire passer les films.

photographies, qui se succèdent à 1/15 de seconde d'intervalle, sont sur un ruban de celluloïd sensibilisé au bromure d'argent. Ces rubans s'appellent *films* (*fig.* 223).

Puis, dans un appareil de projections puissant, on fait défiler les films à la vitesse de 15 photographies à la seconde environ. Sur l'écran, dans les projections successives, les objets immobiles

Fig. 223. — Deux portions de film comportant chacune trois vues prises à trois secondes d'intervalle.

conservent exactement la même position relative, mais les objets en mouvement semblent se déplacer par rapport aux premiers; on a ainsi l'impression que le mouvement se produit sur l'écran.

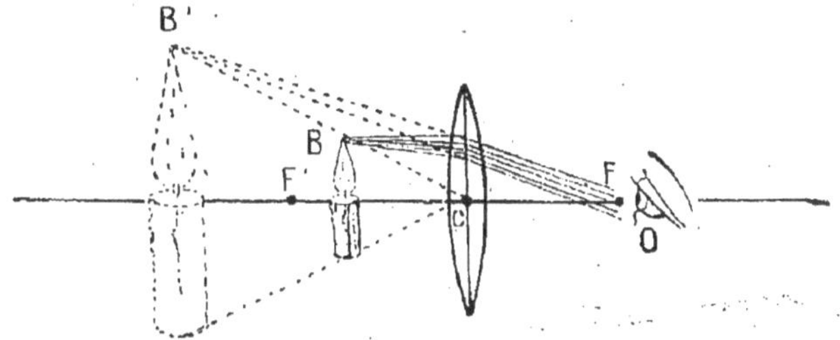

Fig. 224. — Un objet lumineux placé entre le foyer et la lentille donne une image *virtuelle, droite,* et plus grande que l'objet.

198. Images virtuelles. — EXPÉRIENCE. Reprenons la lentille de tout à l'heure, et plaçons une bougie allumée entre cette lentille et son foyer. Nous ne pouvons plus trouver d'image susceptible d'être reçue sur un écran. Par contre, nous apercevons à travers la lentille une *image agrandie* de l'objet. Cette image est *droite* et du même côté que l'objet par rapport à la lentille. C'est une image qui n'existe que pour l'œil, une image *virtuelle*.

Applications. 1° La *loupe* est une lentille convergente, de courte distance focale (quelques centimètres au plus), et qu'on utilise pour obtenir une image virtuelle plus grande que l'objet. L'objet à examiner doit donc être placé entre la loupe et son foyer (*fig. 224*).

2° Le *microscope composé* (*fig. 225*) est formé de deux systèmes de lentilles. L'*objectif* donne d'un objet très petit une image *réelle* et *agrandie*, image qu'on examine avec une loupe appelée *oculaire*. On appelle *grossissement* linéaire de la loupe ou du microscope le rapport d'une dimension apparente de l'image à la dimension correspondante de l'objet. Il existe des microscopes dont le grossissement linéaire est 2 000, c'est-à-dire qu'un objet dont la longueur serait de 1/100 de millimètre aurait une image de 20 millimètres quand on le regarde au moyen de cet instrument.

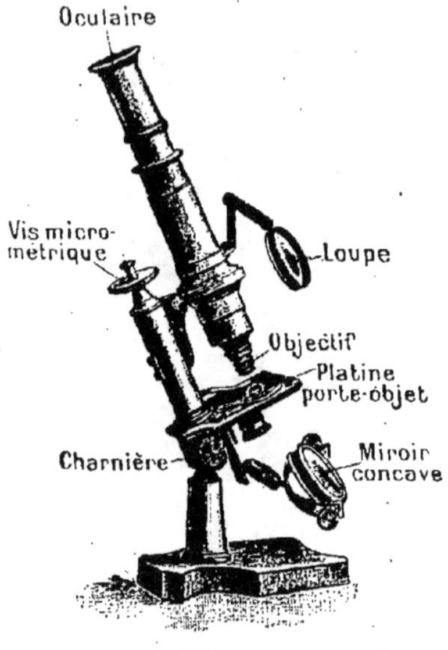

Fig. 225. — Microscope composé.

Le microscope est surtout utilisé, par les naturalistes, pour étudier la constitution des tissus animaux et végétaux; par les médecins,

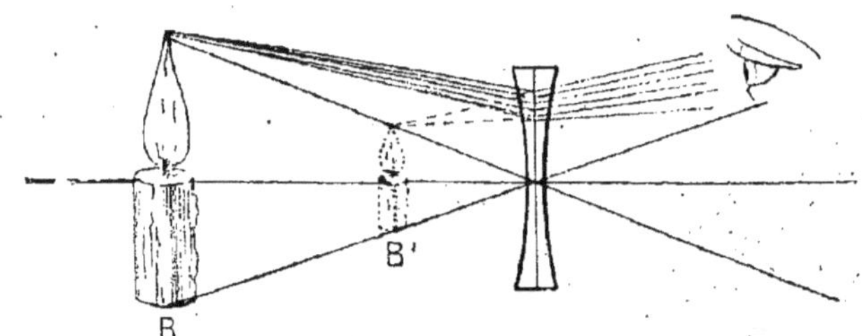

Fig. 226. — La lentille divergente donne une image virtuelle droite et plus petite que l'objet.

pour reconnaître la présence des êtres infiniment petits (bactéries), qui sont les agents des maladies contagieuses. On l'utilise encore pour reconnaître certaines fraudes, pour étudier la constitution des aciers.

3° La *lunette astronomique* comprend, comme le microscope composé, un objectif et un oculaire disposés aux extrémités d'un long tube;

mais ici l'objectif est à longue distance focale et il a de grandes
dimensions (jusqu'à 60 centimètres de diamètre). L'objectif est destiné à donner d'un objet éloigné une image réelle. L'oculaire joue le
rôle de loupe ; il sert à examiner cette image réelle.

Lentilles divergentes.

199. Propriétés et applications. — EXPÉRIENCE. Prenons une
lentille divergente et plaçons devant cette lentille une bougie allumée

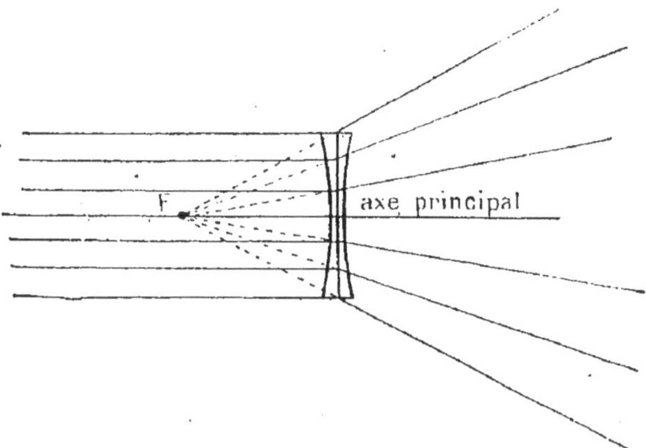

Fig. 227. — Les rayons parallèles divergent quand ils sortent
de la lentille et semblent venir du foyer virtuel F.

(*fig.* 227). Il ne nous est pas possible de trouver une image qu'on peut
recevoir sur un écran, mais du même côté que la bougie par rapport

Fig. 228. — Jumelles.

à la lentille nous apercevons une image *droite* et
plus petite que l'objet. Cette image n'existe que
pour l'œil : c'est une image *virtuelle*. Quelle
que soit la position de la bougie, le résultat est
le même.

Les lentilles *concaves* sont appelées *divergentes*,
parce qu'un faisceau de rayons parallèles à
l'axe tombant sur cette lentille émerge en di-
vergeant comme si les rayons provenaient d'un
point situé du même côté que la source lumineuse et appelé foyer *virtuel* (*fig.* 227). Les
lentilles divergentes sont utilisées dans les
besicles pour *myopes* ; elles constituent l'oculaire de la *lunette de Galilée*. C'est une lunette
dont l'objectif est un verre convergent et qui donne d'un objet éloigné
une image réelle, tout comme dans la lunette astronomique. Mais ici,
l'image réelle ne se forme pas en réalité. Le faisceau lumineux émer-

geant de l'objectif est coupé par l'oculaire divergent et donne une image droite de l'objet considéré.

Les *jumelles* sont constituées par deux lunettes de Galilée associées de façon à permettre la vision avec les deux yeux à la fois (*fig.* 228).

Étude physique de la vision.

200. *Description de l'œil.* — La description de l'œil sera faite en histoire naturelle ; nous rappellerons seulement les notions nécessaires à la compréhension de ce qui va suivre.

L'œil est de forme sphérique (*fig.* 229) ; il est limité par des membranes dont la plus externe est blanche, opaque : c'est la *sclérotique*, membrane fibreuse qui constitue le blanc de l'œil. En avant, la sclérotique se bombe, s'amincit et devient transparente : c'est la *cornée transparente*. La membrane la plus interne de l'œil est la *rétine*, qui résulte de l'épanouissement du nerf optique. La rétine renferme les éléments nerveux : c'est la membrane sensible de l'œil. Entre la sclérotique et la rétine se trouve une membrane colorée en noir, la *choroïde*.

L'œil renferme des milieux réfringents. En arrière de la cornée se trouve une lentille convergente appelée *cristallin* (1). Le cristallin est entouré de muscles qui, en se contractant, peuvent modifier sa courbure. Il

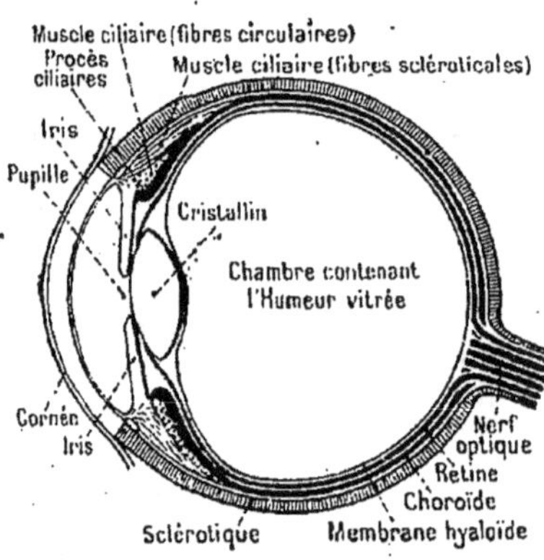

Fig. 229. — Coupe de l'œil.

délimite deux chambres remplies d'un liquide transparent. En avant du cristallin se trouve une sorte de rideau circulaire, l'*iris*, diversement coloré suivant les individus. L'iris est percé d'une ouverture circulaire appelée *pupille*, dont le diamètre peut varier sous l'action de fibres musculaires spéciales.

L'ensemble des milieux réfringents de l'œil peut être remplacé par une lentille convergente unique, dont le centre optique serait voisin de la face postérieure du cristallin et dont la distance focale serait de 15 millimètres environ. Pour un œil normal, le foyer de cette lentille est situé sur la rétine et son axe optique aboutit dans une région appelée *tache jaune.* C'est la région où la sensibilité visuelle est maximum.

L'œil ainsi réduit peut être comparé à une chambre noire photographique ; la lentille est assimilable à l'objectif, la rétine à la plaque sensible, la pupille au diaphragme.

____

(1) C'est l'opacité du cristallin qui engendre la maladie connue sous le nom de *cataracte.*

Vision pour l'œil normal.

Accommodation. Quand un objet est situé à une distance supérieure à une quinzaine de mètres de l'œil, son image se forme pratiquement au foyer de l'œil, c'est-à-dire sur la rétine. Mais si l'objet se rapproche, l'image s'éloigne et se forme en arrière de la couche sensible ; l'objet n'est plus vu nettement. Dans l'appareil photographique, on ramène l'image sur la plaque sensible en faisant varier la distance de cette plaque à l'objectif ; il est évident que pour l'œil on ne peut procéder ainsi. Mais le cristallin augmente de courbure sous l'action des muscles qui l'entourent ; la distance focale de l'œil dimi-

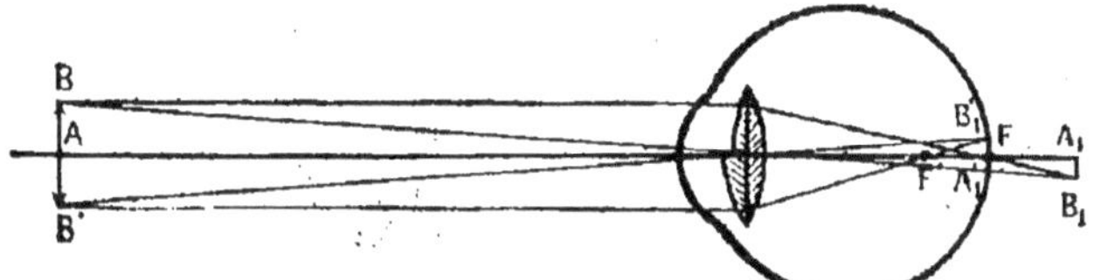

Fig. 230. — Schéma de l'accommodation pour un œil normal.

nue et l'image peut être ramenée sur la rétine. On appelle *accommodation* cette faculté de l'œil de pouvoir s'adapter à la vision à des distances variables.

La figure 230, où l'on a construit, en haut, l'image d'un objet dans un œil normal au repos, et en bas l'image dans un œil en accommodation, montre le rôle du cristallin.

201. *Distance minima de vision distincte.* — La courbure du cristallin ne peut augmenter indéfiniment ; pour un œil bien conformé, cette courbure est maxima quand on regarde un objet situé à 20 centimètres environ. C'est à cette distance que les détails de l'objet sont vus le plus distinctement. Si on veut rapprocher l'objet de l'œil, la vision n'est plus nette.

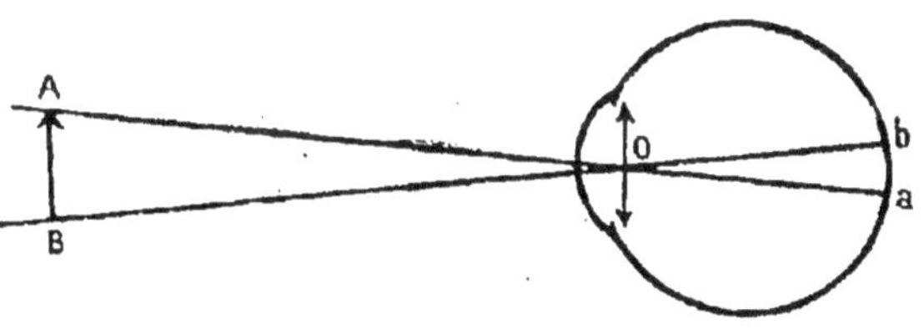

Fig. 231. — *a* O *b* est l'angle sous lequel on voit A B.

Deux points sont visibles distinctement quand ils font leur image sur deux filets nerveux différents de la rétine. Considérons deux points A et B (*fig.* 231) et joignons-les au centre optique de l'œil ; ils font leur image en *a* et *b* sur la rétine. Pour que les points soient vus distinctement, il faut que *a* et *b* soient sur des filets nerveux différents. Il est évident que la netteté de la vision dépendra de l'angle A O B.

Cet angle est dit *diamètre apparent de la distance* A B, ou encore *angle sous lequel on voit la distance* A B. Pour voir une longueur A B sous le plus grand angle possible, il faudra placer cette ligne à la distance limite d'accommodation. Cette distance, la plus petite à laquelle on puisse voir distinctement, est dite *distance minima de vision distincte.*

Défauts de l'œil.

202. Œil myope. — Cet œil ne voit pas nettement les objets éloignés ; par contre, la distance minima de vision distincte est très faible

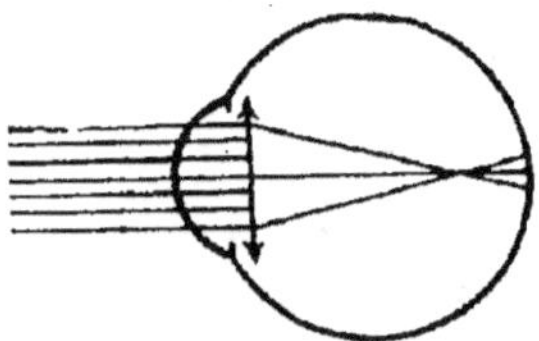

Fig. 232. — Dans l'œil myope, l'image d'un objet éloigné se forme en avant de la rétine.

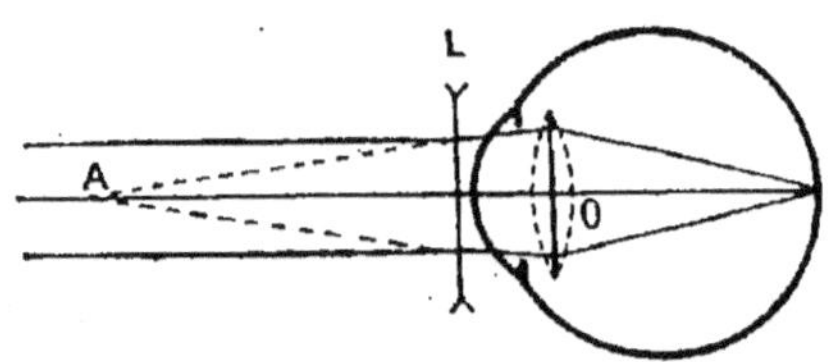

Fig. 233. — Besicles pour myopes. — La lentille divergente L transforme un faisceau de rayons parallèles en un faisceau divergent qui semble avoir pour origine le point A, plus rapproché de l'œil

(quelques centimètres dans certains cas). La myopie tient à ce que les milieux réfringents de l'œil sont trop convergents. Autrement dit : pour l'œil au repos, l'image d'un objet éloigné se fait en avant de la rétine (*fig.* 232). Mais quand l'objet se rapproche, son image s'éloigne du cristallin ; pour une certaine distance, l'image se forme sur la rétine ; l'objet est vu distinctement. Il y a donc pour le myope une *distance maxima* de vision distincte. Entre le maxima et le minima de vision distincte il y a accommodation. Si l'on veut que des rayons parallèles, venant d'un point éloigné, aillent converger sur la rétine, il faut placer devant l'œil un verre *divergent* (*fig.* 233).

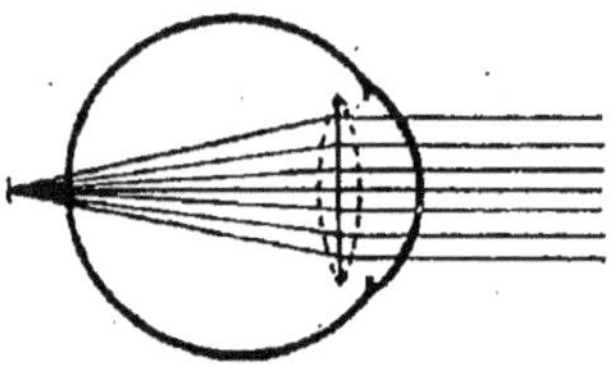

Fig. 234. — Œil hypermétrope. — L'image des objets éloignés se forme en arrière de la rétine.

203. Œil hypermétrope. — L'œil hypermétrope (*fig.* 234) est le contraire de l'œil myope. Les milieux de l'œil ne sont pas assez convergents, de sorte que les objets éloignés forment leur image en arrière de la rétine.

204. Œil presbyte. — On sait que les personnes âgées ne voient pas distinctement les objets rapprochés ; elles aperçoivent nettement au loin. On dit qu'elles sont *presbytes.* Ce défaut de l'œil tient à ce que le cristallin perd peu à peu, avec l'âge, sa faculté d'accommodation, et, par suite, la distance de vision distincte s'accroît ; elle peut atteindre 80 centimètres et même davantage. Pour corriger la presbytie, on place devant l'œil un verre *convergent* (*fig.* 235).

Il ne faut pas confondre l'hypermétropie et la presbytie, bien que ces deux affections se ressemblent et se corrigent de la même façon. La presbytie est due à la faiblesse d'accommodation du cristallin, et la vision est distincte à partir d'une certaine distance ; dans les formes graves d'hypermétropie, l'œil ne voit distinctement à aucune distance, l'accommodation est impuissante à ramener les images sur la rétine.

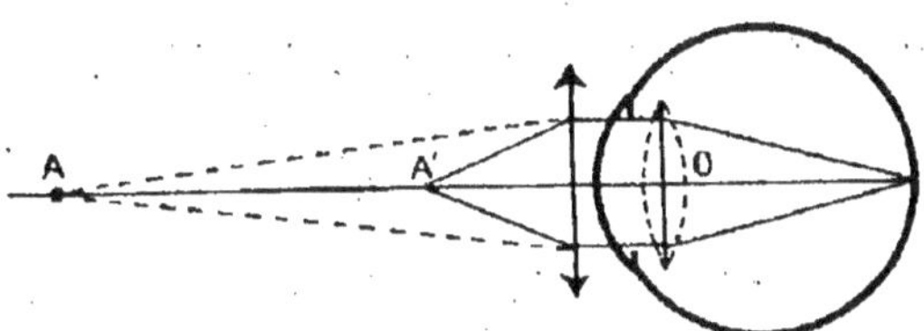

Fig. 235. — Besicles pour presbytes. — La lentille convergente L augmente la convergence du faisceau issu du point A' ; ce faisceau semble avoir pour origine A, qui est dans la limite d'accommodation.

205. Vision droite. Persistance des impressions lumineuses. Vision binoculaire. — Comment se fait-il que nous voyons les objets droits, puisque l'image formée sur la rétine est renversée ? Ce résultat est sans doute obtenu par l'éducation : on constate, en effet, que les enfants reconnaissent très bien les images qu'on leur présente à l'envers et qu'ils n'éprouvent aucune gêne pour décrire ce qu'ils voient ainsi ; ce n'est guère qu'à partir de deux ans et demi qu'ils retournent l'image pour la regarder droite.

Nous regardons avec les deux yeux, et cependant nous ne voyons qu'une image d'un même objet ; les deux impressions rétiniennes donnent ainsi une sensation unique. Ces deux impressions ne sont pourtant pas identiques ; il suffit, pour nous en convaincre, de regarder successivement de l'œil droit et de l'œil gauche divers objets placés en face de nous. C'est sans doute l'éducation de l'œil qui nous ramène à confondre ces deux impressions. Cette différence entre les impressions visuelles fournies par les deux yeux nous sert dans l'évaluation des distances, elle contribue à nous donner la sensation du relief.

Les impressions visuelles produites sur la rétine durent un temps appréciable, 1/10 de seconde environ ; nous avons montré l'application de ce fait au cinématographe.

RÉSUMÉ

1. Quand un rayon lumineux passe d'un milieu transparent dans un autre milieu transparent, sa direction est déviée : on dit qu'il se *réfracte.*

La réfraction de la lumière explique pourquoi un bâton plongé obliquement dans l'eau paraît brisé à la surface de séparation du liquide ; l'extrémité plongée dans l'eau semble relevée.

2. Les lois de la réfraction sont les suivantes :

a) Le rayon incident, le rayon réfracté et la normale sont dans le même plan ;

b) Lorsqu'un rayon lumineux passe de l'air dans l'eau, il se rapproche de la normale ; le contraire a lieu s'il passe de l'eau dans l'air. L'eau est dite *plus réfringente* que l'air. Le verre est plus réfringent que l'air et même que l'eau.

3. On appelle *lentille* un milieu transparent limité par des portions de surface sphérique. Il y a des lentilles *convexes* ou *convergentes* et des lentilles *concaves* ou *divergentes*.

La ligne qui joint les centres des deux sphères est l'*axe principal*.

Des rayons parallèles à l'axe principal tombant sur une lentille convexe vont converger en un point appelé *foyer*, situé sur l'axe principal.

Réciproquement, les rayons issus du foyer sortent tous parallèles. Cette propriété est utilisée dans les condensateurs de lumière de la lanterne de projections et des phares.

4. Lorsqu'un objet lumineux est placé devant une lentille, s'il est au delà du foyer, la lentille en donne une image *réelle* et *renversée*. L'image est *plus petite que l'objet* si celui-ci est à une distance de la lentille *plus grande que deux fois la distance focale*. L'image est *plus grande* que l'objet quand celui-ci est placé *entre une fois ou deux fois la distance focale*.

Si l'objet est entre le foyer et la lentille, on a une image *virtuelle, droite et plus grande que l'objet*.

5. Les lentilles *concaves* sont plus minces au centre que sur les bords. Des rayons lumineux parallèles à l'axe principal d'une lentille concave *divergent* à leur sortie de la lentille et semblent venir d'un point situé sur l'axe principal. Ce point est *un foyer virtuel*.

Un objet lumineux ne donne jamais d'image réelle dans une lentille divergente, mais une image *virtuelle, droite, plus petite* que l'objet, et située du même côté que l'objet par rapport à la lentille.

6. Au point de vue optique, l'*œil* peut être comparé à une chambre noire photographique ; l'ensemble des milieux réfringents est assimilé à une lentille unique dont le centre optique est voisin de la face postérieure du cristallin et dont la distance focale a 15 millimètres environ. La rétine constitue la membrane sensible. Dans l'œil normal, le foyer des rayons parallèles est situé sur la rétine.

7. L'image d'un objet éloigné se forme sur la rétine. Quand l'objet se rapproche, l'image a tendance à se former en arrière de la rétine. Par le phénomène de *l'accommodation*, la courbure du cristallin augmente et l'image est ramenée sur la rétine.

L'accommodation n'est pas indéfinie; elle cesse à une distance d'environ 20 centimètres pour l'œil normal. Cette distance est la *distance minima de vision distincte*.

L'œil *myope* est trop convergent; on corrige la myopie au moyen de besicles à verres divergents.

L'œil *hypermétrope* n'est pas assez convergent; on corrige la vision au moyen de besicles à verres convergents.

La *presbytie* tient à un défaut d'accommodation du cristallin; on la corrige avec des verres convergents.

8. C'est sans doute par suite de l'éducation de l'œil que nous voyons les objets droits, que nous ne percevons qu'une impression visuelle, que nous apprécions le relief et les distances.

Les impressions lumineuses durent 1/10 de seconde environ; cette persistance des impressions lumineuses est utilisée dans le cinématographe.

9. La *loupe* est un instrument d'optique qui substitue à un objet une image virtuelle plus grande que l'objet.

La loupe est constituée par une lentille convergente dont la distance focale est de quelques centimètres.

Le *microscope* est un instrument d'optique qui donne d'objets très petits une image réelle et agrandie, image qu'on observe au moyen d'une loupe.

Le microscope comprend deux systèmes optiques:

a) L'*objectif*, qui donne l'image réelle;

b) L'*oculaire*, qui joue le rôle de la loupe.

La *lunette astronomique* (*fig.* 236) donne d'un objet éloigné une image réelle qu'on regarde à la loupe; elle est constituée par un *objectif* et un *oculaire* convergents.

La *lunette de Galilée* a un objectif convergent et un oculaire divergent. L'assemblage de deux lunettes de Galilée, permettant la vision avec les deux yeux, constitue des *jumelles*.

EXERCICES

Que remarquez-vous quand vous plongez une règle obliquement dans l'eau? — En est-il de même quand vous la plongez verticalement dans le liquide? — Figurez la marche d'un rayon lumineux qui passe de l'air dans l'eau. — Qu'appelez-vous rayon incident, rayon réfracté, normale, angle d'incidence, angle de réfraction? — Que signifie l'expression: le verre est plus réfringent que l'eau? — Qu'appelez-vous lentille? — Figurez les diverses formes que

Fig. 236. — Lunette astronomique du Parc Saint-Maur (Seine) pour l'observation des taches solaires.

peuvent présenter les lentilles. — Qu'appelez-vous axe principal d'une lentille? — Dans une lentille convergente, qu'appelle-t-on foyer, distance focale principale? Avez-vous un moyen simple de déterminer le foyer et, par suite, la distance focale d'une lentille? — Si vous placez au foyer d'une lentille une source lumineuse de faible dimension, quelle sera la direction des rayons qui sortiront de la lentille? — On place un objet devant une lentille convergente. A quelle distance de la lentille doit se trouver cet objet pour que son image soit : réelle et plus grande que l'objet; réelle et plus petite que l'objet; réelle et égale à l'objet; virtuelle? — Qu'est-ce qu'une lentille divergente? Qu'appelez-vous foyer d'une lentille divergente? — Quelles images donne une lentille divergente?

Décrivez l'œil. — Quels sont les milieux réfringents de l'œil. Où se forme l'image d'un objet éloigné? — En quoi consiste l'accommodation? L'accommodation est-elle indéfinie? — Qu'appelez-vous œil myope, hypermétrope, presbyte? — Comment peut-on corriger ces défauts de l'œil? — Quel est le rôle de la loupe? — Quelles sont les parties essentielles du microscope composé, de la lunette astronomique, de la lunette de Galilée? — Comment utilise-t-on les propriétés des lentilles convergentes dans les phares, l'appareil photographique, la lanterne de projections?

20ᵉ LEÇON

COMPOSITION DE LA LUMIÈRE BLANCHE.
COULEUR DES CORPS.

MATÉRIEL : 2 prismes en cristal. — Le spectre est beaucoup plus étalé et plus brillant quand on remplace le prisme en cristal par un prisme creux dans lequel on verse du sulfure de carbone. Ce prisme peut être monté par un ferblantier ou un zingueur. On construit une sorte de petite lanterne triangulaire dont deux faces sont formées par des glaces de 4 sur 6 centimètres environ, tirées d'une plaque photographique. Ces glaces sont mastiquées à la seccotine, par exemple, ou au silicate de soude. Dans le prisme, on verse du sulfure de carbone. — Les expériences (*fig.* 239) exigent une chambre noire ou tout au moins une demi-obscurité. Si on n'est pas outillé pour faire pénétrer dans la salle la lumière solaire, on peut utiliser comme source lumineuse une lanterne de projection ou une lanterne de bicyclette à acétylène. On limitera le faisceau lumineux au moyen d'une fente de 1 à 2 millimètres de largeur pratiquée dans une feuille de carton. On disposera celle-ci de façon à masquer le foyer de la source. — Disque de Newton. On peut en faire un soi-même de façon très économique. Sur une feuille de bristol, on peint des secteurs des couleurs du spectre. On donne à la feuille 10 à 15 centimètres de diamètre et on détermine 28 secteurs qu'on colore ensuite. Pour faire tourner le disque, on le dispose sur l'axe d'une toupie hollandaise qu'on trouve à bon compte dans n'importe quel bazar. — Papier blanc, noir, rouge, bleu, violet, jaune. — Verres colorés. Il est, en dehors des verres rouges, peu de verres de couleur franche. On s'en assurera en faisant passer dans un prisme la lumière qui a traversé un verre coloré. — Lampe à alcool salé. — Miroir. — Lentille convergente. — Ballon de 250 grammes avec eau filtrée.

Le prisme.

206. *Déviation produite par un prisme.* — On appelle *prisme* en optique tout milieu transparent limité par deux faces planes qui se coupent. Généralement on donne à ces prismes une section triangulaire (*fig.* 237). La ligne suivant laquelle se coupent deux faces est une *arête*. En coupant le prisme par un plan perpendiculaire aux arêtes, on a la *section principale*.

Examinons la marche d'un faisceau lumineux venant du point A et qui tombe sur le prisme en I.

A l'intérieur du prisme, ce faisceau prend la direction IE; il sort du prisme dans la direction EO. Il est facile, en appliquant les lois

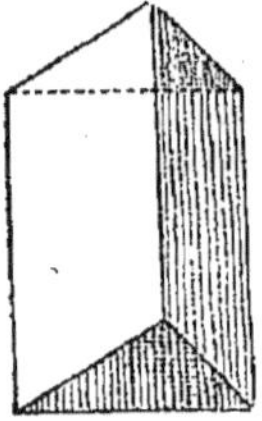

Fig. 237.
Prisme
triangulaire.

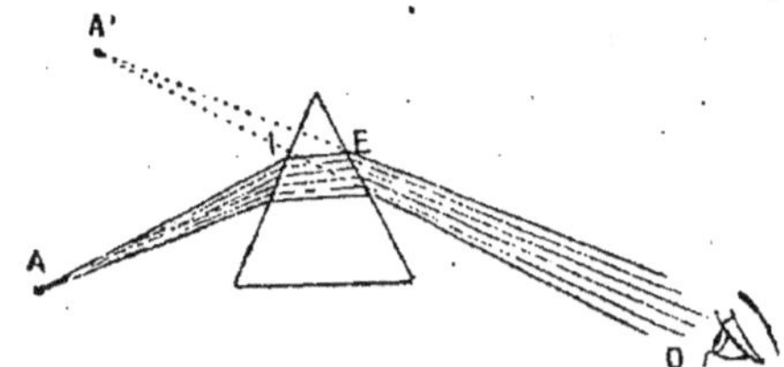

Fig. 238. — Marche d'un faisceau lumineux
qui tombe sur un prisme.

indiquées n° 194, de montrer que le faisceau lumineux est dévié vers la base du prisme. Supposons qu'un observateur place son œil O sur le trajet du rayon émergent. L'œil aperçoit le point lumineux dans le prolongement des rayons qu'il reçoit. La figure 238 montre donc que le faisceau émergeant du prisme a été dévié vers la base. Le point lumineux, au contraire, semble avoir été dévié vers le sommet du prisme.

Mais, si le faisceau qui arrive sur le prisme est un faisceau de lumière solaire, le faisceau émergent présente, outre la déviation, un phénomène que nous allons étudier.

Décomposition de la lumière blanche.

207. *Spectre solaire.* — Expériences. I. Dans la chambre noire (*fig.* 239), faisons arriver la lumière du Soleil S par une fente étroite. Sur le trajet des rayons lumineux, plaçons un prisme P. Recevons sur un écran blanc le faisceau émergeant du prisme. Sur l'écran, nous obtenons une large bande IH, colorée de diverses nuances. Cette bande est formée d'une infinité de teintes, et il est à peu près impossible de voir où l'une commence et où l'autre finit. Celles qui sont le plus nettes sont les teintes rouge, violette, verte. On peut cependant discerner sept couleurs principales, qui sont, à partir de la plus déviée: *violet, indigo, bleu, vert, jaune, orangé, rouge.*

II. Recevons le faisceau émergent sur un écran opaque percé d'une ouverture (*fig.* 240). Plaçons l'écran de façon qu'un faisceau d'une couleur bien franche, rouge par exemple, passe par l'ouverture. Ce faisceau, reçu par un second prisme, ne donne qu'une coloration rouge sur un autre écran. Si on laisse passer un faisceau vert, il ne donnera que du vert ; un faisceau violet ne donnera que du violet.

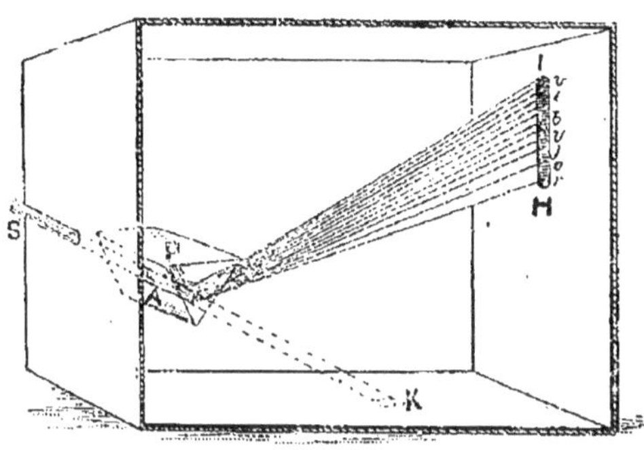

Fig. 239. — Décomposition de la lumière blanche par un prisme.

III. Plaçons un prisme derrière la fente et interposons un verre rouge, puis un verre violet. Nous voyons que le faisceau rouge est moins dévié que le faisceau violet. On fait la même constatation en regardant en même temps à travers un prisme une bande de papier rouge et une bande de papier violet placées bout à bout sur un fond noir.

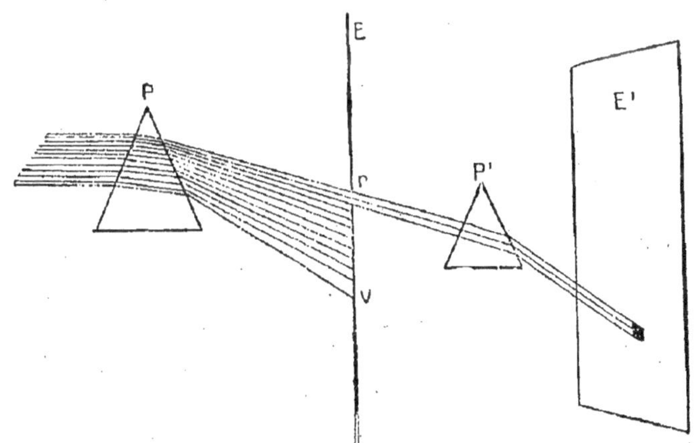

Fig. 240. — Les rayons rouges tombant sur un second prisme ne sont pas décomposés.

CONCLUSION : *La lumière blanche du Soleil est formée d'une infinité de rayons inégalement réfrangibles. Chacun de ces rayons est simple et se présente à l'œil avec une coloration particulière.*

La bande lumineuse colorée obtenue en décomposant par un prisme la lumière blanche du Soleil prend le nom de *spectre solaire.*

Recomposition de la lumière blanche.

208. *Disque de Newton.* — Sur un disque de carton, peindre des
secteurs présentant les différentes couleurs du spectre. En faisant
tourner rapidement ce disque, la surface en paraît blanche (*fig.* 241).

Pour expliquer ce résultat, rappelons-nous que les impressions
lumineuses persistent un certain temps. Ainsi, un charbon allumé que
l'on fait tourner rapidement nous paraît décrire un cercle lumineux.
Il est facile de multiplier les exemples analogues. La persistance d'une
impression lumineuse dure
environ 1/10 de seconde.
Si le disque tourne assez
vite pour que les secteurs
colorés passent devant l'œil
en moins de 1/10 de se-
conde, toutes les impres-
sions se superposant, le
résultat est le même que si
toutes les couleurs parve-
naient à l'œil à la fois. L'œil
nous donne donc la sensa-
tion de la couleur blanche.

L'aspect du disque en
mouvement est toujours
grisâtre, parce qu'il est impossible de peindre les secteurs juste avec les teintes
qu'ils ont dans le spectre.
Mais on peut montrer la re-
composition de la lumière

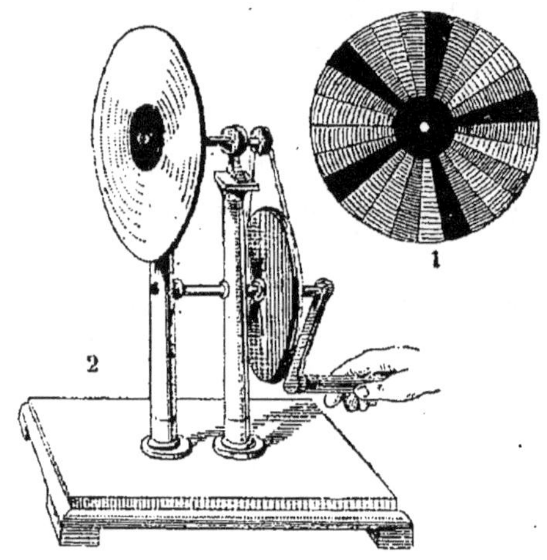

Fig. 241. — Disque de Newton pour la recomposi-
tion de la lumière blanche. — 1, disque coloré;
2, appareil mis en mouvement.

blanche d'une autre façon. En arrière du prisme, on reçoit sur une
lentille le faisceau émergent. En plaçant un écran de l'autre côté de
la lentille, on trouve par tâtonnement une plage blanche obtenue par
la superposition de toutes les couleurs.

Spectres infra-rouge et ultra-violet.

209. *Spectre infra-rouge.* — Des expériences précises ont montré
la présence de rayons moins déviés que le rouge. Ces rayons ne sont
pas lumineux, mais des thermomètres spéciaux très sensibles ont fait
voir que ces rayons étaient surtout *calorifiques*. Ce sont ces rayons,
émis abondamment par nos sources calorifiques et lumineuses, qui
constituent ce que nous avons appelé la *chaleur obscure* (**165**).

210. *Spectre ultra-violet.* — De même, au delà du violet, on a aussi
découvert des rayons plus réfrangibles que le violet. Ces rayons

ultra-violets ne sont pas visibles; ils ne sont pas non plus calorifiques, mais ils sont capables d'impressionner les plaques photographiques, de provoquer certaines combinaisons chimiques. Ce sont des *rayons chimiques*.

Ces rayons sont obtenus aujourd'hui artificiellement dans des lampes électriques spéciales dites à « vapeur de mercure ». L'enveloppe de ces lampes est non en verre, mais en *quartz*. Les rayons ultra-violets détruisent les germes de maladies contagieuses; on les utilise à la stérilisation de l'eau.

MM. Berthelot et de Gaudechon viennent d'obtenir la synthèse de divers composés carbonés par combinaison directe de l'anhydride carbonique et de l'eau sous l'action des rayons ultra-violets, réalisant ainsi expérimentalement des réactions que seule la chlorophylle, substance verte des végétaux, sous l'influence de la lumière solaire, s'était montrée jusqu'ici capable de produire.

Couleur des corps.

211. *Couleur d'un corps opaque.* — 1° Une feuille de papier blanc éclairée par la lumière du soleil paraît blanche; éclairée par de la lumière rouge, elle paraît rouge, etc. Ainsi, *le blanc renvoie toutes les couleurs qu'il reçoit;*

2° Une feuille de papier noir paraît noire, quelle que soit la lumière qui l'éclaire. *Un corps noir absorbe tous les rayons lumineux qu'il reçoit;*

3° Une feuille de papier rouge, exposée à la lumière du Soleil, est celle qui absorbe la plupart des rayons lumineux et renvoie seulement le rouge. Si on regarde ce papier à travers un prisme, on ne trouve en effet que du rouge.

La teinte de la feuille de papier varie avec la lumière qu'elle reçoit. A la lumière du pétrole ou du gaz, les objets n'ont pas la même couleur qu'à la lumière du jour : le jaune, le vert pâle paraissent blancs.

Considérons, par exemple, la lumière jaune donnée par l'alcool salé. Elle renferme surtout des rayons jaunes. Dans la chambre noire, tous les objets éclairés par la lumière de l'alcool salé paraissent jaunes ou noirs.

212. *Couleur d'un corps transparent.* — 1° Le verre incolore laisse passer tous les rayons lumineux. A travers la vitre, nous apercevons les corps avec les mêmes couleurs qu'à l'œil nu;

2° Un verre rouge est celui qui laisse passer un ensemble de rayons donnant l'impression du rouge. A travers un verre rouge, un corps blanc paraît rouge, un corps rouge paraît rouge, les corps colorés d'autres couleurs paraissent noirs ou rouge noir.

213. *Couleurs complémentaires.* — EXPÉRIENCE. Dans la chambre noire, faire tomber sur le prisme un faisceau de lumière solaire. Intercepter une partie du faisceau émergent en le coupant au moyen d'un miroir, par exemple. En recevant séparément sur une lentille le

faisceau direct et le faisceau réfléchi, on a sur un écran deux couleurs,
dont la réunion donne la sensation de la lumière blanche. Ces couleurs sont dites *complémentaires.* Exemples : le rouge-orangé et le vert,
le bleu et l'orangé, le jaune et le violet. Ces teintes ne sont pas d'ailleurs exactement celles du spectre. Au moyen de trois couleurs simples,
on peut également obtenir du blanc. Exemple : rouge, jaune, bleu.
Ce fait est appliqué dans les procédés habituels de photographie des
couleurs.

Arc-en-ciel.

214. *Observation du phénomène.* — Par les jours de pluie, le matin
ou le soir, lorsque le Soleil est assez bas sur l'horizon et qu'il éclaire
un nuage de pluie, un observateur tournant le dos au Soleil aperçoit
souvent un arc coloré des nuances du spectre : c'est *l'arc-en-ciel*
(*fig.* 242 et 245). Le rouge est en dehors, le violet en dedans. Parfois,

Fig. 242. — Arc-en-ciel : mode de formation.

un second arc, concentrique au premier, se montre simultanément.
L'ordre des couleurs est inverse du précédent : le rouge est en dedans,
le violet en dehors.

D'après ce que nous avons vu, il est facile de se rendre compte que
deux phénomènes donnent naissance à cet arc :

1º Il y a réflexion de la lumière solaire, puisque l'arc est visible
quand on tourne le dos au Soleil ;

2º Il y a décomposition de la lumière solaire, puisque l'arc nous
apparaît coloré des couleurs du spectre.

EXPÉRIENCE. Dans la chambre noire, faisons pénétrer un large faisceau de lumière solaire (*fig.* 243). Recevons ce faisceau sur un ballon

très propre, renfermant de l'*eau filtrée*. Sur le mur, nous voyons se projeter un arc brillant, coloré des couleurs du spectre et ayant le rouge en dehors. Quelquefois, on voit un second arc plus grand que le premier avec le rouge en dedans. C'est, en petit, ce qui se passe dans l'arc-en-ciel.

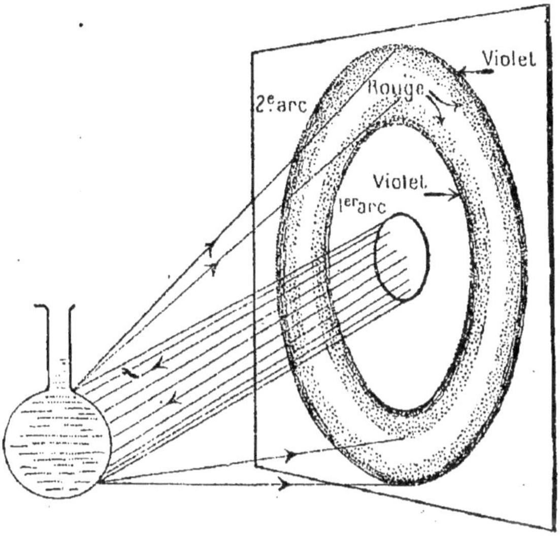

Une étude de la marche des rayons lumineux dans le ballon montre (*fig.* 243) que les rayons formant le premier arc ont subi une réflexion sur les parois du ballon. Ceux qui forment le second ont subi deux réflexions. Cette expérience nous montre donc que l'arc-en-ciel est formé par les rayons du Soleil parvenant à notre œil après

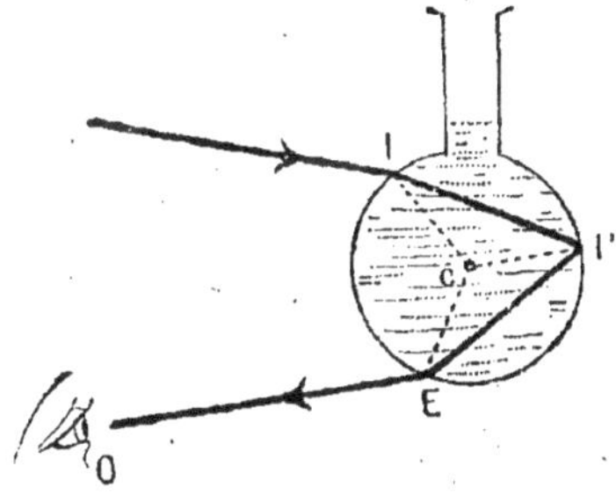

Fig. 243. — Reproduction du phénomène de l'arc-en-ciel au moyen d'un petit ballon.

avoir subi : 1° une ou deux réflexions sur les gouttes de pluie qui forment les nuages ; 2° une décomposition de la lumière blanche du Soleil à travers ces gouttes de pluie qui jouent le rôle de prismes.

Ajoutons que le premier arc, le plus brillant, ne se produit que si le Soleil est à moins de 42° sur l'horizon. Pour que le second arc soit visible, il ne faut pas que le Soleil soit à plus de 53° au-dessus de l'horizon.

RÉSUMÉ

1. Un milieu transparent limité par deux faces planes qui se coupent constitue un *prisme optique*. Un tel milieu dévie vers sa base les faisceaux lumineux qui le traversent, mais, de plus, il décompose les faisceaux de lumière solaire.

Fig. 244. — Marche d'un rayon lumineux dans la figure précédente.

2. La *lumière blanche* est formée d'une infinité de rayons *inégalement réfrangibles*.

Chacun de ces rayons présente à l'œil une coloration particu-

Fig. 245. — Photographie d'un arc-en-ciel.

lière, et chacune de ces couleurs est *simple*, c'est-à-dire qu'elle
ne peut plus être décomposée.

3. On sépare les rayons de réfrangibilités différentes en recevant sur un prisme un faisceau de lumière solaire. On obtient sur

un écran une bande colorée. Dans cette bande, on peut distinguer sept couleurs principales, qui sont, en commençant par la plus déviée: *violet, indigo, bleu, vert, jaune, orangé, rouge.* Cette bande s'appelle *spectre solaire.*

4. En réunissant les sept couleurs fondamentales, on reconstitue la lumière blanche.

5. On a trouvé dans le spectre des rayons *calorifiques,* moins déviés que le rouge, ou rayons *infra-rouges,* et des rayons plus déviés que le violet, ou rayons *ultra-violets,* qui sont des rayons *chimiques.* Les rayons ultra-violets détruisent les germes de maladies contagieuses; on les utilise pour la stérilisation de l'eau et d'un grand nombre de liquides.

6. Un corps opaque *blanc* est celui qui renvoie toutes les couleurs dans la même proportion; un corps *noir* absorbe tous les rayons lumineux; un corps *coloré* renvoie les rayons correspondants et absorbe les autres. Exemple: un corps rouge renvoie les rayons rouges.

7. Un corps *transparent* est incolore quand il laisse passer également toutes les couleurs; il est *rouge* si, ne laissant passer que les rayons rouges, il absorbe les autres.

8. On appelle *couleurs complémentaires* des couleurs qui donnent l'impression de la couleur blanche quand elles parviennent en même temps à l'œil. Exemple: le rouge orangé et le vert, le bleu et l'orangé, etc.

9. L'*arc-en-ciel* est un arc lumineux, coloré des couleurs du spectre qu'on observe en tournant le dos au Soleil quand cet astre, bas sur l'horizon, éclaire un nuage de pluie. On observe quelquefois deux arcs concentriques dont les couleurs sont disposées en sens inverse.

Ce phénomène est dû:

1° A la réflexion des rayons solaires sur les gouttes de pluie formant les nuages;

2° A la décomposition de la lumière blanche par ces mêmes gouttes jouant le rôle de prismes.

EXERCICES

Qu'appelle-t-on prisme en optique? — Figurez la marche d'un faisceau lumineux qui traverse un prisme. — Qu'arrive-t-il quand un faisceau de lumière solaire traverse un prisme? — Montrez que la lumière blanche est formée de rayons diversement colorés, simples et inégalement réfrangibles. — Comment peut-on, avec les couleurs du spectre, reconstituer de la lumière blanche? — Où trouve-t-on dans le spectre des rayons calorifiques, des rayons chimiques? — Que pouvez-vous dire d'un corps opaque, blanc, noir, coloré? — Même question pour un corps transparent. — Vous regardez un paysage à travers un verre rouge; vous ne voyez que des colorations rouges ou noires. Pourquoi? — Quelles sont les colorations qui vous paraissent rouges, quelles sont celles qui vous paraissent noires? — La lumière de l'alcool salé renferme surtout des rayons jaunes. Vous examinez avec cette lumière des objets diversement colorés: blancs, jaunes, rouges, etc. Quelles teintes présentent ces objets? — A la lumière du gaz, les objets jaunes paraissent blancs. Comment vous expliquez-vous ce fait? — On a des lampes dites à vapeur de mercure dont la lumière ne possède pas de rayons rouges. Quelles teintes présenteront les objets rouges éclairés par cette source lumineuse? — Dans quelles conditions apercevez-vous l'arc-en-ciel? — Comment devez-vous vous placer pour apercevoir l'arc-en-ciel dans les gouttelettes d'un jet d'eau? — Quels sont les phénomènes physiques qui donnent naissance à l'arc-en-ciel?

21ᵉ LEÇON

PRODUCTION ET PROPAGATION DU SON

MATÉRIEL: Lame d'acier; morceau de ressort de montre ou de pendule de 15 à 20 centimètres de longueur — Petite ficelle ou, mieux, fil de caoutchouc tendu entre deux clous distants de 40 centimètres environ. — Diapason ordinaire à deux branches et pendule supportant une balle de liège ou de moelle de sureau. — Verre recouvert de noir de fumée. Pour l'inscription des vibrations, on fixe à l'extrémité d'une des branches du diapasion un crin dur ou une soie de brosse dure de quelques centimètres de longueur. — 7 ou 8 pièces de 10 centimes ou disques métalliques ou disques de bois dur. — Phonographe, si on peut s'en procurer un. — Observer l'écho, la résonance s'il y a lieu dans le voisinage des obstacles qui le permettent.

Production du son.

215. *Différents modes de production du son.* — Les sensations qui nous sont transmises par l'oreille sont dites *sensations sonores*. Le phénomène physique cause de ces sensations s'appelle *son*. On distingue quelquefois les *sons musicaux*, qui produisent sur l'oreille une impression continue et agréable, et les *bruits*. L'acoustique s'occupe de la production, de la propagation et de la comparaison des sons musicaux.

1º Dans le piano, on produit des sons en frappant avec de petits marteaux des cordes en acier. Ainsi le choc peut produire des sons. Nous savons d'ailleurs que nombre des bruits que nous percevons sont produits par le choc de deux corps;

2º Quand on joue du violon, on frotte les cordes avec un archet; dans la mandoline, on gratte ces cordes; dans la guitare, on les pince. Les sons produits par ces instruments sont donc obtenus en mettant en mouvement les cordes qu'ils portent. On sait que le frottement de deux corps donne naissance à des bruits ;

3° Quand nous parlons, quand nous jouons du piston, de la clarinette, nous communiquons un certain mouvement à une masse d'air. Quand près de nous on tire un coup de fusil, le bruit que nous percevons est causé par le brusque déplacement d'une masse d'air par les gaz de la poudre. Quand l'air pénètre brusquement dans un espace vide, il produit un bruit analogue à la détonation d'une arme à feu.

Ainsi, *chaque fois que nous percevons un son ou un bruit, nous pouvons en rapporter l'origine à un corps animé d'un certain mouvement.*

Nature du son.

216. Les corps sonores sont animés d'un mouvement vibratoire. — **A) Mouvement vibratoire.** Considérons une lame d'acier fixée entre les mors d'un étau (*fig.* 246). Quand elle est en équilibre, l'extrémité libre est en O. Déplaçons cette extrémité de O en A et abandonnons-là. Elle revient rapidement vers O, dépasse cette position, atteint A′ symétrique de A par rapport à la position primitive, c'est-à-dire que l'arc AO est égal à l'arc A′O. Puis la lame exécute de part et d'autre de O des mouvements très rapides. On dit qu'elle *vibre.* Le trajet de A en A′ est appelé une *oscillation ;* le mouvement d'aller et retour est une *vibration.* Le mouvement vibratoire est analogue à celui d'un fil à plomb qu'on dérange de sa position d'équilibre et qu'on abandonne ensuite. L'angle formé par les deux positions extrêmes de la lame d'acier s'appelle *amplitude* du mouvement vibratoire. Cet angle diminue assez rapidement et les vibrations finissent par s'arrêter ; mais des mesures précises ont montré que ces vibrations s'*effectuent dans des temps égaux* pour une lame de longueur déterminée.

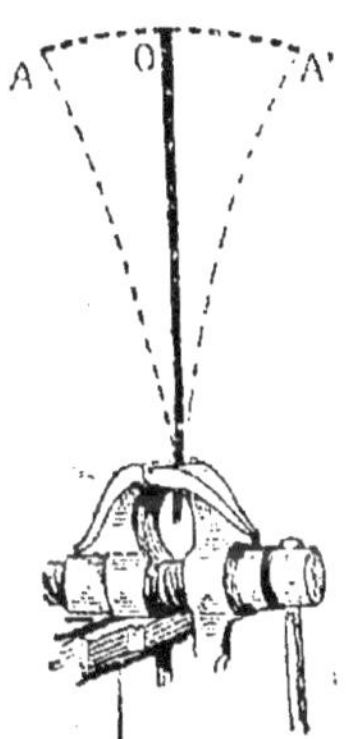

Fig. 246.
Vibration d'une lame
d'acier.

Si on diminue la longueur de la lame, les vibrations deviennent plus rapides et il arrive que l'on entend un son.

Ainsi *une lame d'acier qui produit un son est en vibration.*

B) Vibration d'une corde. Pinçons fortement une corde de violon ou une corde métallique fixée à ses extrémités (*fig.* 247). Écartons le milieu de sa position et lâchons la corde. Elle rend un son, mais elle prend l'aspect d'un fuseau. Cela tient

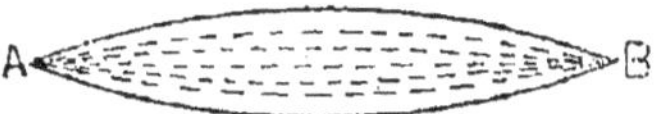

Fig. 247. — Vibration d'une corde.

à ce que le mouvement est assez rapide pour que ses diverses positions parviennent à l'œil en moins de 1/10 de seconde, durée de la persistance des impressions lumineuses. *La corde qui rend un son est encore animée d'un mouvement vibratoire.*

C) Vibration d'un diapason. La figure 248 montre qu'un diapason qui rend un son est animé d'un mouvement vibratoire. En touchant une des branches avec la main, on constate très bien un frémissement causé par ce mouvement. Quand on arrête ce frémissement, le son s'éteint. En plongeant une des branches du diapason en vibration dans l'eau, on voit le liquide projeté par le mouvement de l'instrument. A défaut de diapason, on peut prendre un verre de cristal que l'on frappe pour lui faire rendre un son.

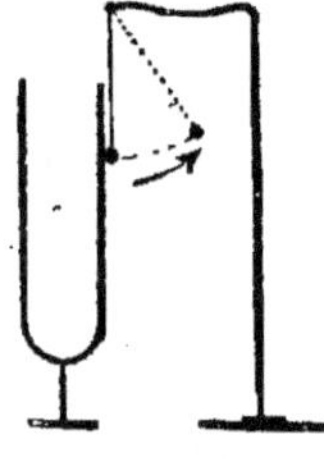

Fig. 248.
Vibration d'un
diapason.

Conclusion : *Chaque fois que nous percevons un son, nous pouvons en rapporter l'origine à un corps animé d'un mouvement vibratoire.*

217. Inscription du mouvement vibratoire. — A l'extrémité d'une branche du diapason, fixons un fil flexible, un morceau de crin, par exemple. Faisons vibrer le diapason et déplaçons rapidement le crin à la surface d'un verre enduit de noir de fumée. Le crin trace sur le verre une ligne en zigzag (*fig.* 249). Chaque sinuosité est produite par une oscillation.

Si nous savons la durée du déplacement, et si ce déplacement a été bien régulier, nous pouvons évaluer la durée d'une oscillation. Ainsi le diapason qui donne le *la* normal exécute des vibrations dont la durée est de 1/435 de seconde.

La durée d'une oscillation est donc de 1/870 de seconde.

Réciproquement, en déplaçant d'un mouvement régulier un verre fumé devant le diapason précédent, nous aurons un moyen de mesurer le temps avec une grande précision.

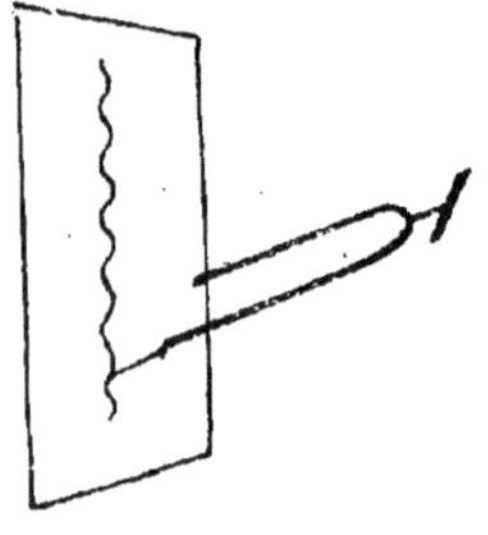

Fig. 249. — Inscription des
vibrations d'un diapason.

218. Phonographe. — C'est un appareil (*fig.* 250) qui montre d'une façon irréfutable la nature du son. En effet, il sert : 1° à inscrire un mouvement vibratoire sur un cylindre de cire ; 2° à faire reproduire ces vibrations par une lame assez mince qui rend ainsi les sons émis dans la première opération.

Le phonographe se compose essentiellement d'un cylindre en cire spéciale à la surface duquel se déplace, mue par un mouvement d'horlogerie, une pointe assez fine. Cette pointe appuie sur une lame vibrante placée au fond d'un large pavillon. Le pavillon est destiné à collectionner les vibrations. Quand le mouvement d'horlogerie est en marche, si on ne produit aucun son devant l'appareil, la pointe trace sur le cylindre une spirale régulière. Mais si un son est émis devant le pavillon, la pointe inscrit une ligne irrégulière, elle *enregistre* le mouvement vibratoire. Il suffit dès lors de ramener la pointe au point de départ, de mettre en marche à nouveau le mouvement d'horlogerie, et la plaque vibrante reproduit les sons enregistrés. Ce merveilleux appareil, inventé par Edison, a reçu de nom-

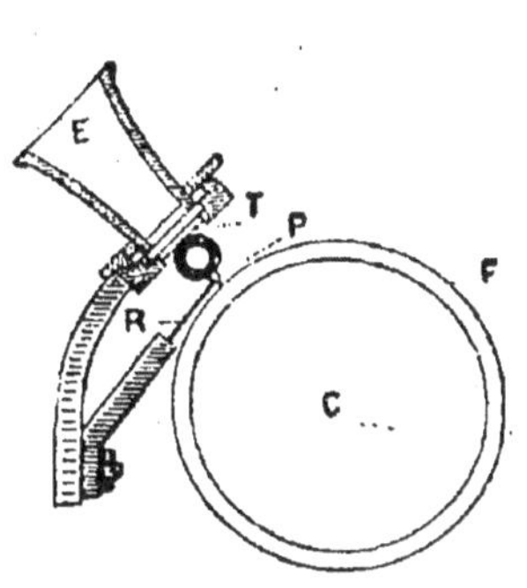

Fig. 250. — Coupe d'un phonographe en montrant le fonctionnement. — C, cylindre; F, manchon en cire; E, pavillon collecteur des vibrations; P, pointe servant à inscrire les vibrations.

Fig. 251. — Gramophone ou phonographe à disque. — L'inscription des vibrations se fait sur un disque de cire spéciale au lieu de se faire sur un cylindre comme dans le phonographe primitif.

breux perfectionnements destinés à assurer la pureté et la netteté du son produit, et à supprimer l'accent nasillard des premiers instruments.

La figure 251 montre un appareil perfectionné, appelé *gramophone* par les constructeurs, et dans lequel le cylindre est remplacé par un disque. Le cornet dont est muni l'appareil est un résonateur destiné à renforcer les sons.

Propagation du son.

219. *Propagation dans le vide.* — EXPÉRIENCE. Prendre un ballon (*fig.* 252) au centre duquel se trouve une petite clochette adaptée au bouchon. Constater le son de la clochette quand le ballon est plein d'air. Faire le vide dans le ballon. Le son de la clochette est très affaibli. Faire rentrer de l'air, le son devient plus fort. On ne peut pas supprimer les corps conducteurs du son : c'est pourquoi le son de la clochette se perçoit toujours un peu; mais cette expérience, reproduite sous des formes variées, a permis d'affirmer que *le son ne se propage pas dans le vide.* Dans les gaz raréfiés, les sons se trouvent affaiblis; le fait a été constaté dans les pays de montagnes.

220. *Propagation par les gaz, les liquides, les solides.* — 1° **Par les gaz.** C'est par l'air que nous arrivent presque tous les sons que nous percevons journellement. Les vibrations d'un corps sonore se transmettent à l'air, sont rassemblées dans le canal auditif externe, et par un procédé assez complexe vont impressionner le nerf auditif.

Ces vibrations de l'air sont mises en évidence par les mouvements de vitres des appartements quand un grand bruit se produit dans le voisinage (passage d'un train, d'un camion lourdement chargé, détonation d'une arme à feu);

2° **Par les liquides.** Les plongeurs entendent parfaitement dans l'eau les bruits qui se produisent sur le rivage. Les pêcheurs à la ligne savent aussi que le moindre bruit fait fuir le poisson;

3° **Par les solides.** Un élève place son oreille à l'extrémité d'une longue table. A l'autre extrémité, un deuxième élève gratte légèrement contre le bois. Le premier élève perçoit très bien le son, alors que ses camarades n'entendent rien. — Attacher à une ficelle des pincettes, un diapason, un objet métallique. Placer dans les oreilles les extrémités de la ficelle. Quand quelqu'un frappe sur

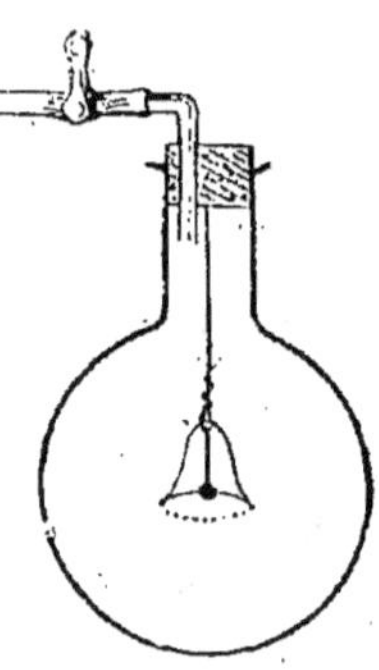

Fig. 252. — Le son ne se propage pas dans le vide.

le métal, on entend un bruit semblable au tintement d'une énorme cloche. Les solides transmettent donc le son. En se collant l'oreille contre le sol, on entend à une grande distance la marche d'un train, d'une voiture, d'un régiment de cavalerie.

221. *La propagation du son n'est pas instantanée.* — De nombreux faits d'observation le montrent. Quand un chasseur tire un coup de fusil, on aperçoit la fumée, puis on entend le son un peu après. Quand on regarde un bûcheron abattre un arbre, à une certaine distance on entend le coup de la hache lorsque celle-ci est déjà en l'air.

Quand on fait jouer le sifflet de la locomotive, un observateur aperçoit d'abord le panache de vapeur qui s'échappe, puis il entend le bruit. A une certaine distance d'une troupe en marche, on croit que les hommes ne suivent pas la mesure de la musique. Pendant les orages, on aperçoit l'éclair avant d'entendre le bruit du tonnerre, etc.

Tous ces faits proviennent de ce que la lumière se propageant extrêmement vite, on peut dire que l'œil nous transmet les impressions lumineuses au moment même où elles se produisent; mais si en même temps il y a un ébranlement sonore, le son arrive à l'oreille un peu après.

D'ailleurs la *vitesse de propagation est indépendante de la nature du son,* car à une certaine distance d'un orchestre nous percevons les sons dans le même ordre et avec le même rythme que si nous sommes tout près.

222. *Mesure de la vitesse de propagation du son dans l'air.* — Nous ne signalerons que les expériences basées sur les faits d'observation qui précèdent.

Ces expériences furent faites, en 1822, entre deux buttes des environs de Paris, Montlhéry et Villejuif, dont la distance est d'environ 18 kilomètres. La nuit, par un temps calme, on tirait alternativement des coups de canon à l'une et à l'autre station. Supposons qu'on tirât à Villejuif. Les observateurs de Montlhéry notaient le moment où ils apercevaient la lueur du coup de canon. Ils déterminaient avec un chronomètre de précision le nombre de secondes écoulées entre le moment où ils voyaient le feu et celui où ils entendaient la détonation. En faisant l'expérience en sens inverse, on éliminait l'influence du vent. On prit la moyenne d'un grand nombre d'expériences et on eut le temps que met le son pour parcourir 18 kilomètres. Ce temps fut trouvé de 54 s. 6. La distance exacte des deux stations étant de 18 623 mètres, le son parcourt en 1 seconde $\dfrac{18\,623 \text{ m.}}{54,6} = 341$ mètres.

La température était d'environ 16°. A 0°, la vitesse ne serait que de 330 mètres par seconde. La vitesse du son dans l'air et dans les gaz a été mesurée depuis par des procédés plus précis qui ont confirmé les résultats précédents.

On a déterminé aussi la vitesse de propagation du son dans les liquides, dans les solides. Dans l'eau, le son parcourt 1 422 mètres par seconde ; dans le fer, la vitesse est environ 15 fois plus grande que dans l'air.

Réflexion du son.

223. *Écho.* — Lorsqu'on se place à une certaine distance, en face d'un mur, d'un obstacle quelconque, et qu'on émet un son à voix forte, au bout de peu de temps on entend ce son renvoyé par l'obstacle, comme si une personne répondait et répétait le son émis. Ce phénomène est l'*écho;* il tient à ce que le son se réfléchit sur un obstacle comme le fait la lumière sur un miroir.

Pour qu'il y ait écho bien net, il faut se trouver à une vingtaine de mètres au moins de l'obstacle. A une distance plus considérable, l'écho peut répéter plusieurs syllabes. S'il y a plusieurs obstacles à des distances différentes, plusieurs échos successifs pourront se produire.

Si l'obstacle est à une distance insuffisante pour que le son réfléchi soit distinct du son émis, il y a, en général, renforcement de ce dernier. C'est ce phénomène, appelé *résonance,* qui se produit sous les voûtes des ponts, dans les salles de théâtre, les églises vides. Dans les salles de théâtre mal construites, le son réfléchi, au lieu de prolonger le son émis, empiète sur le son suivant, ce qui est nuisible pour la netteté de l'audition. Les étoffes, la présence des spectateurs diminuent la résonance.

RÉSUMÉ

1. L'oreille nous transmet les sensations dites *sonores ;* on appelle *son* ou *bruit* le phénomène physique qui est la cause de ces sensations.

Le choc, le frottement de deux corps, le déplacement brusque d'une masse d'air peuvent être la cause de sons.

2. On appelle *mouvement vibratoire* un mouvement très rapide exécuté par les particules des corps, de part et d'autre de leur position d'équilibre. Une lame d'acier, dont une extrémité est fixée et dont l'autre est écartée de sa position d'équilibre, donne l'idée du mouvement vibratoire.

Un diapason, une corde, qui rendent un son vibrent. En un mot, chaque fois que nous percevons un son, nous pouvons en rapporter l'origine à un corps animé d'un mouvement vibratoire.

3. On peut inscrire les vibrations d'un corps. Le *phonographe* est un appareil qui a pour objet :

a) De faire inscrire, *enregistrer*, sur un cylindre ou un disque de cire, des sons émis par l'appareil ;

b) De faire exécuter par une lame vibrante les vibrations enregistrées sur le cylindre. La plaque reproduit ainsi les sons émis.

4. Le son ne se propage pas dans le vide. Il se propage par les gaz, car c'est l'air qui nous transmet presque tous les sons que nous percevons. Les liquides et les solides transmettent le son mieux encore que l'air.

5. Le son ne se propage pas instantanément ; cela résulte d'une foule de faits d'observation journalière.

Quand, au même instant, un phénomène lumineux et un ébranlement sonore se produisent en un point, la lumière parvient à l'œil instantanément, mais le son n'est perçu que quelque temps après. Ce retard a permis de mesurer la vitesse de propagation du son.

Dans l'air, à la température ordinaire, le son parcourt 341 mètres par seconde.

Dans les liquides, les solides, la vitesse de propagation est plus grande que dans l'air.

6. Le son se réfléchit sur un obstacle et produit *l'écho.* Un observateur, à une certaine distance de l'obstacle, entend d'abord le son émis, puis le son réfléchi. L'écho peut répéter plusieurs syllabes ; il y a des échos multiples. A une faible distance d'un obstacle, le son réfléchi prolonge le son émis ; on dit qu'il y a *résonance.* La résonance est utile quand elle renforce le son émis ; elle est nuisible quand le son réfléchi empiète sur le son suivant.

EXERCICES

Montrez par des exemples que le son a toujours pour origine un corps en mouvement. — Qu'entendez-vous par mouvement vibratoire? — Comment peut-on inscrire les vibrations d'un diapason? — Avez-vous vu un phonographe ou un gramophone? Décrivez cet appareil. — Comment enregistre-t-on les sons avec cet instrument?

Le son se propage-t-il dans le vide? — La détonation d'une arme à feu nous paraîtra-t-elle aussi forte au sommet d'une montagne élevée que dans la plaine? — Montrez, par des faits d'observation journalière, que la propagation du son n'est pas instantanée. — Les divers sons se propagent-ils dans l'air avec la même vitesse? — Comment peut-on mesurer la vitesse de propagation du son dans l'air? — Avez-vous quelquefois observé un écho? — Comment se produit ce phénomène? — Quand vous passez sous un pont, vous constatez un renforcement considérable des sons ou des bruits produits sous ce pont. A quoi attribuez-vous ce résultat? — Vous avez remarqué, dans une église ou une vaste salle vide, que la voix semble renforcée; quand la salle est garnie, la voix, au contraire, semble étouffée. A quoi tient cette différence?

22ᵉ LEÇON

LES AIMANTS. — LA BOUSSOLE.

· Matériel : Pierre d'aimant naturel. — Aimant ordinaire. — Deux aiguilles à tricoter en acier. — Potence simple formée d'un fil de laiton coudé (*fig.* 256). — Limaille de fer. — Feuille de papier fort ou de bristol. — Boussole carrée ou boussole forme montre.

Définition des aimants. — Action des pôles.

224. *Aimants naturels et aimants artificiels.* — 1° Voici un morceau d'acier en fer à cheval. Il possède la propriété d'attirer les clous, la limaille de fer : c'est un aimant;

2° On trouve certains minerais de fer qui ont la propriété précédente. Ce sont des *aimants naturels* (*fig.* 253). Ces roches sont d'ailleurs un oxyde de fer, identique par sa constitution chimique à celui qui se produit lorsque les forgerons battent le fer sur l'enclume. Cette pierre était connue des anciens, et comme elle est assez abondante en Asie Mineure, aux environs de la ville appelée Magnésie, on a donné le nom de *magnétisme* à la propriété qu'elle possède. Les aimants en acier sont des *aimants artificiels*.

225. *Pôles.* — Nous verrons bientôt comment on obtient des aimants artificiels. On leur donne généralement la forme de barreaux, d'aiguilles, de losanges très allongés; souvent on les façonne en fer à cheval.

1° Plongeons un de ces aimants dans la limaille de fer. Elle s'attache surtout aux deux extrémités (*fig.* 253). Ainsi le magnétisme semble s'être concentré en ces points qu'on appelle les *pôles* de l'aimant;

2° Suspendons à une potence une aiguille aimantée (*fig.* 254). Quand elle est en équilibre, on constate qu'elle a pris une direction

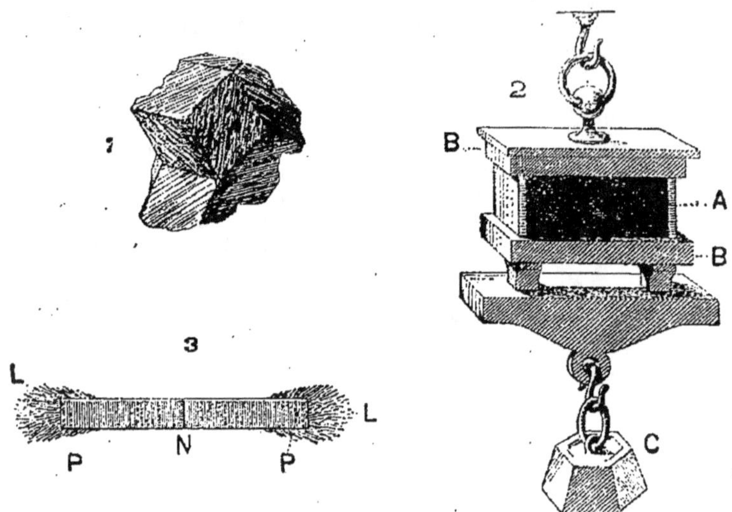

Fig. 253. — 1. Aimant naturel. — 2. Aimant naturel avec son armature métallique. A, pierre d'aimant; B, monture; C, poids soulevé par l'aimant. — 3. Action d'un barreau aimanté sur la limaille de fer. P, P, pôles de l'aimant; N, ligne neutre; L, L, limaille.

voisine de celle du nord au sud. On la déplace, elle revient exactement à la même position. La figure montre divers moyens de varier cette expérience : on peut placer l'aiguille sur un pivot vertical C (*fig.* 255), sur lequel elle peut tourner, ou bien on la met sur un morceau de liège qui flotte sur l'eau (*fig.* 264). On appelle *pôle nord* le pôle qui se dirige vers le nord. L'autre extrémité de l'aiguille est le *pôle sud;*

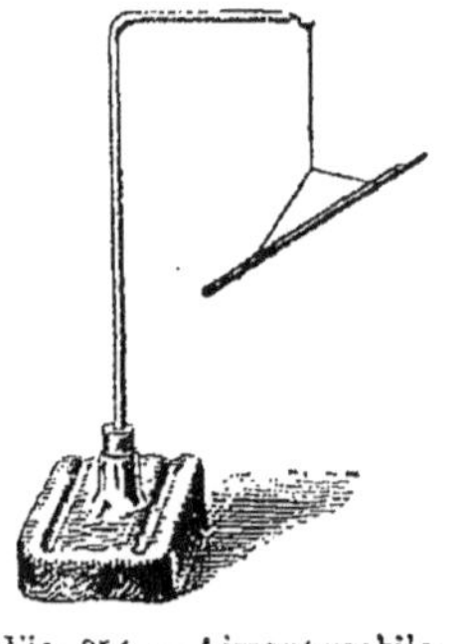

Fig. 254. — Aimant mobile.

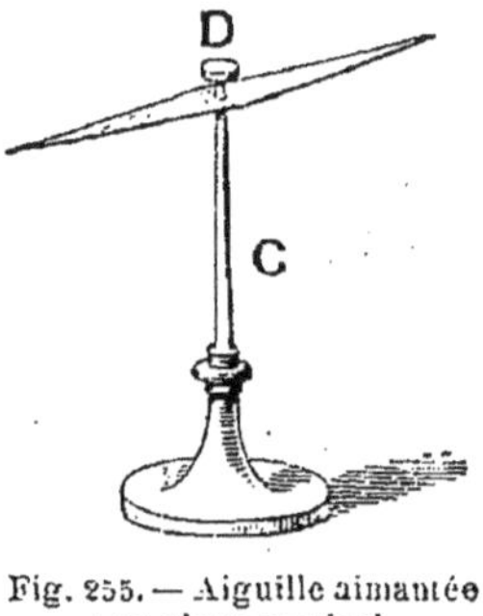

Fig. 255. — Aiguille aimantée sur pivot vertical.

3° Suspendons à deux potences deux aiguilles aimantées et marquons à l'encre le pôle nord de chacune; laissons une de ces aiguilles suspendue et prenons l'autre à la main (*fig.* 256, 257).

Approchons le pôle nord de l'une du pôle nord de l'autre. Ces deux pôles *se repoussent.* Approchons le pôle nord de l'une du pôle sud de l'autre : ces pôles *s'attirent.* Recommencer les mêmes expériences avec le pôle sud.

Ainsi, *les pôles de même nom se repoussent, les pôles de noms contraires s'attirent.*

Aimantation du fer doux et de l'acier.

226. *Aimantation par influence.* — 1° Je touche avec un aimant un clou en fer : ce clou peut attirer de la limaille, un autre clou ; il est

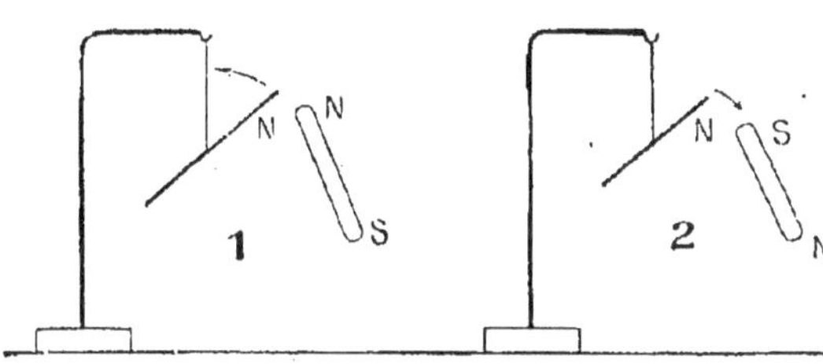

devenu un aimant à son tour. Je le détache du premier aimant : il a perdu toute propriété magnétique. Ainsi le fer s'aimante au contact d'un autre aimant, mais ne conserve pas son aimantation. Nous pouvons constater, avec l'ai-

Fig. 256 et 257. — Aimants mobiles. Action mutuelle des aimants. — 1. Les pôles de même nom se repoussent. — 2. Les pôles de noms contraires s'attirent.

guille aimantée mobile, qu'un pôle sud s'est formé à l'extrémité du clou qui touche le pôle nord de l'aimant ;

2° Je touche avec un aimant une aiguille d'acier ; elle s'aimante, mais si je la détache de l'aimant, elle conserve la propriété d'attirer le fer ; elle est devenue un *aimant permanent ;*

3° Je casse en deux l'aiguille aimantée précédente ; chaque partie est un aimant complet et présente deux pô-les ; je casse à nouveau chaque morceau en deux, nous avons 4 ai-mants, etc. (*fig.* 258). On peut donc vraisem-blablement penser que chaque particule d'un barreau aimanté est un petit aimant, et que ces aimants sont tous

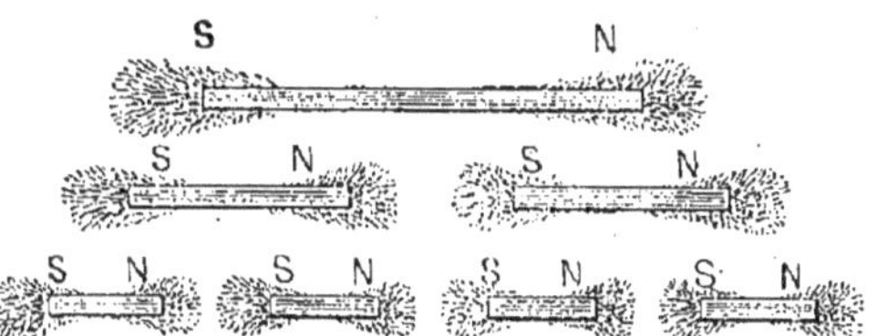

Fig. 258. — Aimants brisés. — En brisant une aiguille aimantée, chacun des morceaux devient un aimant à son tour. N, pôle nord ; S, pôle sud.

orientés dans le même sens. L'action magnétique produite par deux pôles opposés placés bout à bout s'annulerait, sauf aux deux extrémités du barreau, où cette action se ferait sentir ;

4° La propriété de l'acier de s'aimanter au contact d'un aimant est utilisée pour obtenir des aimants artificiels. Aujourd'hui, on pro-duit l'aimantation à peu près exclusivement par le courant électrique (V. 26° Leçon), mais on peut aimanter un barreau d'acier par le procédé suivant : on frotte le barreau à aimanter, d'un bout à l'autre, et *toujours dans la même direction*, avec un pôle d'aimant. Si le pôle frottant est un pôle nord, le barreau présente un pôle sud du côté où finit la friction.

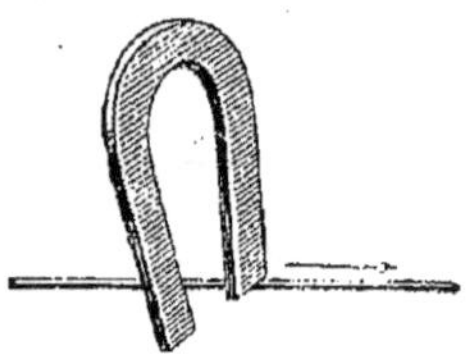

227. *Champ magnétique*. — EXPÉRIENCES. I. Sous une feuille de carton blanc, plaçons un barreau aimanté et saupoudrons le carton de limaille de fer. En frappant légèrement ce carton, on voit la limaille se disposer suivant certaines lignes allant d'un pôle à l'autre (*fig.* 260).

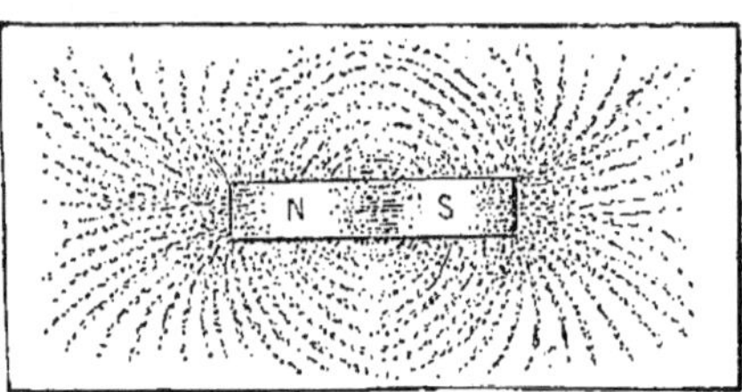

Fig. 259. — Aimantation d'un barreau d'acier au moyen d'un aimant.

Ainsi, un aimant exerce un action à travers l'espace. La portion de l'espace dans laquelle cette action se fait sentir est le *champ magnétique* du barreau. Les lignes suivant lesquelles se dispose la limaille sont les *lignes de force magnétique*. On leur donne un sens, et on admet qu'à travers l'espace elles se dirigent du pôle nord au pôle sud. La figure obtenue (*fig.* 260) s'appelle *spectre magnétique*.

Fig. 260. — Spectre magnétique obtenu en projetant de la limaille de fer sur un carton recouvrant un barreau d'acier aimanté.

II. Réaliser de même le spectre magnétique en plaçant sous le carton :

1° Un aimant en forme de fer à cheval;

2° Deux aiguilles en acier aimantées parallèles, éloignées de quelques centimètres, avec les pôles de même nom placés du même côté;

3° Deux aiguilles aimantées parallèles, avec leurs pôles en sens inverse.

Dessiner les figures obtenues.

III. Placer sur le prolongement l'une de l'autre deux aiguilles aimantées, leurs pôles de noms contraires se faisant face et étant éloignés de 2 à 3 centimètres. Entre les deux pôles, placer un morceau de fer doux. On voit les lignes de force s'infléchir et passer par le fer doux pour aller d'un pôle à l'autre (*fig.* 262). On

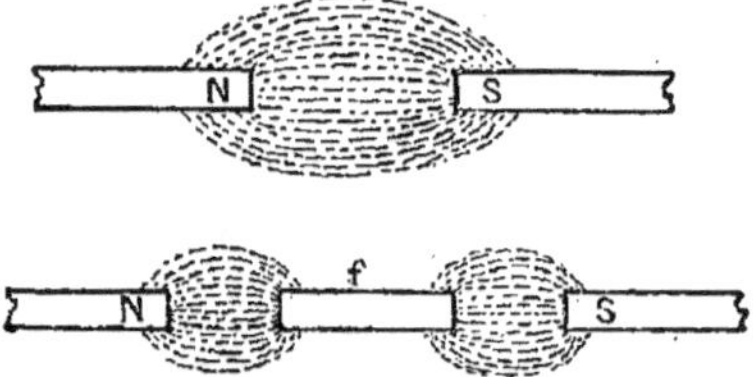

Fig. 261 et 262. — Quand on place un morceau de fer doux entre deux pôles d'aimant de noms contraires, les lignes de force s'infléchissent pour aller d'un pôle à l'autre en traversant le fer.

traduit ce fait en disant que le fer offre moins de résistance que l'air au passage des lignes de force, et on dit que le fer est *plus perméable* que l'air à la force magnétique.

228. *Conservation des aimants*. — Si on considère un barreau aimanté ou un aimant en fer à cheval, on constate au bout d'un certain temps une diminution de son aimantation. On a remarqué qu'il suffit de réunir par un morceau de fer doux les pôles d'un aimant en fer à cheval pour que l'aimantation se conserve à peu près constante. Ce morceau de fer doux est une *armature* (*fig.* 263).

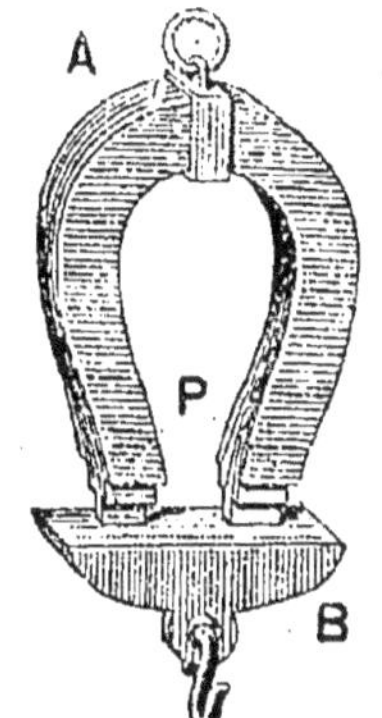

Fig. 263. — L'armature de fer doux B, qui réunit les pôles P de l'aimant A, conserve l'aimantation de ce dernier.

Action de la Terre sur les aimants.

229. *L'action de la Terre est une action directrice*. — 1° Nous avons vu que l'aiguille aimantée prend sous l'action de la Terre une direction sensiblement nord-sud;

2° Pesons une aiguille d'acier, puis aimantons-la; son poids n'a pas varié. L'action de la Terre sur l'aiguille aimantée ne peut se ramener à une force verticale;

3° Prenons une aiguille aimantée que nous plaçons sur un petit morceau de liège flottant sur l'eau dans une terrine (*fig.* 264). L'aiguille s'oriente bien du nord au sud, mais elle n'est pas entraînée à la surface du liquide dans une direction déterminée. L'action de la Terre ne peut donc pas se ramener à une force qui s'exercerait dans le sens horizontal.

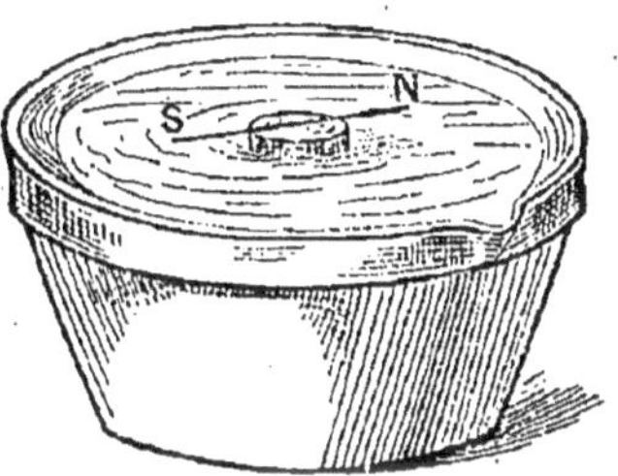

Fig. 264. — L'aiguille aimantée placée sur un bouchon qui flotte sur l'eau ne se déplace pas dans une direction déterminée.

La Terre ne fait donc qu'exercer une action directrice sur l'aiguille aimantée.

230. *Boussole*. — On appelle *boussole*, en physique, toute aiguille aimantée mobile susceptible de se mouvoir dans un plan horizontal et de s'y diriger sous l'action de la Terre, ou, comme on dit, du champ magnétique terrestre.

Généralement la boussole a la forme d'un losange très allongé. Ce losange est une lame d'acier aimantée, supportée en son centre par un pivot qui lui permet de se mouvoir dans un plan horizontal.

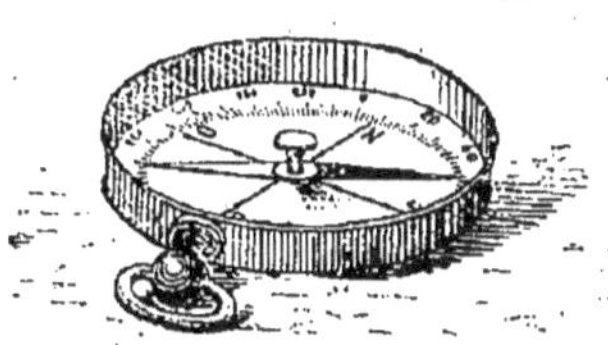

Fig. 265. — Boussole commune.

Le pôle nord de l'aiguille est teinté en bleu. L'aiguille se meut sur un cercle divisé. Les boussoles ordinaires ont la forme de boîtes carrées ou rondes (*fig.* 265).

231. *Déclinaison.* — En un lieu, si on détermine la direction nord-sud (1), on voit que l'aiguille aimantée fait avec cette direction un certain angle appelé *déclinaison.*

A Paris, la déclinaison est d'environ 15° à l'ouest, c'est-à-dire que la direction nord-sud est à 15° à droite de la direction indiquée par l'aiguille aimantée. La déclinaison est de 17° à Brest, de 12° à Nancy.

La déclinaison n'est donc pas la même en tous les points. On a construit des cartes qui donnent pour chaque point la déclinaison. Ces cartes sont surtout utiles aux marins.

La déclinaison à Paris était nulle en 1666 ; en 1815 elle était de 22° à l'ouest ; maintenant elle décroît en moyenne de 3',5 par an. Il faut donc chaque année rectifier les valeurs données pour la déclinaison.

La déclinaison peut en outre subir des variations journalières allant jusqu'à 8' et dont la cause est mal déterminée.

232. *Usages de la boussole.* — **Orientation.** La boussole sert à déterminer en tout temps et en tout lieu la direction du nord. Il suffit pour cela de connaître la déclinaison à l'endroit où l'on se trouve.

Direction. La boussole sert à se diriger dans une région où l'on n'a pas d'autre point de repère. Exemple : Supposons que l'on doive suivre une direction faisant un angle de 45° à l'est de nord-sud, c'est-à-dire une direction N.-E. Le nord est déjà à 15° à l'est de la pointe bleue de la boussole ; la direction N.-E. se trouvera donc à 60° à droite de cette pointe. On place la ligne 0-180 de la boussole de façon qu'elle forme un angle de 45° + 15° ou 60° avec la direction de l'aiguille, et on marche dans le prolongement de cette ligne, en prenant des repères sur le terrain pour assurer sa direction.

Fig. 266.
Compas de route.

Mais c'est surtout sur mer que la boussole est utile pour se diriger. La boussole marine, ou *compas* (*fig.* 266), est formée d'une aiguille aimantée, collée à la partie inférieure d'un disque de mica qui tourne avec elle. Sur ce disque est une *rose des vents.* La boîte est suspendue de façon que la boussole reste constamment horizontale. Une ligne, *ligne de foi*, tracée sur la boîte, indique l'axe du navire.

Deux fois par jour le capitaine *fait le point*, c'est-à-dire détermine l'endroit où se trouve le navire. Connaissant la déclinaison de ce point, il indique au timonier l'angle que doit faire la ligne de foi avec l'axe de l'aiguille. Le timonier manœuvre le gouvernail de façon à suivre la direction indiquée.

---

1. A midi, l'ombre donnée par un bâton placé verticalement donne la direction nord-sud (Voir 17e leçon).

RÉSUMÉ

1. On appelle *aimant* un morceau d'acier qui a la propriété d'attirer le fer et l'acier. La pierre d'aimant ou *aimant naturel* est un minerai de fer qui possède la propriété d'attirer le fer. Les autres aimants sont des *aimants artificiels*. On appelle *magnétisme* la propriété que possèdent les aimants. La force magnétique existe surtout aux deux extrémités ou *pôles* d'un barreau aimanté.

2. Un barreau aimanté librement suspendu se dirige de façon que la ligne de ses pôles soit voisine de la direction nord-sud. On appelle *pôle nord* l'extrémité du barreau qui est dirigée vers le nord.

Si on considère deux barreaux aimantés dont l'un est mobile, *les pôles de même nom se repoussent, les pôles de noms contraires s'attirent.*

3. Un morceau de fer s'aimante au contact d'un aimant, mais l'aimantation cesse quand on détache de l'aimant le morceau de fer. L'acier, dans les mêmes conditions, s'aimante et conserve son aimantation.

On peut obtenir des aimants en frottant un barreau d'acier avec un aimant déjà existant, mais actuellement on produit l'aimantation par l'action du courant électrique.

4. L'espace dans lequel un aimant exerce son action s'appelle *champ magnétique.* Les *lignes de force* sont les lignes suivant lesquelles agit la force magnétique. Le fer est *plus perméable* que l'air aux lignes de force.

L'aimantation d'un aimant en fer à cheval se conserve quand on réunit les pôles de cet aimant par une *armature* ou *contact* en fer doux.

5. La Terre exerce sur l'aiguille aimantée une action *directrice ;* cette action ne peut pas se ramener à une force exercée soit dans le sens vertical, soit dans le sens horizontal.

6. On appelle *boussole* une aiguille aimantée mobile dans un plan horizontal et capable de s'y diriger sous l'action de la Terre. L'aiguille a généralement la forme d'un losange très allongé, mobile sur un pivot vertical. Cette aiguille se meut sur un cadran divisé.

7. On appelle *déclinaison* l'angle que fait l'axe de l'aiguille avec la direction nord-sud. A Paris, cet angle est de 15° à l'ouest, c'est-à-dire que le pôle nord de l'aiguille fait avec la direction nord-sud un angle de 15° à gauche de cette dernière. La décli-

naison varie chaque année. Actuellement, en France, elle diminue. Elle subit des variations journalières assez faibles.

La boussole sert à s'orienter, à se diriger dans une région inconnue, et où manquent les points de repère. En particulier, elle sert à diriger les navires.

EXERCICES

Qu'appelez-vous aimant? — Quels sont les corps attirés par l'aimant? — Qu'est-ce qu'un aimant naturel? — Qu'appelez-vous pôles d'aimant? — Comment pouvez-vous reconnaître les pôles d'un aimant? — Pourquoi donne-t-on d'habitude aux barreaux aimantés la forme d'un fer à cheval? — Comment vous y prendriez-vous pour aimanter une aiguille d'acier? — Que savez-vous sur l'action d'un aimant fixe sur un aimant mobile? — Décrivez une boussole. — Comment, avec la boussole, pouvez-vous trouver la direction du nord? — Vous avez une boussole; on vous demande de vous diriger dans une direction formant avec nord-sud un angle de 45° à l'ouest. Comment vous y prendrez-vous?

23ᵉ LEÇON

ÉLECTRISATION PAR FROTTEMENT ET PAR INFLUENCE

MATÉRIEL: Bâton de verre. — Bâton d'ébonite ou de cire à cacheter. — Barbes de plumes, fragments de moelle de sureau, de papier de soie. — Pendule électrique simple et balle de sureau suspendue par un fil de soie. Pour constater les attractions et répulsions, il faut que le fil de suspension soit en soie, non en coton, car dans ce dernier cas le fil serait conducteur et on n'observerait que l'attraction. — Électroscope à feuilles. La figure 270 indique suffisamment comment on peut construire simplement un électroscope. Les feuilles d'or des anciens électroscopes sont remplacées avantageusement par des feuilles d'aluminium. — Blocs de paraffine; deux coques d'œuf, vidées avec précaution en pratiquant un petit trou à chaque bout et en soufflant par une extrémité, sont fixées sur les blocs de paraffine. A la place de coques d'œuf, on peut prendre des boules métalliques en laiton (d = 5 à 6 centimètres) qu'on trouve chez les quincailliers. Capuchon en toile métallique ou gobelet en métal. — Électrophore. On obtient un électrophore peu coûteux en coulant dans un plateau métallique de 15 à 20 centimètres de diamètre de la paraffine fondue. Le plateau conducteur est constitué par un autre plateau de diamètre moindre au centre duquel on fixe un manche formé d'un bâton de cire à cacheter. Cet appareil donne de très bons résultats. — Petite machine électrique, de Wimshurst de préférence. — Flanelle de laine. La flanelle bien sèche remplace avantageusement la peau de chat. — Tube de laiton, aiguille d'acier.

Dans les expériences de cette leçon, il faut que l'air et les appareils soient bien secs; il est bon d'avoir à proximité un fourneau ou un braséro avec des charbons ardents pour dessécher les appareils.

Électrisation par frottement.

233. *Le verre, la cire à cacheter frottés attirent les corps légers.* — Expérience. Frotter avec de la flanelle ou avec une peau de chat un bâton de cire à cacheter; ce bâton attire des corps légers : petits morceaux de papier de soie, barbes de plumes, fragments de papier d'étain, etc. (*fig.* 267). Frotter aussi un tube de verre bien sec, un morceau de caoutchouc durci ou ébonite, un morceau de soufre, une feuille de papier bien sec. Constater le même résultat. Le frottement a donc mis les corps précédents dans un état spécial; ces corps ont acquis une propriété nouvelle : on dit qu'ils sont *électrisés*, et on appelle *électricité* la force que le frottement a développée sur ces corps. Ce nom vient de ce que la propriété précédente a été constatée il y a plus de 2 000 ans sur l'ambre jaune, qu'on appelle en grec « électron ». Nous ne nous occuperons pas des hypothèses faites sur la nature de cette force, nous nous contenterons d'en constater les effets et d'en étudier les applications.

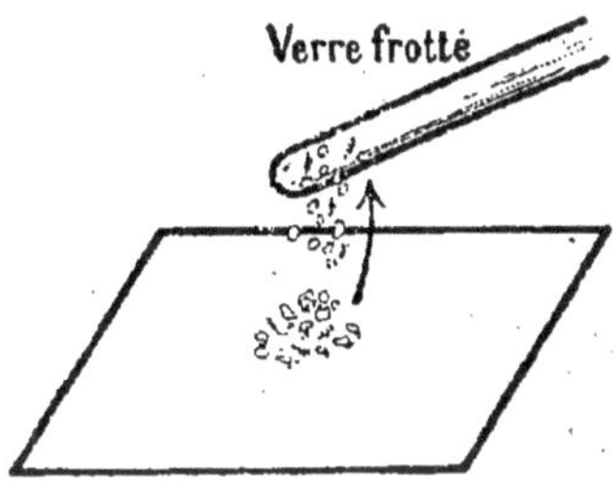

Fig. 267. — Le verre, la cire à cacheter frottés attirent les corps légers.

234. *Corps conducteurs.* — *Isolants.* — Expérience. Frotter avec de la flanelle une tige de fer ou de cuivre que l'on tient à la main : on ne constate pas d'électrisation. Tenir le métal au moyen d'un manche en verre ou en ébonite et le frotter à nouveau : il s'électrise et attire les corps légers. Mais tandis que la cire à cacheter, le verre, n'attiraient que par la partie frottée, toute la surface du métal attire les corps légers. Dans le premier cas, l'électrisation est localisée à l'endroit frotté; dans le second, tout le métal est électrisé. On dit que le verre, la cire à cacheter, l'ébonite sont *mauvais conducteurs* de l'électricité; les métaux sont *bons conducteurs*. Le corps humain est aussi bon conducteur. Quand on veut conserver l'électrisation d'un conducteur, il faut le supporter au moyen d'un corps mauvais conducteur, il faut l'*isoler* des autres conducteurs. Le verre *bien sec*, l'ébonite, le caoutchouc sont employés dans ce but. Ces corps sont des *isolants*. Le meilleur des isolants est la paraffine, ou mieux la diélectrine, mélange de soufre et de paraffine fondus ensemble.

235. *Les deux électrisations.* — Expérience. Prendre deux pendules électriques (*fig.* 268, 269) et électriser par frottement un bâton de verre et un bâton de cire à cacheter. Approcher du premier pendule le bâton de cire frottée : la balle de sureau est attirée, puis repoussée. Approcher du deuxième pendule le verre frotté; même résultat.

Approcher maintenant du premier pendule le verre frotté : la balle repoussée par la cire est attirée par le verre.

Approcher du second pendule, la cire frottée : la balle repoussée par le verre est attirée par la cire (*fig.* 269).

Ainsi il existe *deux états électriques* différents pour la cire à cacheter et le verre frottés avec de la flanelle. L'expérience répétée sur un grand nombre de corps a montré que, lorsque ces corps s'électrisent, ils prennent tantôt l'électrisation de la cire, tantôt l'électrisation du verre : il n'y a donc que deux états électriques.

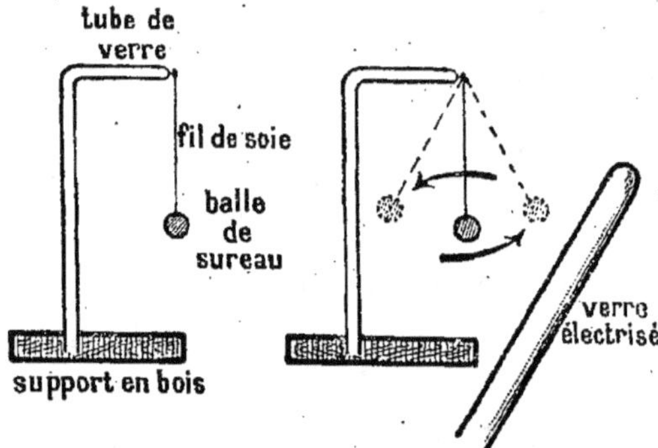

Fig. 268. — Pendule électrique simple.

Fig. 269. — La balle de sureau, attirée par le verre électrisé, est ensuite repoussée.

L'électrisation du verre frotté a été appelée *positive;* celle de la cire frottée, *négative.* On représente par convention ces deux électrisations par les signes (+) et (—).

Nous pouvons ainsi formuler les lois suivantes :

1° *Deux corps dont l'électrisation est de même nature se repoussent;*

2° *Deux corps dont l'électrisation est de nature différente s'attirent.*

Dans l'expérience précédente, au contact de la cire électrisée ou du verre la petite balle de sureau s'est électrisée aussi, et son électrisation est la même que celle du corps touché.

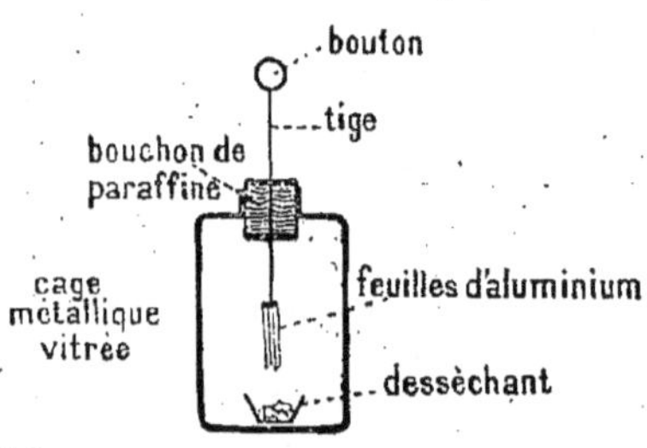

Fig. 270. — Électroscope à feuilles.

236. *Électroscope à feuilles.* — Expérience. Une tige métallique, terminée à une extrémité par une boule, porte à l'autre extrémité deux petites feuilles d'aluminium battu (*fig.* 270). Toucher la boule avec le verre frotté : les feuilles divergent; la divergence cesse quand on touche la tige avec la main. Toucher la boule avec de la cire à cacheter électrisée : les feuilles divergent encore; elles se rapprochent quand on touche l'appareil avec la main. L'appareil précédent permet de reconnaître l'électrisation d'un corps; on l'appelle *électroscope à feuilles.* Comme les feuilles sont très légères et très fragiles, on enferme l'appareil dans une boîte dont une face est vitrée; la tige de métal qui porte les feuilles est isolée au moyen d'un support en paraffine.

Si nous avons touché l'électroscope avec de la cire à cacheter électrisée, les feuilles sont chargées *négativement*.

De l'appareil ainsi chargé, approchons un bâton de cire à cacheter frotté : la divergence des feuilles *augmente*. Approchons un bâton de verre frotté : la divergence des feuilles diminue. — Expliquer pourquoi.

L'électroscope nous permet donc de déterminer la *nature de l'électrisation* d'un corps électrisé.

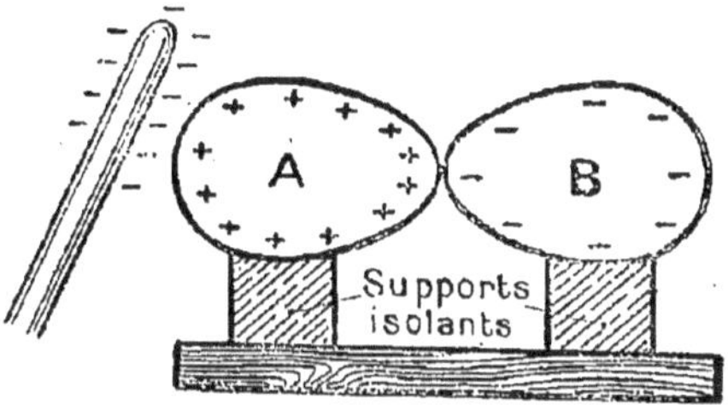

Fig. 271. — Influence électrique sur un conducteur isolé.

237. Influence électrique. —
Expériences. I. Prenons deux œufs que nous fixons sur des supports isolants, et plaçons ces œufs au contact (*fig.* 271). Approchons de l'un d'eux, A par exemple, *mais sans le toucher*, un corps électrisé négativement (cire à cacheter, résine, ébonite frotté). Puis, tout en laissant en place le corps électrisé, éloignons B de A en saisissant le support *sans toucher l'œuf*. Enlevons ensuite le corps électrisé.

Au moyen de l'électroscope, nous constatons que A est électrisé positivement et B négativement.

Aussi, sous l'action d'un corps électrisé, le conducteur formé par l'ensemble des deux œufs en contact s'est électrisé. On appelle ce phénomène *influence* ou *induction électrique*.

La région du conducteur voisine du corps influençant s'est chargée d'une électrisation contraire à celle de ce dernier.

II. Les œufs étant remis au contact, approcher un corps électrisé négativement, puis toucher avec le doigt un point quelconque du corps influencé (*fig.* 272).

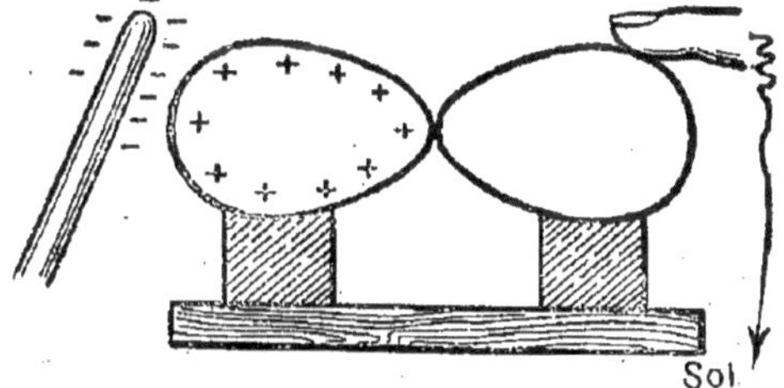

Fig. 272. — Influence électrique sur un conducteur relié au sol.

Enlever le doigt, et retirer *ensuite* le corps influençant. Les deux œufs sont chargés cette fois positivement.

Que s'est-il passé? L'électricité négative (de même nature que celle du corps influençant) s'est dispersée dans le sol, repoussée par l'électricité influençante, et il ne reste plus sur le conducteur que l'électricité de nom contraire à celle de la source.

Cette remarque nous permet de charger un conducteur isolé d'une électricité contraire à celle d'une source donnée. — Comment doit-on procéder?

238. *Théorie de l'électroscope à feuilles.* — Expériences. I. Prendre l'électroscope à feuilles et approcher lentement de la boule métallique, mais *sans la toucher*, un bâton de verre électrisé : les feuilles divergent; éloigner le corps électrisé : les feuilles retombent. Approcher, puis éloigner de la cire frottée : même résultat.

II. Approcher de nouveau un bâton de verre électrisé, puis toucher l'appareil avec la main : les feuilles retombent. Enlever la main, puis éloigner le corps électrisé : les feuilles divergent à nouveau. Toucher l'électroscope avec la main : les feuilles retombent. — Recommencer avec la cire frottée : même résultat.

Cette expérience s'interprète facilement :

1° A l'approche d'un corps électrisé positivement, par exemple, l'électroscope s'électrise aussi. L'électricité négative se porte à la partie la plus rapprochée du corps influençant, l'électricité positive se rend à la partie la

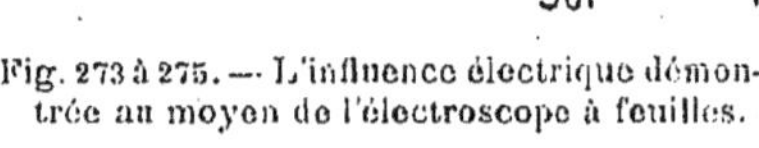

Fig. 273 à 275. — L'influence électrique démontrée au moyen de l'électroscope à feuilles.

plus éloignée, c'est-à-dire dans les feuilles d'or, qui divergent, parce que, chargées de la même électricité, elles se repoussent;

2° Quand on touche l'électroscope avec la main, la tige métallique, le corps humain, le sol ne forment plus qu'un seul conducteur; l'électricité positive de l'électroscope se répand dans tout ce conducteur et son action sur les feuilles d'or devient inappréciable;

3° En enlevant la main, on supprime la communication avec le sol; l'électricité négative développée sur l'électroscope reste dans le voisinage du corps électrisé, mais son action est *neutralisée* par celle du corps influençant; cette électricité négative, localisée dans la boule, est donc sans action sur les feuilles d'or qui retombent. Quand on enlève ensuite le corps électrisé, l'électricité négative, localisée dans la boule, se répand dans tout l'électroscope, et les feuilles d'or électrisées de la même manière divergent à nouveau (*fig.* 273 à 275). Cette expérience nous permet de charger par influence l'électroscope d'une électricité contraire à celle de la source.

III. Charger l'électroscope négativement. Approcher un corps chargé d'électricité négative : la divergence des feuilles augmente, car l'électricité négative répandue sur tout l'appareil se concentre dans les feuilles d'or. — Approcher *lentement* et *de loin* un corps électrisé positivement : la divergence des feuilles diminue, devient nulle, puis augmente à nouveau si le corps est fortement électrisé. L'élève expliquera facilement ce résultat. Charger l'électroscope positivement. Approcher un corps électrisé (+), un corps électrisé (—). Que se passe-t-il? Approcher un corps électrisé dont on ignore l'électrisation. De quelle sorte d'électricité ce corps est-il chargé?

Fig. 276. — L'électrisation ne se manifeste qu'à la surface extérieure des conducteurs.

Distribution de l'électricité.

239. *L'électricité d'un conducteur se porte à la surface.* — Expérience. Couvrir le bouton de l'électroscope d'un petit seau métallique ou d'un capuchon en toile métallique. Approcher un corps électrisé : on ne remarque aucune divergence des feuilles. La surface extérieure des conducteurs présente seule des phénomènes d'électrisation (*fig.* 276).

240. *Pouvoir des pointes.* — Expérience. Adapter au bouton de l'électroscope une fine aiguille d'acier et approcher un corps électrisé (+) à une petite distance de la pointe de l'aiguille (*fig.* 277). Les feuilles divergent, mais quand on retire le corps électrisé, la divergence persiste, les feuilles restent électrisées positivement. C'est que l'électrisation n'est pas uniforme sur un conducteur; elle est plus considérable aux endroits saillants, et surtout aux pointes. Dans notre expérience, l'électricité négative, qui s'était accumulée à la pointe de l'aiguille, s'est échappée à travers l'air et est passée sur le corps influençant. Cette propriété des pointes a son application dans les machines électriques et le paratonnerre.

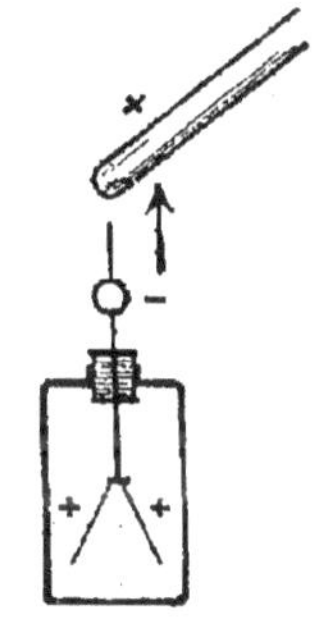

Fig. 277. — Les corps électrisés se déchargent par les pointes.

Machines électriques.

241. *Électrophore.* — C'est la plus simple des machines électriques.

Cet appareil comprend un plateau **A**, fait d'une substance non conductrice, et un plateau **B**, conducteur, qu'on tient par un manche isolant en verre (*fig.* 278).

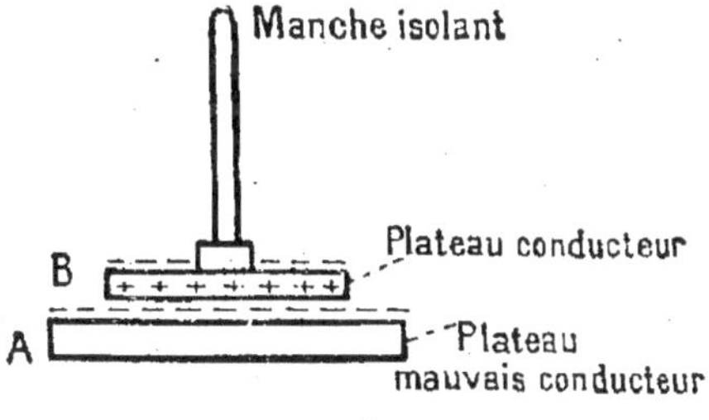

Fig. 278. — Électrophore.

Expérience. Frotter avec de la flanelle le plateau A; il s'électrise (—). Approcher le plateau B, il s'électrise par influence, l'électricité (+) se porte à la partie inférieure, l'électricité (—) à la partie supérieure. Mettre le plateau B en communication avec le sol en le touchant avec le doigt : l'électricité (—) disparaît. Rompre la communication avec le sol et enlever B : ce plateau reste chargé d'électricité (+).

On peut placer le plateau B directement sur A : on a toujours affaire à un phénomène d'influence et non d'électrisation par contact. En effet, le plateau B, après les opérations indiquées, reste toujours chargé d'électricité contraire à celle de la source ; si l'électrisation avait lieu par contact, l'électricité de B serait la même que celle de A. De plus l'électrisation produite sur A suffit pour obtenir un grand nombre de fois l'électrisation de B ; il n'y a donc pas partage d'électricité entre A et B.

On peut recueillir l'électricité de B en amenant ce plateau au contact d'un conducteur isolé C. Ce conducteur sera un *collecteur* d'électricité (*fig.* 279).

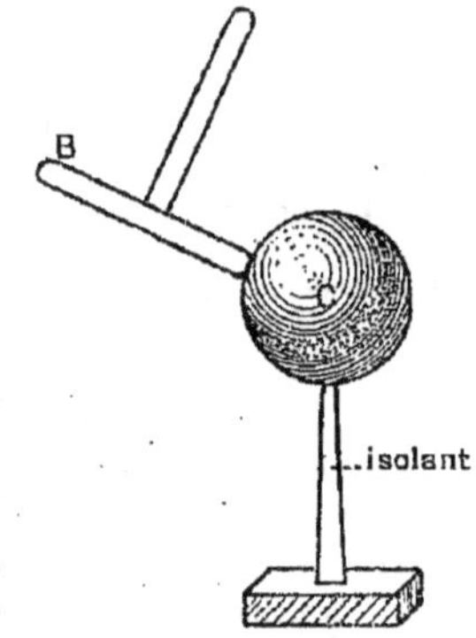

Fig. 279. — Le plateau mobile de l'électrophore peut servir à charger un conducteur isolé C.

242. *Principe des machines électriques.* — Les machines électriques sont nombreuses ; la théorie en est, en général, très compliquée. Les figures 280 et 281 donnent la vue de deux types de ces machines. Dans toutes, on retrouve les trois sortes d'organes que nous venons d'examiner dans l'électrophore :

a) Des corps influençants électrisés jouant le rôle du plateau A de l'électrophore ;

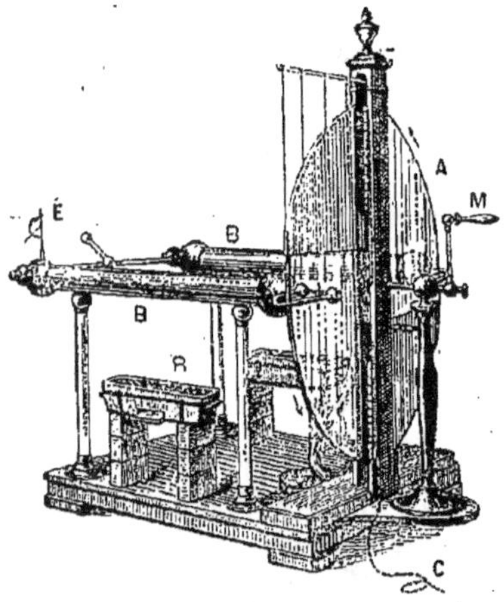

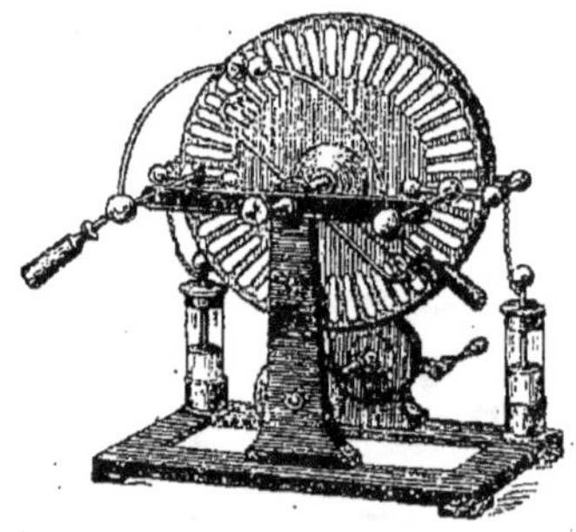

Fig. 280. — Machine de Ramsden.
(Vue d'ensemble.)

Fig. 281. — Machine électrique de Wimshurst.

b) Des conducteurs influencés tels que B qui permettent de *transporter* une charge électrique induite ;

c) Des *collecteurs* jouant le même rôle que C.

Nous allons indiquer le fonctionnement de la machine de Ramsden.

243. *Machine de Ramsden.* — C'est la machine la plus connue (*fig.* 282). Elle comprend un plateau de verre qui tourne autour d'un axe au moyen d'une *manivelle*, et frotte sur des coussinets placés aux extrémités d'un même diamètre. Sur un diamètre perpendiculaire au premier sont deux *peignes* métalliques, conducteurs garnis de pointes et entre lesquels tourne le plateau (*fig.* 282).

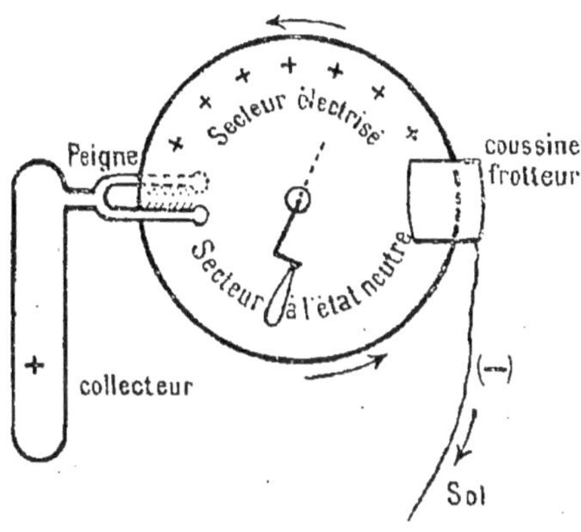

Fig. 282. — Schéma du disque de la machine de Ramsden. (On n'a figuré qu'un seul peigne et un seul frotteur.)

Considérons un secteur du plateau qui a frotté sur un coussinet; il s'est chargé positivement. En passant devant les peignes, il électrise ceux-ci par influence. La charge négative des peignes vient *neutraliser* par les pointes l'électricité du plateau; l'électricité positive influencée s'accumule sur les conducteurs ou *collecteurs* BB. Les coussinets s'électrisent négativement; on les met en communication avec le sol.

La machine de Ramsden ne fonctionne bien que par un temps sec; on voit en R (*fig.* 280) un réchaud allumé pour sécher les collecteurs et le plateau.

RÉSUMÉ

1. Le frottement met le verre, la cire à cacheter dans un état spécial qui se traduit par l'attraction de corps légers (petits bouts de papier, barbes de plumes, etc.). La cause de cet état a été appelée *électricité*.

2. Le verre, la cire à cacheter ne s'électrisent qu'à l'endroit frotté; ils sont *mauvais conducteurs* de l'électricité. Les métaux sont *bons conducteurs*; ils ne restent électrisés que s'ils sont *isolés* au moyen d'un support mauvais conducteur. Le verre bien sec, l'ébonite, la paraffine sont les isolants les plus employés.

3. Il y a deux électricités : celle de la cire à cacheter, ou de l'ébonite frotté, et qu'on appelle *négative*; celle du verre frotté, qu'on appelle *positive*.

Deux corps électrisés de la même manière se repoussent.

Deux corps électrisés de manière différente s'attirent.

4. Au voisinage d'un corps électrisé, un *conducteur isolé* s'électrise par influence. Si le corps influençant est chargé d'électricité positive, le conducteur est partagé en deux régions : la plus voisine de la source est électrisée négativement, la plus éloignée est chargée d'électricité positive.

5. L'électricité ne se manifeste qu'à l'extérieur des conducteurs; elle est distribuée uniformément à la surface d'un conducteur sphérique. L'électrisation est plus intense aux angles saillants et surtout aux pointes. Aussi les pointes possèdent la propriété de laisser passer l'électrisation d'un conducteur sur les corps voisins. Cette propriété est utilisée dans les machines électriques et le paratonnerre.

6. L'électrophore est la plus simple des machines électriques. Il se compose d'un plateau mauvais conducteur qu'on électrise par frottement. Ce plateau sert à charger par influence un plateau métallique isolé.

EXERCICES

Comment pouvez-vous électriser un bâton de cire à cacheter, d'ébonite, de verre? — Pouvez-vous de la même manière électriser une tige de cuivre? — Citez des corps mauvais conducteurs, des corps bons conducteurs. — Comment pouvez-vous électriser positivement une balle de sureau suspendue par un fil de soie? — Que constatez-vous si vous faites agir sur la balle précédente: *a)* un bâton de résine frottée; *b)* un bâton de verre frotté? — Décrivez l'électroscope à feuilles. Faites connaître l'usage de cet appareil. — Vous approchez un corps électrisé positivement d'un conducteur isolé. Que constatez-vous? — Qu'arrive-t-il si vous enlevez le conducteur, si vous touchez le conducteur avec le doigt *avant* d'enlever le conducteur? — Comment pouvez-vous, par influence, charger un électroscope positivement, négativement? — L'électroscope étant chargé positivement, qu'arrivera-t-il si vous en approchez: *a)* un bâton de verre frotté; *b)* un bâton d'ébonite frotté? Expliquez ce qui se passe. — Vous fixez une aiguille au bouton de l'électroscope, et vous approchez de la pointe de l'aiguille un bâton de verre frotté. Dites ce qui se produit. Expliquez. — Vous recouvrez le bouton de l'électroscope d'un capuchon en toile métallique ou d'un gobelet en fer-blanc retourné, dont les parois ne touchent pas le bouton. Vous approchez un corps électrisé. Que constatez-vous? — De quoi se compose un électrophore? — Comment pouvez-vous utiliser cet appareil?

24ᵉ LEÇON

DÉCHARGES ÉLECTRIQUES. — FOUDRE. — PARATONNERRE

Matériel: Machine électrique de Wimshurst. — A défaut, on peut utiliser une bobine de Ruhmkorff. — Tube de Geissler. — Bien qu'il existe des ampoules radiographiques à prix modérés, nous n'en conseillons pas l'utilisation, car le maniement des rayons X présente quelques dangers. — Eudiomètre (V. *Chimie*).

Effets des décharges électriques.

244. *Effets lumineux. Étincelle électrique.* — EXPÉRIENCE. Prenons une machine électrique comme celle de Wimshurst, qui permet de recueillir les deux électricités. Entre les collecteurs ou *pôles* électrisés différemment, on peut obtenir à travers l'air une étincelle accompagnée d'un bruit sec. Les conducteurs entre lesquels jaillit l'étincelle sont chargés également d'électricités contraires : après l'étincelle, ils sont *neutralisés*.

Qu'arrivera-t-il si on approche d'un conducteur fortement chargé :
a) Un conducteur isolé ;
b) Un conducteur relié au sol ?

L'étincelle a une durée très faible, quelque cent millième de seconde. Lorsque cette étincelle est courte, elle est rectiligne ; quand elle a une certaine longueur, elle se présente en zigzag, elle peut même être ramifiée.

Quand le conducteur fortement chargé possède une pointe, l'électricité s'échappe par la pointe en électrisant l'air environnant : dans l'obscurité, la pointe paraît alors surmontée d'une aigrette.

Enfin, dans les gaz raréfiés, il se présente des phénomènes particuliers.

Tubes de Geissler. — Ce sont des tubes dans lesquels la pression est réduite à quelques dixièmes de millimètre de mercure. Ils sont généralement constitués par deux ampoules A et B réunies par un tube C de faible diamètre, soit rectiligne (*fig.* 283), soit plus ou moins contourné. Un fil de platine pénètre dans chaque ampoule ; c'est entre ces fils que se produira la décharge.

Une source d'électricité, qui dans l'air produirait des étincelles de quelques millimètres de longueur seulement, donne dans ces tubes des décharges lumineuses atteignant 20 centimètres et plus. Le pôle (—) est entouré d'une zone brillante ; le pôle (+) d'une zone sombre. Entre les deux pôles s'étend une lueur formée de zones alternativement brillantes et obscures. La teinte dépend de la nature du verre, ainsi que de celle du gaz que contient le tube et de son degré de raréfaction.

Rayons cathodiques et Rayons X. — Le tube de Geissler n'est qu'un jouet scientifique, mais il n'en est pas de même des appareils dont nous allons parler.

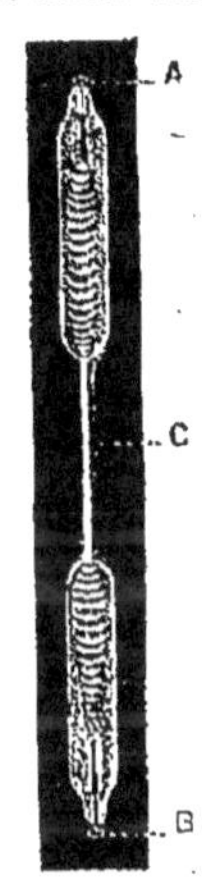

Fig. 283.
— Tube de Geissler. — A, B, fils de platine entre lesquels se produit la décharge.

Prenons une ampoule traversée par deux fils de platine, et, au moyen de machines spéciales, produisons dans cette ampoule une raréfaction atteignant quelques *millièmes de millimètre* de mercure. Cette ampoule a été réalisée par le physicien anglais Crookes et porte le nom d'ampoule de Crookes. La décharge, se produisant dans cette ampoule, ne donne plus aucune lueur, mais la paroi opposée au pôle (—), qu'on appelle encore cathode, devient *phosphorescente*, c'est-à-dire qu'elle produit une lueur jaune verdâtre, analogue à celle que donne le phosphore blanc dans l'obscurité. Nous n'étudierons pas ce qui se passe à l'intérieur de l'ampoule, mais, ce qui nous intéresse, c'est que la

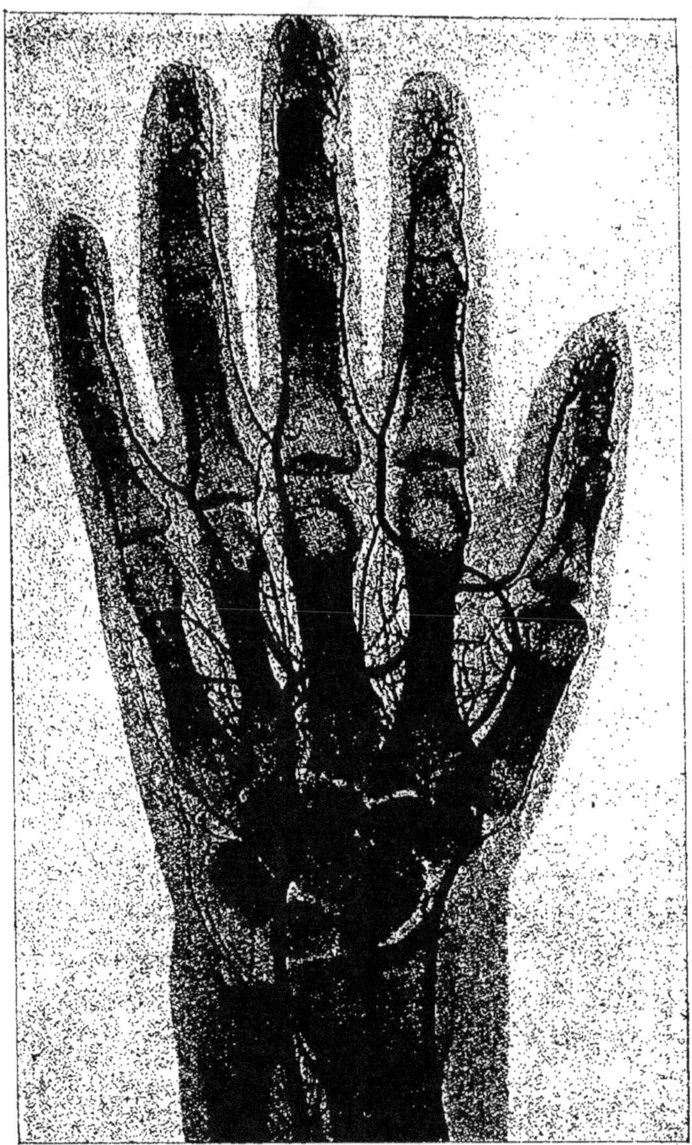

Extrait des *Rayons X*, par Niewenglowski.

Fig. 284. — Radiographie (os et vaisseaux) d'une main injectée.

partie phosphorescente est l'origine de rayons curieux, découverts par Rœntgen
et communément appelés rayons X.

Parmi les propriétés nombreuses et extrêmement importantes de ces corps,
nous ne signalerons que les suivantes, qui ont donné lieu à des applications
pratiques bien connues.

Les rayons X, qui se propagent en ligne droite comme les rayons lumineux,
ne subissent ni réflexion, ni réfraction ; ils traversent les corps opaques aux
rayons lumineux. Ils ne peuvent être perçus par l'œil, mais dans l'obscurité
ils rendent phosphorescent un écran recouvert d'une substance appelée platinocyanure de baryum. Ils impressionnent la plaque sensible photographique,
même logée dans son châssis ou dans une boîte absolument opaque à la lumière.

Les différents corps ne sont pas également transparents pour les rayons X.
Les métaux sont moins transparents que le bois, le cuir, etc. ; les os sont moins
transparents que les chairs.

On comprend alors facilement l'utilisation de ces rayons.

1° Produisons des rayons X au moyen d'une ampoule comme celle de la figure 285. Dans un châssis ordinaire d'appareil photographique, plaçons une plaque sensible ; sur le châssis, appliquons la main

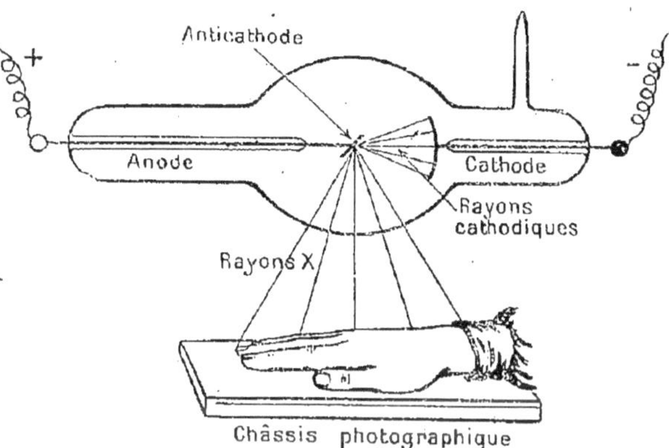

Fig. 285. — Ampoule radiographique et radiographie de la main.

et soumettons pendant quelques minutes la main et le châssis à l'action des
rayons X. Au développement, la plaque photographique présente le dessin
très net du squelette de la main se détachant sur la silhouette des chairs (*fig.* 285).
On peut ainsi reconnaître dans le corps la présence d'un projectile, d'un corps
étranger, de lésions des tissus, de fractures des os, etc.

On peut aussi photographier le contenu d'une boîte, d'un porte-monnaie,
sans ouvrir ceux-ci.

L'application précédente des rayons X s'appelle *radiographie.*

2° Reprenons l'ampoule de la figure 285 et plaçons la main sur le trajet des
rayons X. En arrière de la main, disposons l'écran au platinocyanure. On voit
sur l'écran vivement illuminé se détacher la silhouette de la main ; les os se
projettent comme une ombre très forte ; les chairs, au contraire, ne sont indiquées que par une légère teinte grise. Cette manière d'opérer constitue la *radioscopie.* Il est à remarquer que les rayons X donnent seulement la silhouette des corps, mais qu'ils ne peuvent accuser les détails du relief.

245. *Effets calorifiques et mécaniques.* — EXPÉRIENCE. Réunir par
un fil métallique court et très fin les deux pôles d'une machine de
Wimshurst. Les deux électricités se neutralisent à travers le fil, qui
est porté au rouge. Ce fil peut être fondu, et même, si la charge est

forte, être volatilisé. On peut aussi, en faisant jaillir l'étincelle dans de l'alcool, du pétrole, de la poudre, enflammer ces corps.

Quand on interpose une feuille de papier entre les deux conducteurs d'une machine électrique, l'étincelle jaillit à travers la feuille, qui est percée. On peut avec une machine puissante percer une carte de visite, une lame mince de verre, même briser une lame de verre de plusieurs millimètres d'épaisseur.

246. *Effets chimiques.* — Dans l'eudiomètre (*Chimie*, n° 23), on provoque au moyen d'une étincelle électrique la combinaison de l'hydrogène et de l'oxygène. On combine aussi l'oxygène et l'azote de l'air par une série d'étincelles électriques. Dans le voisinage d'une machine électrique en activité, on sent une odeur spéciale, due à la formation d'un corps appelé *ozone*, qui est de l'oxygène condensé sous l'influence des décharges électriques. L'ozone, désinfectant énergique, est fabriqué en grand aujourd'hui au moyen de décharges particulières, dites *effluves*. L'étincelle électrique peut aussi produire des décompositions. Ainsi, le gaz ammoniac soumis à l'action d'une série d'étincelles se décompose en azote et hydrogène.

247. *Effets physiologiques.* — EXPÉRIENCE. Approcher le doigt du collecteur d'une machine électrique en fonctionnement.

Une décharge se produit à travers le corps, et on éprouve une secousse plus ou moins violente. Cette secousse pourrait être dangereuse avec de grandes machines. La médecine utilise dans certaines maladies l'action des décharges électriques sur l'organisme.

Les fortes décharges agissent en produisant un arrêt des mouvements respiratoires. C'est pourquoi les soins à donner aux personnes victimes de décharges sont les mêmes que ceux à donner aux asphyxiés.

Électricité atmosphérique.

248. *Éclair. Tonnerre. Foudre.* — Quand on connut l'électricité donnée par les machines, on ne tarda pas à rapprocher ces effets de ceux qu'on observe pendant les orages. Vers 1750, Franklin en Amérique, l'abbé Dalibard en France montraient l'identité de la foudre et des décharges électriques. Une expérience de Franklin consista à lancer par un temps d'orage un cerf-volant maintenu par une corde de chanvre. Une pluie étant venue rendre la corde conductrice, Franklin observa à l'extrémité des phénomènes fournis par l'électricité des machines.

On a étudié l'état électrique de l'air et on a reconnu que l'électrisation de l'atmosphère est généralement positive ; cette électrisation augmente à mesure qu'on s'élève. On n'a aucune notion certaine sur l'origine de l'électricité atmosphérique.

Les nuages peuvent être électrisés positivement ou négativement. On peut les assimiler à des conducteurs électrisés. On conçoit que

des étincelles puissent jaillir entre deux nuages électrisés différemment ou entre un nuage et le sol. L'étincelle s'appelle *éclair*. Quand
l'éclair jaillit entre un nuage et le sol, on dit que la *foudre* tombe.
L'éclair est accompagné d'un bruit plus ou moins violent appelé *tonnerre* qui se prolonge souvent en longs roulements.

L'éclair a quelquefois une longueur qui dépasse 10 kilomètres ; il
comprend le plus souvent un trait de feu plus ou moins ramifié
(*fig.* 287). Quand l'éclair se produit à une certaine distance de l'observateur, en entend le tonnerre un peu après ; cela tient à ce que
le son se propage avec une vitesse
bien moindre que la lumière. Quand
l'éclair jaillit près de l'observateur,
le bruit produit par la décharge est
court et sec ; mais si les régions traversées par l'éclair sont à des distances très différentes de l'observateur,
le tonnerre consiste en un roulement
prolongé. Les échos paraissent encore
augmenter ce roulement.

249. *Effets de la foudre.* — Les
effets de la foudre sont analogues à
ceux des décharges électriques, mais
incomparablement plus puissants. Les
corps conducteurs peuvent être fondus et même volatilisés ; les corps
mauvais conducteurs sont parfois brisés, les matières combustibles sont
enflammées, les hommes et les animaux sont souvent tués lorsqu'ils
sont frappés par la foudre.

La foudre frappe de préférence les

Fig. 286. — Paratonnerre ordinaire.   objets élevés : clochers, arbres isolés, meules de paille, etc. Il est donc
imprudent, en temps d'orage, de se placer sous les abris précédents.
On peut dire que la presque totalité des accidents causés par la foudre
sont dus à l'imprudence des personnes foudroyées.

250. *Paratonnerre.* — Le paratonnerre est un appareil qui sert à
préserver les édifices de la foudre. Il se compose d'une longue tige
métallique pointue, placée à la partie la plus élevée de l'édifice. Cette
tige est reliée au sol par une barre de fer qui se termine dans un
puits ou dans une nappe d'eau conductrice (*fig.* 286).

Le pouvoir des pointes explique le rôle du paratonnerre. Si un
nuage chargé positivement, par exemple, passe au-dessus de l'édifice,
il agit par influence sur la terre. L'électricité négative s'échappe par
la pointe et va neutraliser l'électricité du nuage. Si la foudre tombe,

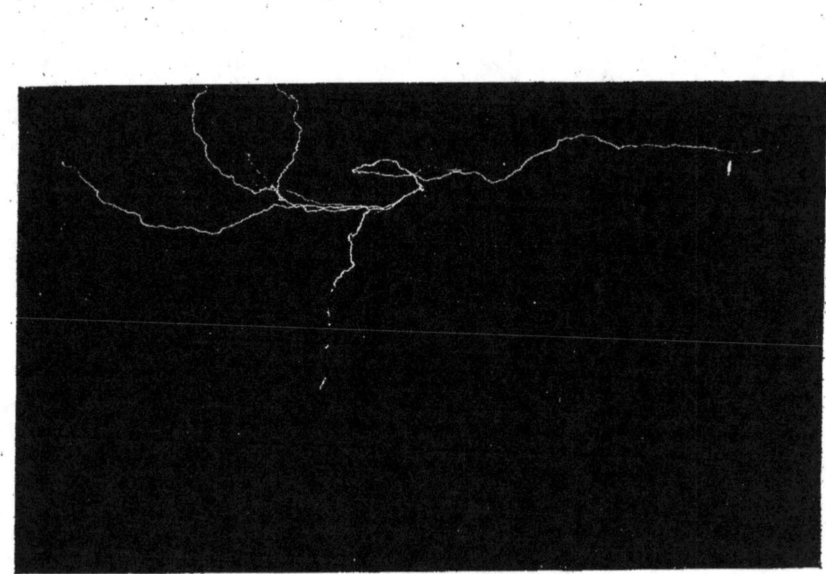

Fig. 287. — Photographie d'un éclair pendant la nuit.

elle frappera de préférence la pointe, et l'électricité s'écoulera dans
le sol par la tige conductrice.

Le paratonnerre précédent a été imaginé par Franklin. Aujour-
d'hui on lui préfère le paratonnerre Melsens. L'édifice à protéger est
entouré d'une sorte de cage métallique formée de tiges de fer réunies
entre elles et communiquant avec le sol. Au sommet du monument,
on place un certain nombre de tiges pointues reliées au réseau
métallique. La neutralisation du nuage électrisé se produit par les
pointes, et, si la foudre tombe, les effets de la décharge ne se fe-
ront pas sentir à l'intérieur de la cage métallique qui entoure l'édifice (Voir n° 230).

Ajoutons que les masses métalliques de l'intérieur de l'édifice doivent communiquer avec la tige du paratonnerre. Les lignes télégraphiques et téléphoniques doivent aussi être munies de paratonnerres
spéciaux placés de distance en distance.

RÉSUMÉ

1. La décharge des corps fortement électrisés peut produire
des effets lumineux, calorifiques, mécaniques, chimiques, physiologiques.

2. Les *effets lumineux* constituent les étincelles électriques.
L'étincelle est rectiligne quand elle est courte, sinueuse quand
elle a une grande longueur.

Dans les *tubes de Geissler*, la décharge électrique prend l'aspect
d'une lueur qui va du pôle positif ou *anode* au pôle négatif ou
cathode et présente des bandes alternativement obscures et brillantes (stratification). Ces tubes renferment un gaz dont la pression n'est que de quelques dixièmes de millimètre de mercure.

Quand la pression du gaz est de quelques millièmes de millimètre seulement, on a les *tubes de Crookes*. La décharge ne produit plus de lueur dans les tubes, mais la portion de paroi opposée à la cathode (pôle —) devient phosphorescente, et cette
région est l'origine de rayons appelés rayons X.

Ces rayons traversent un grand nombre de corps opaques à la
lumière; ils impressionnent la plaque sensible photographique,
ils illuminent un écran recouvert de certaines substances. Les
différents corps sont inégalement perméables aux rayons X. Ces
propriétés sont utilisées dans la *radioscopie* et la *radiographie*.

3. Les *effets calorifiques* permettent de porter à l'incandescence, de fondre, de volatiliser un fil métallique fin, d'enflammer
des explosifs, des liquides combustibles, etc.

Les *effets mécaniques* produisent la rupture de corps mauvais
conducteurs, tels que le verre.

Les *effets chimiques* consistent en combinaisons (oxygène et hydrogène), en décompositions (gaz ammoniac). L'étincelle électrique transforme l'oxygène en *ozone*.

Les *effets physiologiques* se traduisent par des commotions plus ou moins violentes et qui peuvent être mortelles. La médecine utilise les décharges électriques pour le traitement de certaines maladies nerveuses.

4. Les phénomènes appelés éclair, tonnerre, foudre, que l'on remarque pendant les orages, sont dus à des décharges électriques qui se produisent, soit entre deux nuages électrisés, soit entre un nuage électrisé et le sol. Le tonnerre est le bruit qui accompagne la décharge.

5. Les effets de la foudre sont analogues à ceux des décharges électriques que nous savons produire, mais ils sont incomparablement plus puissants. La foudre frappe de préférence les objets élevés; c'est pourquoi il est dangereux de chercher, en temps d'orage, un abri sous des arbres, des meules de foin ou de paille.

6. Le *paratonnerre* protège les édifices contre la foudre. Le plus simple se compose d'une tige métallique pointue placée au sommet de l'édifice. Cette tige communique avec le sol par un conducteur métallique. Aujourd'hui, on préfère entourer l'édifice d'un réseau métallique muni de pointes et communiquant avec le sol.

EXERCICES

Que se produit-il quand deux corps fortement électrisés de sens contraire sont placés assez près l'un de l'autre? — Quelle différence y a-t-il entre le tube de Geissler et le tube de Crookes? — Quel est l'aspect de la décharge dans le tube de Geissler? — Dans le tube de Crookes, où est l'origine des rayons X? — Quelles sont les propriétés les plus connues des rayons X? — Dites la différence qu'il y a entre ces deux expressions : radiographie de la main et radioscopie de la main.

Citez des effets de la foudre analogues à ceux d'une décharge électrique. — Pourquoi la foudre frappe-t-elle de préférence les objets élevés et pointus. — Connaissez-vous des exemples de personnes ayant été foudroyées? Où se trouvaient-elles quand l'accident s'est produit? — Est-il prudent de sonner les cloches en temps d'orage? — Entre le moment où l'on voit l'éclair et celui où l'on entend le tonnerre, il s'est écoulé 10 secondes. A quelle distance se trouve-t-on de l'endroit où s'est produit l'éclair? — Avez-vous vu un paratonnerre? Dites comment il est disposé sur l'édifice? Qu'y a-t-il à l'extrémité de la ou des pointes? — Quel est le rôle du paratonnerre en temps d'orage?

25° LEÇON

PILE ÉLECTRIQUE. — COURANT ÉLECTRIQUE.

MATÉRIEL : Lame de cuivre ou de charbon des cornues et lame de zinc. — Eau acidulée à 1/20 d'acide sulfurique. Cadre de fil de sonnerie. On donne à ce cadre 10 centimètres de diamètre environ et on fait une dizaine de tours de fil. Au centre du cadre, on place une aiguille aimantée mobile sur un pivot, ou une aiguille suspendue à un fil fin. Pour rendre plus visibles les mouvements de l'aiguille, on peut coller sur les extrémités de petits triangles en papier coloré. — Pile électrique de Grenet, ou tout autre modèle au bichromate à un seul liquide. Le modèle Radiguel, à charbon circulaire, est très pratique. — Pile Leclanché. — Pile à deux liquides (Daniell, par exemple). — Bichromate de potassium ou de sodium ou sel chromique. — Acide azotique. — Bioxyde de manganèse. — Chlorure d'ammonium. — Voltamètre ordinaire à eau acidulée. Si on ne veut pas recueillir le gaz provenant de la décomposition de l'eau, il suffit de prendre pour électrodes des crayons de charbon des cornues pour lampes à arc. Avec de l'eau additionnée de soude caustique, on peut prendre des électrodes en fer ou en cuivre. Le modèle Radiguel (*fig.* 289) est pratique et peu coûteux. — Râpe. — Fil de fer très fin. — Fil pour coupe-circuit.

Quand on se sert de piles, il faut avoir bien soin de nettoyer les contacts au papier de verre ou d'émeri fin. — Les piles au bichromate à un liquide gardent plus longtemps une intensité constante si on ajoute par élément 10 grammes de bisulfate de mercure. Le zinc reste alors constamment amalgamé.

Propriétés du courant électrique.

251. *Expériences permettant de constater la présence d'un courant électrique.* — Voici un appareil appelé élément de pile électrique : il comprend une lame de zinc et une lame de charbon des cornues qui plongent dans un liquide brun noir appelé bichromate de potassium. Chaque lame porte une borne. On dit que ces bornes constituent les *pôles* de la pile. A chaque borne, fixons un fil de cuivre. (Pour avoir des effets plus intenses, on prend plusieurs appareils identiques, qu'on assemble en réunissant le zinc de l'un au charbon de l'autre ; les deux fils extrêmes sont réunis, l'un à une lame de zinc, l'autre à une lame de charbon, comme dans un élément unique.)

I. Prenons une aiguille aimantée mobile sur un pivot vertical (ou suspendue à un fil). Nous savons que cette aiguille prend une direction voisine du nord-sud. Marquons la pointe nord. Au-dessus de cette aiguille, plaçons séparément l'un des fils reliés à l'un des pôles de la pile, la direction du fil étant dans la direction de l'aiguille : nous n'observons rien. Réunissons maintenant les deux fils et tendons au-dessus de l'aiguille aimantée le fil qui joint les pôles de la pile : nous constatons que l'aiguille dévie. Quelque chose se produit donc dans le fil de jonction ; ce quelque chose, capable de produire une déviation de l'aiguille aimantée, a été appelé *courant électrique.*

II. Réunissons au charbon la borne primitivement reliée au zinc et inversement, et tendons de nouveau le fil au-dessus de l'aiguille aimantée. L'aiguille dévie encore, mais la déviation est inverse de la précédente.

Le phénomène qui se produit dans le fil est donc *dirigé* dans un sens déterminé. On admet qu'il va du charbon au zinc. On se représente ce phénomène comme un courant liquide. Or, un liquide se déplace d'un niveau vers un autre situé plus bas. En ce qui concerne le courant électrique, nous admettrons un certain niveau électrique plus élevé du côté du charbon que du côté du zinc. C'est pourquoi on donne la désignation (+) au pôle charbon; on dit encore *pôle positif*. On donne au pôle zinc la désignation (—); on dit aussi *pôle négatif*. Le fil qui joint les deux pôles semble conduire le courant; on l'appelle *conducteur*. Par extension, on appelle encore pôles les extrémités libres des fils conducteurs reliés au cuivre et au zinc.

III. Réunissons les deux pôles de la pile par un fil de fer; le courant agit encore sur l'aiguille aimantée; il en serait de même avec un fil de métal quelconque. A la place du fil métallique, plaçons un fil de soie, de coton, une tige de verre. Nous n'observons plus aucune action sur l'aiguille aimantée.

Nous traduisons ce fait en disant que les *métaux sont conducteurs du courant électrique*; la laine, la soie, le coton, le verre ne sont pas des conducteurs.

Quand on veut maintenir le courant dans un conducteur, on doit éviter de mettre ce conducteur au contact d'autres conducteurs; on *l'isole*, soit en le supportant au moyen de mauvais conducteurs, soit, plus fréquemment, en l'entourant de corps mauvais conducteurs. C'est ainsi que les fils conducteurs de courant électrique sont recouverts d'une couche de coton, de soie, ou de couches successives de soie ou de gutta-percha. Ces fils, quand ils sont nus, sont soutenus par des corps mauvais conducteurs (fils télégraphiques et téléphoniques).

IV. Réunissons par un fil métallique très fin et de quelques centimètres de longueur les extrémités des conducteurs réunis aux pôles de la pile. Le fil s'échauffe et devient brûlant. Ainsi, le courant passant dans un fil fin y dégage de la chaleur. Avec un alliage de plomb spécial, qui fond à température peu élevée (plomb fusible), on peut obtenir la fusion du fil.

V. Prenons une râpe à laquelle nous réunissons un des pôles. Promenons sur la râpe l'extrémité de l'autre fil. Nous voyons jaillir des étincelles chaque fois que le fil rencontre une aspérité de la râpe. Ainsi, le courant électrique nous apparaît comme pouvant produire de la lumière. C'est un fait que nous appliquons dans l'éclairage électrique.

VI. Faisons arriver les deux pôles de la pile dans un vase renfermant une dissolution de soude caustique. Nous voyons se dégager des bulles de gaz sur ces pôles. Des dispositifs variés permettent de recueillir ces gaz. Les figures 288 et 289 représentent deux de ces dispositifs qui s'appellent *voltamètres*. Si nous recueillons les gaz, nous constatons que l'un est de l'hydrogène, l'autre de l'oxygène, et, de plus, nous voyons qu'en un temps donné le volume d'hydrogène dégagé est double de celui d'oxygène. Ainsi, en définitive, le courant électrique a *décomposé* l'eau.

VII. Plaçons séparément sur la langue les extrémités de chacun des conducteurs reliés aux pôles de la pile : nous n'éprouvons rien. Plaçons les deux conducteurs à la fois sur la langue : nous sentons cette fois un petit tremblement.

Si nous avions un courant produit par un grand nombre de piles (une centaine, par exemple) ou par les puissantes machines (dyna-

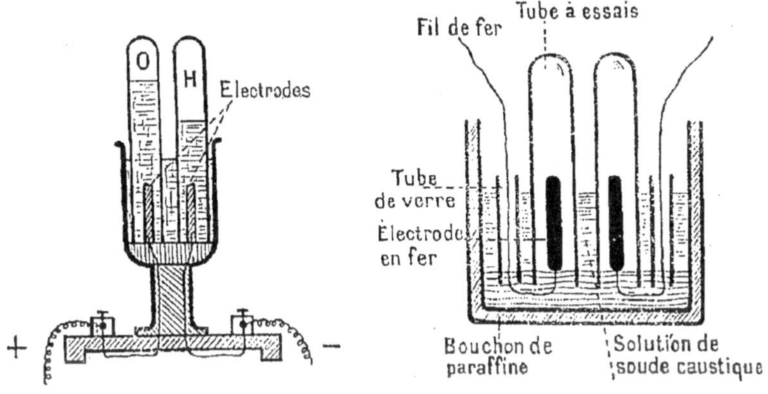

Fig. 288. — Voltamètre ordinaire.   Fig. 289. — Voltamètre simple.

mos) dont nous dirons un mot plus tard, cette expérience nous aurait donné une secousse désagréable ; elle aurait même pu être dangereuse.

En résumé, le courant électrique se manifeste à nous par un certain nombre d'effets :

1° Action sur l'aiguille aimantée (action magnétique) ;

2° Production de chaleur et de lumière (action calorifique et lumineuse) ;

3° Décomposition de l'eau (action chimique) ;

4° Action sur l'organisme (action physiologique).

Nous reviendrons sur ces effets.

Piles électriques.

Les générateurs de courant électrique les plus connus sont les *piles électriques*. Ce sont les générateurs que nous avons dans nos cours pour nos expériences ; ce sont eux que l'on trouve dans les installa-

Exposition rétrospective de Côme, 1899.

Fig. 290. — Les premières piles de Volta (1800) : éléments ayant servi à ce physicien comme générateurs de courant électrique.

tions de sonneries électriques ; ce sont encore eux qui sont utilisés dans les petits bureaux télégraphiques ou téléphoniques.

Le nom de *pile* vient de ce que Volta, physicien italien, qui découvrit ce générateur de courant, l'avait constitué par des éléments superposés (*fig.* 290 et 291). Chaque élément était formé d'un disque de cuivre et d'un disque de zinc séparés par une rondelle de drap imprégnée de vinaigre.

252. Principe de la pile. — EXPÉRIENCES. I. Dans un vase (*fig.* 292), nous avons mis de l'eau acidulée avec 1/20 d'acide sulfurique (50 gr, d'acide dans un litre d'eau). Plongeons dans l'eau acidulée une lame

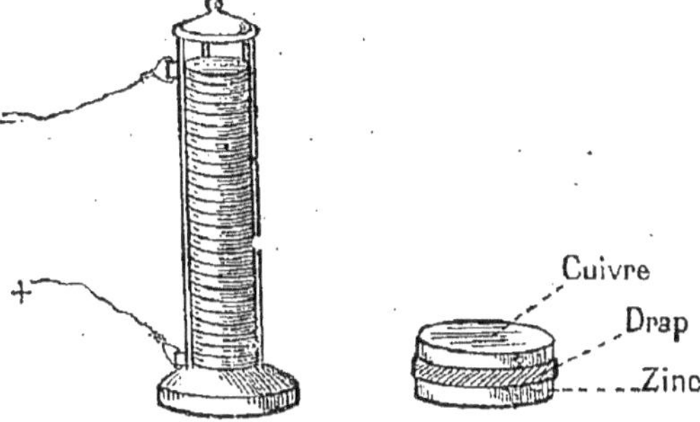

Fig. 291. — Pile de Volta ; les éléments étaient empilés les uns sur les autres. A droite, un élément de cette pile.

de cuivre et une lame de zinc. Le zinc réagit sur l'acide sulfurique et *un gaz se dégage sur la lame de zinc :* nous savons que ce gaz est de l'hydrogène.

Réunissons maintenant le cuivre au zinc par un fil de cuivre (fil de sonnerie) ; le fil, tendu au-dessus d'une aiguille aimantée mobile, cause une déviation de l'aiguille. Ainsi, le fil qui joint le cuivre et le zinc est le siège d'un courant électrique (*fig.* 292).

L'hydrogène, qui tout à l'heure se dégageait sur le zinc, *se dégage maintenant sur le cuivre.* Il semble que, quand le courant passe dans le fil de jonction, l'hydrogène soit entraîné du zinc au cuivre à l'intérieur du liquide. On admet que le courant électrique existe aussi à l'intérieur du liquide et s'y dirige du zinc au cuivre.

Dans le fil extérieur, le courant se

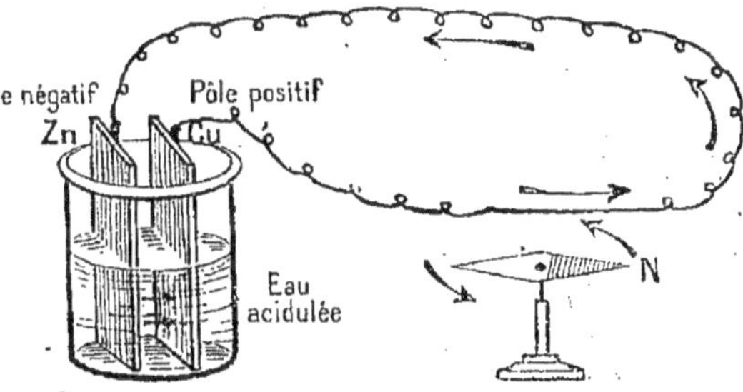

Fig. 292. — Un élément de pile.

dirige du cuivre au zinc, parcourant ainsi un circuit complet, tant à l'intérieur qu'à l'extérieur du liquide.

L'ensemble des deux lames de métal et du vase à eau acidulée constitue un *élément* de pile ; on dit plus simplement une *pile* électrique.

II. Dans le liquide acide, plongeons deux lames de cuivre, non attaqué dans ces conditions, ou deux lames de zinc, qui toutes deux réagissent sur le liquide ; nous n'observons aucun courant dans le fil de jonction.

Nous pouvons donc dire que *le courant électrique a pour origine la différence d'action exercée par certains liquides sur deux corps différents.*

III. Pour obtenir un effet plus intense sur l'aiguille aimantée, nous enroulons plusieurs fois sur lui-même le fil conducteur, de façon à former un cadre. Nous plongeons à nouveau dans l'eau acidulée la lame de cuivre et la lame de zinc. Nous plaçons l'aiguille aimantée dans ce cadre, le plan du cadre dans la direction de l'aiguille, puis nous réunissons aux lames de cuivre et de zinc les deux extrémités du fil conducteur.

L'aiguille aimantée dévie.

Notons la déviation et laissons fonctionner notre appareil pendant quelque temps ; nous voyons la déviation de l'aiguille aimantée diminuer progressivement.

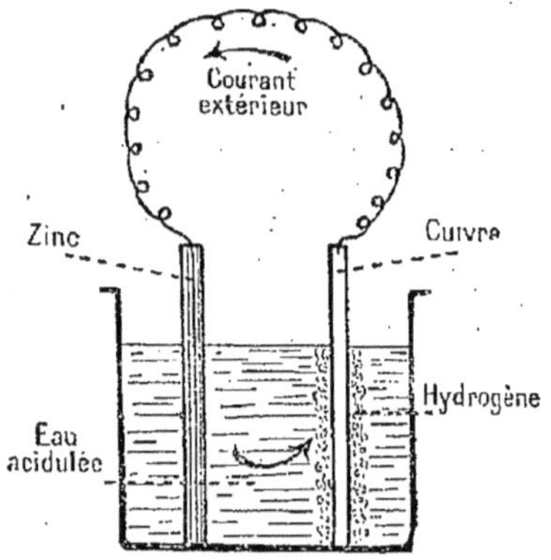

Fig. 293. — Quand on réunit le cuivre et le zinc par un corps conducteur, l'hydrogène qui se dégageait sur le zinc se dégage sur le cuivre.

La déviation de l'aiguille aimantée est liée à une certaine qualité du courant que nous appelons *intensité.* Ainsi, dans notre élément, l'intensité du courant diminue rapidement. Pourquoi ? On a reconnu que quand la pile fonctionne, l'hydrogène va se dégager sur le cuivre et forme autour du métal une sorte de gaine gazeuse qui cause l'affaiblissement de l'intensité du courant (*fig.* 293). On dit que la pile se *polarise.*

Fig. 294. — Pile au bichromate à un liquide (pile-bouteille dite de Grenet).

253. *Piles électriques diverses.* — *Dépolarisants.* Dans la pile, il suffit d'enlever l'hydrogène à mesure qu'il se forme pour avoir un courant constant. On obtient ce résultat en employant diverses substances appelées *dépolarisants.*

Pile au bichromate à un liquide. Dans cette pile (*fig.* 294), on ajoute à l'eau acidulée un corps riche en oxygène, le *bichromate de potassium.* L'hydrogène enlève de l'oxygène au bichromate et il se forme de l'eau. Le cuivre, qui serait rongé par le bichromate, est remplacé par une lame de charbon des cornues à gaz.

Piles à deux liquides. On obtient de meilleurs résultats en séparant par une cloison poreuse l'eau acidulée et le dépolarisant. Le pôle attaqué plonge dans l'eau acidulée, le pôle non attaqué plonge dans le dépolarisant. On obtient alors les piles à deux liquides. La figure 295 représente le principe de ces piles. Généralement, le vase extérieur est cylindrique ainsi que le vase intérieur poreux. Ce dernier est en porcelaine dégourdie, analogue à la terre de pipe.

La lame attaquée a le plus souvent la forme d'un zinc circulaire entourant le vase poreux ; la lame non attaquée, en cuivre ou en

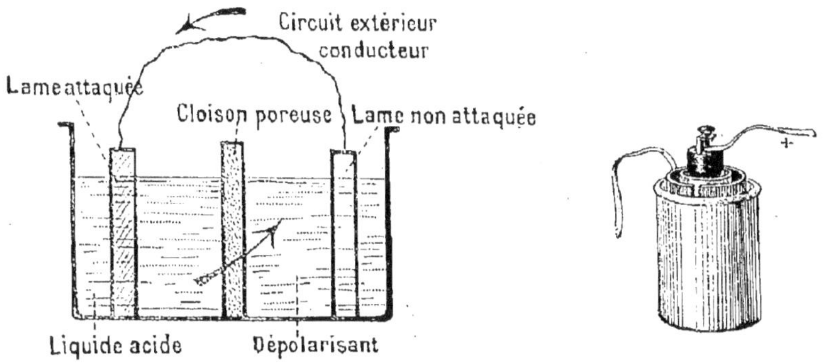

Fig. 295. — Principe et vue extérieure d'une pile à deux liquides.

charbon des cornues, est à l'intérieur du vase poreux. On mettrait tout aussi bien la lame attaquée et le liquide acide dans le vase poreux et la lame non attaquée à l'extérieur de ce vase.

Dans la pile au *bichromate*, le dépolarisant est une solution de bichromate de potassium additionnée d'acide sulfurique ; la *pile Bunsen* a pour dépolarisant l'acide azotique ; la *pile Daniell* a pour dépolarisant le sulfate de cuivre. Pour cette dernière pile, on a pu supprimer le vase poreux ; la solution de sulfate de cuivre est maintenue saturée et occupe le fond du vase, l'eau acidulée se trouve à la partie supérieure. Ainsi modifiée, la *pile Daniell* devient la *pile Callaud*, employée dans les installations télégraphiques.

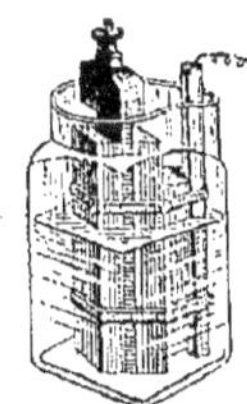

Fig. 296. — Pile Leclanché.

La *pile Leclanché* (*fig.* 296) a pour dépolarisant le *bioxyde de manganèse*, riche en oxygène. On place généralement le bioxyde concassé dans le vase poreux, où il est mélangé à du coke. Le corps attaqué est le zinc, comme dans les autres piles ; mais le liquide actif est une solution de sel ammoniac à saturation. Le chlorure d'ammonium (AzH^4Cl) réagit sur le zinc et forme du chlorure de zinc. De l'ammoniaque se dégage. La pile Leclanché est très employée pour actionner les sonneries électriques.

Dans les piles, au lieu du zinc ordinaire, on emploie du zinc *amalgamé*, c'est-à-dire combiné à du mercure. On a constaté que le zinc amalgamé n'est pas attaqué par le liquide actif quand le circuit extérieur est ouvert ; le zinc ordinaire, au contraire, serait attaqué aussi bien quand la pile ne fonctionne pas que lorsqu'elle fonctionne.

254. *Association des éléments.* — On assemble généralement les éléments de façon que le pôle positif de l'un soit réuni au pôle négatif du suivant. Le premier et le dernier élément ont, l'un un pôle positif, l'autre un pôle négatif libre ; c'est à ces deux pôles extrêmes que l'on fixe les conducteurs formant le circuit (*fig.* 297 et 298).

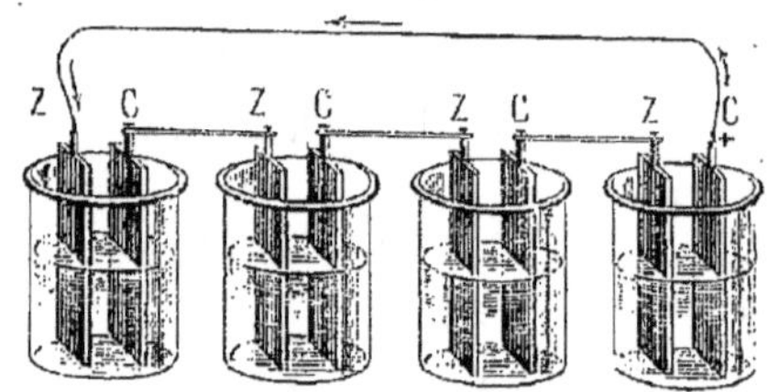

Fig. 297. — Plusieurs éléments de piles réunis en batterie.

255. *Notion d'intensité.* — Dans le *voltamètre* (*fig.* 288), le courant électrique décompose l'eau en hydrogène et oxygène. Si nous considérons la pile comme débitant de l'électricité, nous pouvons *admettre* que le volume d'hydrogène dégagé est *proportionnel* à la quantité d'électricité qui traverse le circuit. Cette quantité d'électricité nous apparaît comme une grandeur mesurable, puisque les effets qu'elle produit peuvent être mesurés.

256. *Coulomb. Ampère.* — Pour des raisons que nous ne pouvons exposer, on *a choisi* pour unité la quantité d'électricité capable de dégager 0^{cm^3}, 11 d'hydrogène, soit 0^{mg}, 01 dans un voltamètre à eau. Cette unité s'appelle *coulomb*.

On peut aussi considérer la qualité d'électricité qui traverse le circuit en 1 seconde. On obtient ainsi l'*intensité* du courant. L'unité d'intensité est l'intensité d'un courant, qui débite un coulomb par seconde. On l'appelle *ampère*. Autrement dit, un courant de 1 ampère peut dégager en une seconde 0^{cm^3}, 11 ou 0^{mg}, 01 d'hydrogène.

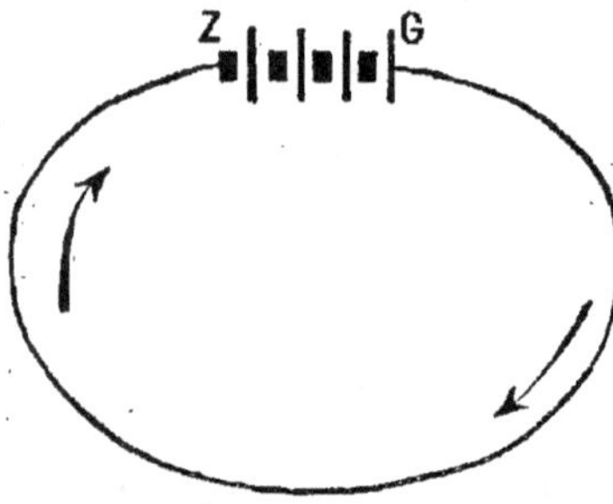

Fig. 298. — Représentation schématique d'une batterie d'éléments en série.

257. *Comparaison hydraulique.* — On se représente assez nettement les propriétés du courant électrique par analogie avec celles d'un courant liquide. Considérons deux vases A et B (*fig.* 299), situés à des niveaux différents et renfermant de l'eau. L'eau s'écoule du vase supérieur dans le récipient inférieur à travers une canalisation. Si nous plaçons en divers points de cette canalisation des appareils appelés *compteurs*, nous verrons que, pendant un temps donné, la quantité d'eau qui a passé en tous les points de la canalisation est la même. Il en est ainsi pour le courant électrique.

La quantité d'eau qui passe en une seconde dans la canalisation caractérise l'intensité du débit.

Force électromotrice.

258. *Différence de potentiel. Volt.* — Dans l'exemple précédent, pour que l'eau s'écoule de A vers B, il faut que le niveau du liquide dans A soit plus élevé que dans B. Si on maintient constante cette différence de niveau, le débit ne varie pas dans la canalisation. En ce qui concerne le courant électrique, on admet que l'action différente du liquide actif sur les pôles de la pile crée entre ces pôles une différence de niveau électrique qu'on appelle encore *différence de potentiel*. Cette grandeur est considérée comme la cause du courant électrique ; aussi on lui donne encore le nom de *force électromotrice*, et on la représente abréviativement par f. e. m. L'unité s'appelle le *volt*. C'est à peu près la f. e. m. qui existe entre les deux pôles d'une pile Daniell. La pile Bunsen, la pile au bichromate ont une f. e. m. voisine de 2 volts ; la pile Leclanché a une f. e. m. de 1 v., 5 environ.

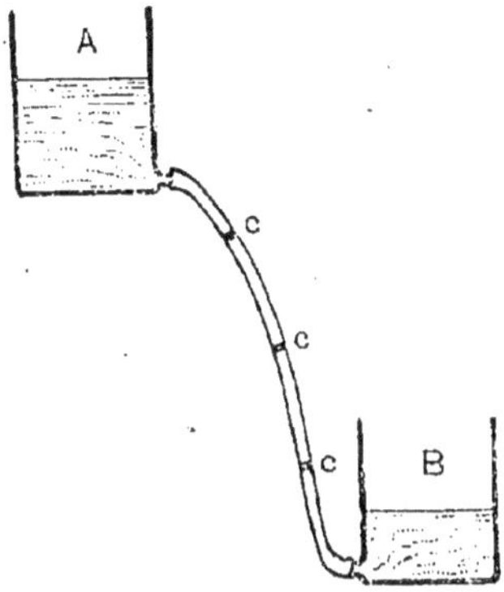

Avec des appareils de mesure spéciaux appelés *voltmètres*, on constate que, pour une pile donnée, la f. e. m. ne dépend que de la nature des pôles et des liquides qui constituent cette pile ; la f. e. m. est *indépendante* de la forme, de la dimension, de la distance des pôles.

Fig. 299. — Le débit est le même en tous les points de la canalisation qui joint A et B.

Puissance du courant.

259. *Watt.* — Si 1 kilogramme de liquide tombe d'une hauteur de 1 mètre, le travail effectué est de 1 kilogrammètre. Le travail effectué en 1 seconde mesure la *puissance* de la chute.

En électricité, on a une unité de puissance qui est le *watt*. 1 kilogrammètre vaut près de 10 watts (exactement 9w, 81). Un courant dont l'intensité est 1 ampère et qui circule sous une f. e. m. de 1 volt a une puissance de 1 watt.

On compte par watts, hectowatts, kilowatts, comme par grammes, hectogrammes, etc. Nous voyons qu'un cheval-vapeur équivaut à 9w, 81 $\times$ 75 = 736 watts.

260. *La pile est un transformateur d'énergie.* — Nous avons pu nous rendre compte de certains effets du courant électrique en comparant ce phénomène à un courant liquide. Pour maintenir constant le débit dans une canalisation, il suffit de maintenir constante la différence de niveau entre les réservoirs que réunit cette canalisation. On peut, par exemple, au moyen d'une pompe, remonter le liquide du réservoir inférieur au réservoir supérieur (*fig.* 300). Dans les piles, ce qui maintient constante la f. e. m. entre les pôles, c'est l'action chimique. Somme toute, on brûle du zinc pour obtenir un courant électrique.

C'est là un nouvel exemple de transformation de l'énergie.

Dans les machines électrostatiques, soit à frottement, soit à influence, on dépense de l'énergie mécanique pour produire de l'énergie électrique.

L'électricité des machines est d'ailleurs identique à l'énergie électrique produite par les piles, mais tandis que les piles sont des générateurs d'énergie électrique à faible potentiel et à grand débit, les machines électrostatiques sont au contraire à très faible débit et à haut potentiel. Les petites machines Wimshurst des cabinets de physique donnent des étincelles de 5 centimètres environ, ce qui correspond à une différence de potentiel de 75 000 volts entre les pôles. Par contre, la quantité d'électricité débitée par ces machines se mesure par quelques millionièmes de coulomb.

S'il y a quelque différence entre les effets de l'énergie électrique des piles et celle des machines, cette différence s'explique facilement : nous pouvons la comparer à la différence entre les effets produits par un fil métallique fin porté au rouge, c'est-à-dire à une température très élevée, et par une grosse masse de métal dont on n'aurait fait varier la température que de quelques degrés.

Il existe d'autres machines génératrices de courant électrique (machines d'induction) qui produisent la transformation d'énergie mécanique en énergie électrique.

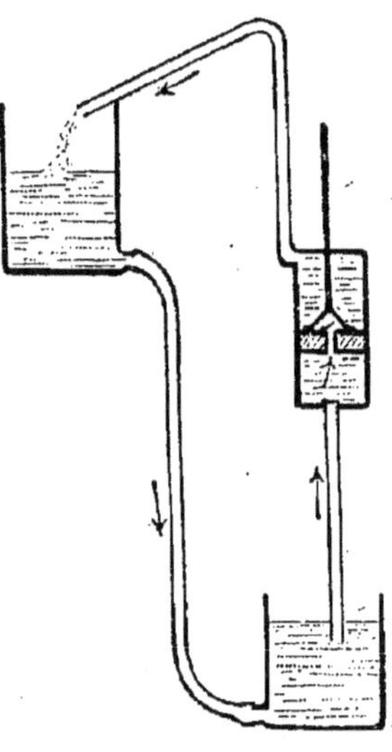

Fig. 300. — La pompe maintient constante la différence de niveau hydraulique ; en électricité, l'action chimique maintient constante la différence de niveau électrique.

RÉSUMÉ

1. Une lame de cuivre et une lame de zinc plongeant dans l'eau acidulée constituent un *élément* de *pile électrique*. Quand on réunit ces deux lames par un fil métallique, le fil est le siège d'un phénomène appelé *courant électrique*. On admet que *le courant se dirige du cuivre au zinc dans un conducteur extérieur*; il se dirige du zinc au cuivre à l'intérieur de la pile. On peut remplacer la lame de cuivre par une lame de charbon de cornue.

Le courant électrique a pour origine la différence d'action exercée par certains liquides sur deux corps de nature différente.

2. Dans la pile zinc-cuivre-eau acidulée, le courant s'affaiblit rapidement par suite de la formation d'une gaine d'hydrogène autour de la lame non attaquée. On maintient le courant constant en enlevant l'hydrogène au moyen de substances appelées *dépolarisants*. Le dépolarisant est le *bichromate de potassium* dans les piles au bichromate à un ou à deux liquides : c'est l'*acide azotique* dans la pile Bunsen, le *sulfate de cuivre* dans la pile Daniell ou la pile Callaud, le *bioxyde de manganèse* dans la pile Leclanché.

3. Le courant électrique passant dans un *voltamètre* à eau y décompose ce liquide en hydrogène et oxygène. La quantité d'hydrogène dégagée peut être prise pour mesurer la quantité d'électricité qui traverse le circuit.

On appelle *coulomb* la quantité d'électricité qui peut mettre en liberté 0^{cm3},11 ou 0^{mg},1 d'hydrogène dans un voltamètre. Un courant qui débite 1 coulomb par seconde a une intensité de 1 *ampère*.

4. Quand un courant circule dans un conducteur, il existe entre deux points de ce conducteur une différence de niveau électrique qu'on appelle encore *différence de potentiel* ou *force électromotrice*. La f. e. m. s'exprime en *volts*. Le volt est sensiblement la f. e. m. qui existe entre les deux pôles de la pile Daniell.

Un courant de 1 ampère circulant sous une f. e. m. de 1 volt a une *puissance de 1 watt*. Le cheval-vapeur équivaut à 736 watts.

La pile transforme en courant électrique l'énergie chimique créée par l'action de l'acide sur le zinc.

5. On associe les éléments de pile en réunissant le pôle positif de l'un au pôle négatif du suivant. Les pôles extrêmes sont réunis par un fil conducteur.

EXERCICES

De quoi se compose un élément de pile? — Comment peut-on constater l'existence du courant électrique ? — Quelle direction attribue-t-on au courant dans le circuit qui réunit le cuivre au zinc à l'extérieur de la pile ? — Observerait-on un courant si on constituait un élément de pile avec deux lames de cuivre, ou deux lames de zinc, ou deux lames de même nature ? — Citez des corps bons conducteurs, des corps mauvais conducteurs du courant. — Comment est fait un conducteur isolé ? — Quand les pôles de l'élément zinc-cuivre-eau acidulée sont réunis par un conducteur, où se dégage l'hydrogène produit par l'action du zinc sur l'acide sulfurique? — Pourquoi le courant s'affaiblit-il dans la pile précédente? — Qu'appelle-t-on dépolarisant? — Décrivez la pile au bichromate à un liquide, à deux liquides. — En quoi consistent la pile Bunsen, la pile Daniell, la pile Leclanché ? — Quelle différence faites-vous entre un coulomb et un ampère? — Quelle volume d'hydrogène dégage en une heure un courant de 1 ampère? — Combien 1 kilowatt représente-t-il de chevaux-vapeur? — Comment assemble-t-on plusieurs éléments de pile ?

26ᵉ LEÇON

AIMANTATION PAR LES COURANTS. — SONNERIE ÉLECTRIQUE. TÉLÉGRAPHE ÉLECTRIQUE.

MATÉRIEL : Cylindre de verre ou de carton sur lequel est enroulé en spires contiguës du fil de sonnerie. On peut donner à ce cylindre une longueur d'environ 20 centimètres. — Aiguille à tricoter en acier. — Tige de fer doux. — Électro-aimant ordinaire. — Cadre formé de 50 à 100 tours de fil de sonnerie enroulé sur un cadre de 10 centimètres environ de diamètre. — Boussole ou aiguille aimantée mobile sur un pivot ou aiguille aimantée suspendue. On place l'aiguille au centre du cadre. — Ampèremètre et voltamètre. Il existe des modèles suffisants pour nos cours à 7 fr. 50. — Sonnerie électrique. — Appareil plus ou moins analogue à la figure 307 pour montrer le principe du télégraphe. Il existe des appareils de démonstration à un prix abordable, mais la sonnerie électrique à trembleur peut les remplacer. On convient qu'une sonnerie brève représentera un point, une sonnerie plus longue un trait de l'alphabet Morse et, avec un bouton d'appel de sonnerie pour transmetteur, la sonnerie pour récepteur, on peut fort bien montrer le principe de la télégraphie électrique.

Aimantation par les courants.

261. *Électro-aimant.* — EXPÉRIENCES. I. Prenons un cylindre de verre ou de carton de 4 à 5 centimètres de diamètre, et enroulons sur ce cylindre un fil conducteur isolé. Nous avons ce que nous appellerons désormais une *bobine*.

Faisons passer dans cette bobine, c'est-à-dire dans le fil conducteur enroulé sur le cylindre, le courant d'une pile. Il suffit pour cela de réunir aux deux pôles de la pile les deux extrémités du fil enroulé sur le cylindre.

A l'intérieur du cylindre, plaçons une aiguille d'acier (*fig.* 304). Quand le courant passe, nous voyons que l'aiguille possède les propriétés magnétiques ; ses deux extrémités agissent sur l'aiguille aimantée, attirent la limaille et les objets en fer et en acier. Retirons cette aiguille, elle reste aimantée, elle est devenue un aimant permanent. *C'est ainsi, à l'heure actuelle, qu'on aimante presque toujours les barreaux d'acier.*

II. Dans le cylindre, plaçons une tige de fer doux et faisons passer le courant. Le fer s'aimante comme l'acier et la tige de fer se comporte comme un aimant : elle a deux pôles qui agissent sur l'aiguille aimantée, ses extrémités attirent la limaille et les objets en fer et en acier.

Retirons l'aiguille du cylindre : les propriétés magnétiques disparaissent.

Replaçons l'aiguille et faisons cesser le passage du courant : l'aimantation du fer cesse également.

Nous avons donc un appareil *qui s'aimante par le passage du courant et dont l'aimantation cesse quand le courant ne passe plus.* C'est un *électro-aimant.*

III. Nous pouvons déterminer la nature des pôles obtenus en plaçant une tige d'acier ou de fer dans la bobine; il suffit pour cela d'approcher de l'une des extrémités de cette tige la pointe nord d'une aiguille aimantée. Avec la disposition que représente la figure 301, nous verrons que l'extrémité A du barreau repousse la pointe nord de l'aiguille aimantée, tandis que l'extrémité B l'attire. Nous avons donc dans la tige de fer ou d'acier un pôle nord à gauche et un pôle sud à droite.

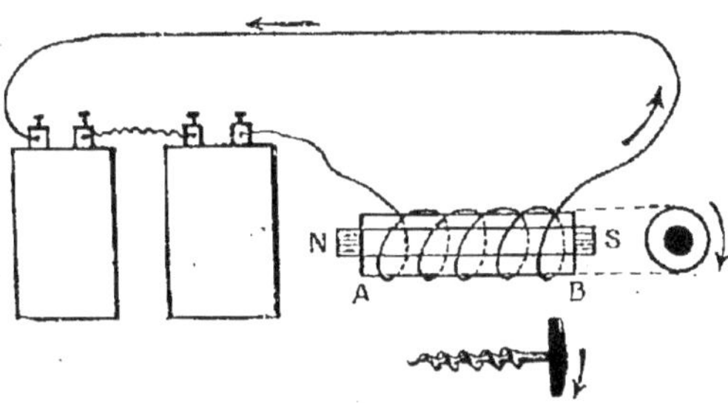

Fig. 301. — Aimantation par les courants.

IV. Changeons le sens du courant : le sens de l'aimantation change dans l'aiguille de fer ou d'acier.

V. Enlevons la tige métallique, et présentons aux extrémités de la bobine une petite boussole ou une aiguille aimantée mobile (*fig.* 302). Quand le courant passe dans le sens indiqué par la figure 301), nous

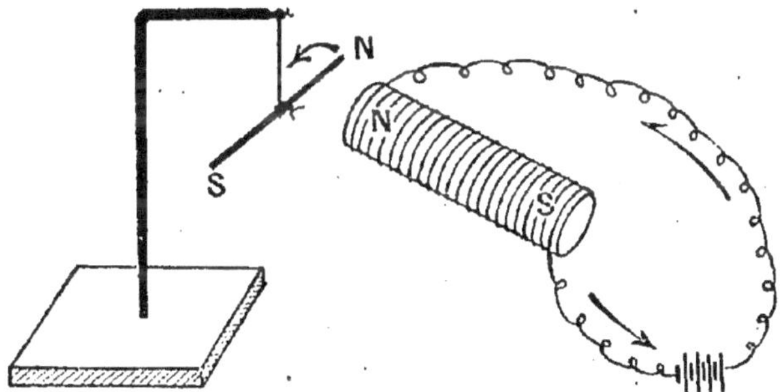

Fig. 302. — Action d'une bobine traversée par un courant sur un aimant.

trouvons que la bobine présente encore un pôle nord en A. Changeons le sens du courant : nous avons un pôle nord en B, à l'autre extrémité de la bobine.

Ainsi, *le courant passant dans une bobine y crée un champ magnétique.* Ce champ magnétique est faible, mais il prend une valeur importante quand on introduit dans la bobine un barreau de fer ou d'acier qui est le *noyau* de la bobine. En examinant le sens dans lequel circule le courant, nous pouvons remarquer ceci :

La bobine présente un pôle nord du côté où l'on voit le courant circuler en sens inverse des aiguilles d'une montre.

Nous pouvons encore énoncer ce principe sous la forme suivante :
Si nous faisons tourner un tire-bouchon dans le sens du courant, la bobine présente un pôle nord du côté où sort le tire-bouchon.

Les électros peuvent avoir une forme droite comme dans la figure 301 mais généralement on place côte à côte deux électros droits, dont les noyaux sont fixés par une extrémité sur une pièce de fer doux. On fait l'enroulement des bobines de façon que les deux pôles libres soient de noms contraires quand passe le courant. L'électro a souvent la forme que représente la figure 303. Il est alors formé simplement d'une tige de fer courbée en U et aux deux extrémités de laquelle on place deux bobines identiques, traversées par le même courant. Il est à remarquer que les enroulements des bobines doivent être de sens contraires.

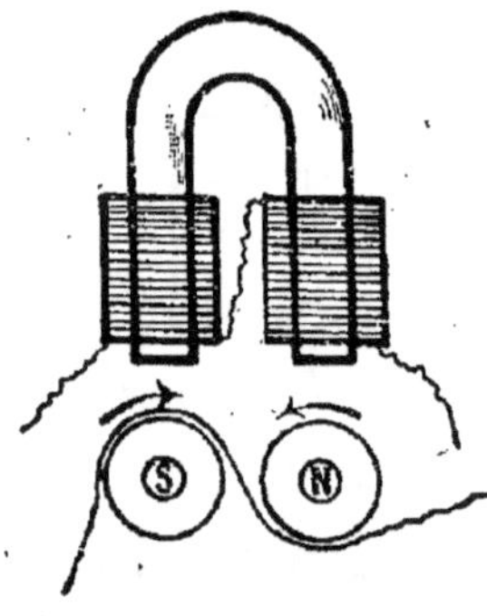
Fig. 303. — Électro-aimant en fer à cheval.

Galvanomètres.

262. Un courant traversant une bobine y crée un champ magnétique. Il en est de même d'un courant passant dans un cadre de plus ou moins grand diamètre sur lequel on enroule un ou plusieurs tours de fil. Construisons un cadre de 10 centimètres environ de diamètre et formé d'une centaine de tours de fil conducteur isolé. Au centre de ce cadre plaçons une aiguille aimantée mobile ou une boussole. *Disposons le plan du cadre dans la direction de l'aiguille aimantée,* puis faisons passer un courant. L'aiguille dévie et forme avec sa direction primitive un angle plus ou moins considérable.

Ainsi, *la déviation de l'aiguille accuse le passage d'un courant électrique.*

Observons le sens de la déviation. Si nous connaissons le sens de l'enroulement, nous pourrons déterminer aussi *le sens du courant* en appliquant les règles données précédemment.

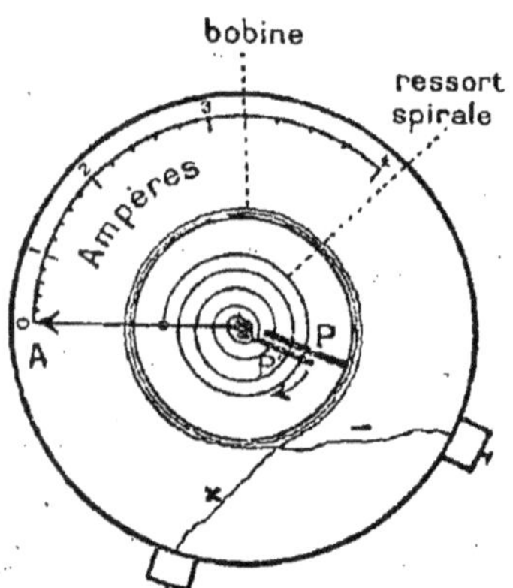

Fig. 304. — Type d'ampèremètre industriel (schéma).

Enfin, la valeur de la déviation nous permettra d'apprécier l'*intensité* du courant.

Nous avons ainsi constitué un *galvanomètre.*

Il existe de nombreux types de galvanomètres; ceux qui sont employés par l'industrie sont gradués de façon à donner, soit l'intensité, soit la force électromotrice du courant. Dans le premier cas, on a un *ampèremètre*, parce que la graduation est en ampères ; dans le second cas, on a un *voltmètre* : la graduation exprime des volts.

Voici le type le plus courant des ampèremètres industriels (*fig.* 304).

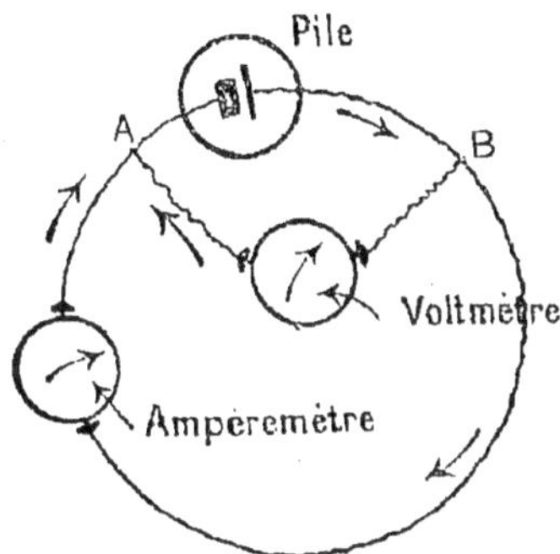

Fig. 305. — L'ampèremètre se met dans le circuit; le voltmètre se met en dérivation.

Une bobine creuse porte une palette fixe P dirigée dans le sens d'un rayon. Une autre palette P′ tourne autour d'un axe; elle est parfaitement équilibrée par le poids de l'aiguille A. Quand un courant passe dans la bobine, le plan de la palette mobile tend à se placer dans le prolongement de celui de la palette fixe, car les deux palettes étant aimantées de la même manière, les pôles de même nom se repoussent. Mais un ressort spiral s'oppose au mouvement de la palette mobile; l'aiguille se déplace jusqu'à ce que l'action du champ magnétique de la bobine soit égale à la tension du ressort.

Le voltmètre ressemble à l'ampèremètre, mais la bobine du voltmètre est à fil long et très fin, tandis que la bobine de l'ampèremètre est à fil gros et court. L'ampèremètre se place dans le circuit dont on veut mesurer l'intensité, tandis que le voltmètre se place en *dérivation*, c'est-à-dire que les deux bornes de l'appareil (où aboutissent les extrémités de la bobine) sont réunies aux deux points du circuit dont on veut mesurer la différence de niveau électrique (*fig.* 305).

Sonnerie électrique

263. C'est une application des propriétés des électro-aimants.

La sonnerie électrique (*fig.* 306) se compose d'un électro-aimant en fer à cheval E. Devant ses pôles, une petite plaque de fer doux est fixée à une lame flexible et porte à son autre extrémité un marteau qui vient frapper sur un timbre quand la lame est attirée par l'électro. A l'état de repos, la

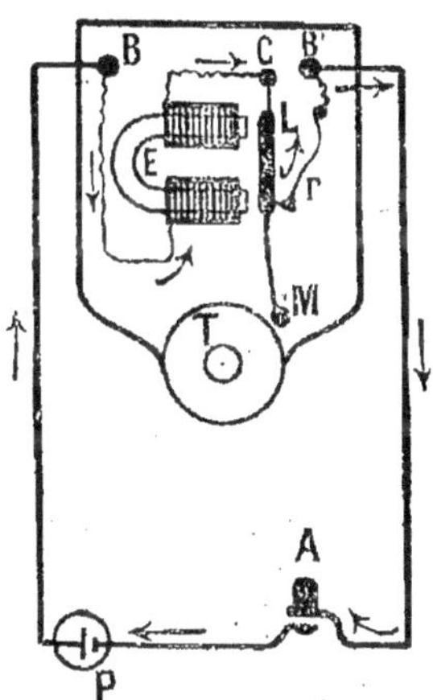

Fig. 306. — Schéma d'une sonnerie électrique. — P, pile; A, bouton d'appel; B, B′, bornes; E, électro; M, marteau; T, timbre; r, ressort; L, plaque de fer doux.

plaque de fer doux repose sur un petit ressort r. La borne B est reliée à l'une des extrémités du fil de l'électro; l'autre extrémité de ce fil aboutit en C, au bout de la lame élastique. Les pôles de la pile communiquent, l'un avec la borne B, l'autre avec l'extrémité du ressort r.

Quand le courant passe, il suit le trajet indiqué par les flèches : le noyau des électros s'aimante et attire la lame de fer; celle-ci ne touche plus le ressort *r*, le courant cesse de passer, l'aimantation disparaît dans les électros et la lame retombe sur *r*. Le courant passe de nouveau, et la série des phénomènes précédents se répète tant que passe le courant. Chaque fois que la lame L est attirée, le marteau frappe sur le timbre. On a donc autant de chocs que d'interruptions du courant.

Pour lancer le courant dans la sonnerie, on place sur le circuit un *bouton d'appel*, formé de deux petits ressorts communiquant avec les pôles de la pile. On voit qu'en pressant sur le bouton on ferme le circuit et le courant passe.

264. *Principe de la télégraphie électrique.* — EXPÉRIENCE. Le courant de la pile P (*fig.* 307) passe dans l'électro-aimant E; le noyau de fer doux de la bobine s'aimante et attire la plaque de fer L fixée à une lame élastique. Quand on fait cesser le courant, la plaque de fer se détache de l'électro, car la lame élastique formant ressort la relève. Chaque fois que le courant passe, la plaque est attirée. Supposons qu'à cette plaque on ait fixé un crayon ou un appareil à tracer qui vienne toucher une feuille de papier à chaque

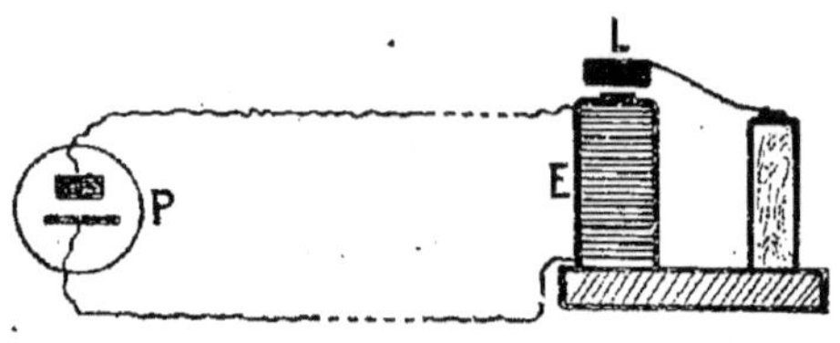

Fig. 307. — Principe du télégraphe électrique.

attraction. La feuille, par un procédé quelconque, se déplace devant la pointe à tracer. Si le courant dure peu, la pointe tracera un point sur la feuille ; s'il dure plus longtemps, la pointe tracera un trait. En combinant conventionnellement les traits et les points, on peut obtenir des signaux qui correspondent aux différents signes d'écriture. C'est là le principe du télégraphe Morse (*fig.* 311).

265. *Parties essentielles d'une installation télégraphique.* — Une installation télégraphique comprend donc nécessairement :

1° Un générateur de courant électrique ;

2° Un fil de ligne reliant les postes en communication ;

3° Un appareil pour interrompre à volonté le courant au poste transmetteur, ou *manipulateur;*

4° Un *récepteur*, placé au poste d'arrivée et qui reçoit les signaux transmis par le premier poste.

Générateur de courant. Dans les bureaux peu importants, on utilise des groupes de piles Leclanché; dans les bureaux plus grands, on emploie des piles Daniell ou Callaud. Aujourd'hui on tend de plus en plus à remplacer les piles par des accumulateurs quand on est à proximité d'une usine électrique.

Manipulateur. Il est représenté par la figure 308. En pressant sur le bouton de gauche, on fait passer le courant de la pile dans le fil de ligne à travers le levier métallique articulé en O. Quand on cesse de presser, un ressort soulève le levier et fait cesser le contact.

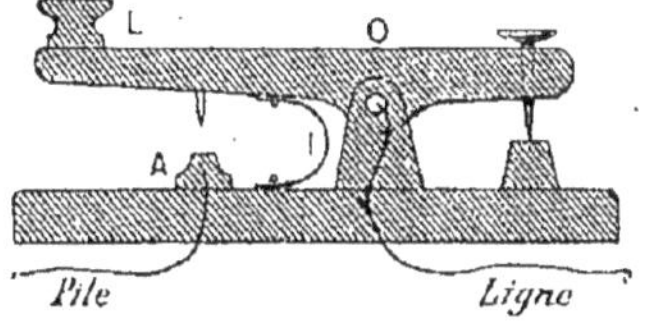

Fig. 308. — Transmetteur ou manipulateur du télégraphe Morse.

Fil de ligne. Les lignes continentales sont généralement aériennes; elles sont constituées par un fil de fer galvanisé de 4 millimètres de diamètre, et dont la résistance est d'environ 10 ohms au kilomètre. Suivant la longueur de la ligne, on peut donc calculer le nombre de piles nécessaires pour obtenir un courant suffisant. On a constaté que le fil de retour est inutile : au poste d'envoi, il n'y a qu'à relier à la terre l'un des pôles de la pile, et, à l'autre poste, à amener au sol l'extrémité du fil de l'électro.

Le fil de ligne est supporté de distance en distance par des isolateurs en porcelaine fixés sur des poteaux en bois (*fig.* 309). Pour les lignes sous-marines, on emploie des *câbles*.

Récepteur. La figure 310 représente schématiquement un récepteur Morse. La bande de papier D E F G se déroule, entraînée par un

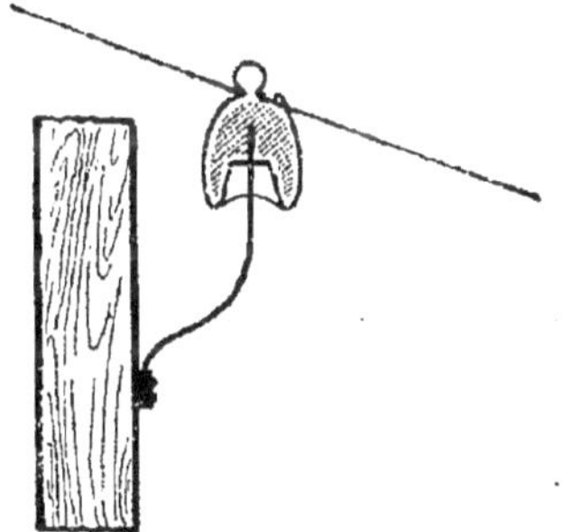
Fig. 309. — Poteau avec isolateur.

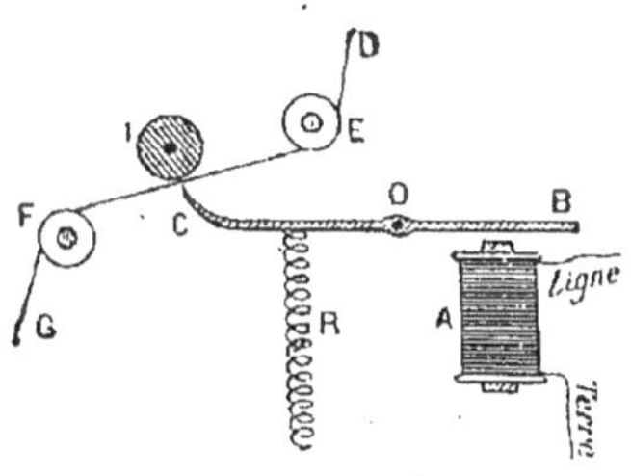

Fig. 310. — Schéma du récepteur
du télégraphe Morse.

mouvement d'horlogerie. Quand le courant passe dans l'électro A, la pièce de fer B est attirée, et, tournant autour de O, son extrémité C vient appuyer la bande de papier sur un rouleau encré I. Si le courant dure peu, on a un point sur la bande ; si le courant dure plus longtemps, on obtient un trait.

Signaux. Les signaux utilisés dans l'alphabet Morse sont indiqués dans le tableau de la page 253 (*fig.* 311).

Poste double. Chaque poste télégraphique doit pouvoir transmettre et recevoir; il doit donc avoir à la fois manipulateur et récepteur. La figure 312 montre le dispositif des appareils dans les deux postes.

LETTRES	SIGNES	CHIFFRES ET PONCTUATION	SIGNES
a		1	
ä		2	
b		3	
c		4	
d		5	
e		6	
é, è ou ê		7	
f		8	
g		9	
h		0	
i			
j		Point	
k		Alinéa	
l		Virgule.	
m		Point-virgule.	
n		Deux-points	
ñ		Point interrogatif . . .	
o		Point exclamatif. . . .	
ö		Apostrophe.	
p		Trait d'union.	
q		Barre de division ou de fraction.	
r		Souligné	
s		Guillemet.	
t		Parenthèse.	
u			
ü			
v		Signal séparant le préambule de l'adresse, l'adresse du texte, et le texte de la signature.	
w			
x			
y			
z			
ch			

Fig. 311. — Alphabet télégraphique Morse.

Accessoires. Un poste télégraphique comprend plusieurs appareils accessoires : une sonnerie pour prévenir l'employé quand on veut lui transmettre une dépêche ; un galvanomètre ou boussole, qui permet de constater que le courant passe dans la ligne ; un parafoudre, destiné à protéger les employés en temps d'orage contre les décharges qui pourraient se produire dans le fil de ligne.

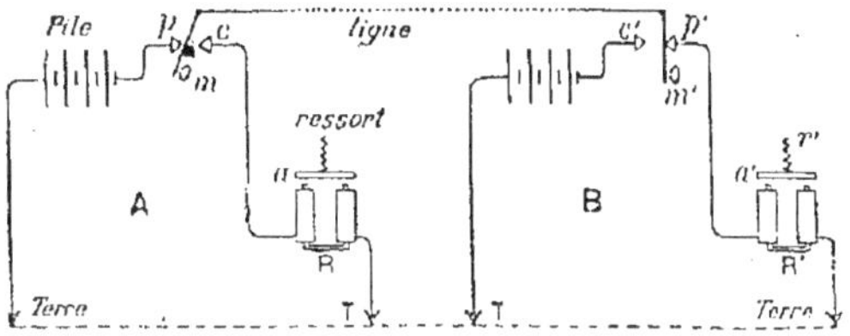

Fig. 312. — Disposition schématique
d'un poste télégraphique double.

Autres télégraphes. On a actuellement des télégraphes qui impriment directement les dépêches : système Hughes. Un perfectionnement du Hughes permet de faire passer dans le même fil les signaux provenant de plusieurs transmetteurs différents.

Télégraphie sans fil. Depuis quelques années, on a pu communiquer à de grandes distances en supprimant tout fil de ligne.

RÉSUMÉ

1. Un cylindre sur lequel est enroulé un fil conducteur isolé formant un nombre de tours plus ou moins considérable est une *bobine.*

Une aiguille d'acier placée à l'intérieur d'une bobine s'aimante quand on fait passer le courant dans le fil conducteur et devient un *aimant permanent.* Un morceau de fer doux s'aimante quand le courant passe et perd son aimantation quand cesse le courant.

Un *électro-aimant* est constitué par une bobine au centre de laquelle est une tige de fer appelée *noyau.* L'électro est droit ou en fer à cheval.

2. Le courant passant dans une bobine rend cette bobine comparable à un barreau aimanté. Le pôle *nord* de la bobine se trouve du côté où l'on voit le courant circuler en *sens inverse* des *aiguilles d'une montre*, ou encore *du côté où sortirait un tire-bouchon qu'on fait tourner dans le sens du courant.*

3. Un *galvanomètre* à *aimant mobile* comprend essentiellement un cadre disposé de façon que le plan de ses spires soit dans la direction de l'aiguille aimantée, et, à l'intérieur de cette bobine, une boussole. Quand le courant passe, l'aiguille aimantée dévie et tend à prendre la direction de l'axe du cadre, la pointe nord de l'aiguille du côté du pôle nord de la bobine.

Le galvanomètre sert à reconnaître l'existence, à déterminer le sens et l'intensité d'un courant électrique. Les *ampèremètres* et les *voltmètres* sont des galvanomètres industriels construits de façon à donner l'intensité d'un courant ou la force électromotrice entre deux points d'un circuit.

4. La *sonnerie électrique* est formée d'un électro-aimant qui attire une lame de fer doux lorsque le courant passe. A la lame de fer doux est fixé un marteau qui frappe sur un timbre.

Le courant est interrompu et rétabli automatiquement d'une façon assez rapide. Le courant est envoyé dans la ligne quand on presse sur un *bouton d'appel.*

5. Le *télégraphe électrique* a pour but de faire parvenir à un poste éloigné des signaux envoyés par une autre station.

Une installation télégraphique comprend :

a) Un *générateur* de courant (piles ou accumulateurs);

b) Un *transmetteur,* qui permet d'envoyer les signaux ;

c) Un *fil de ligne,* qui joint les deux postes;

d) Un *récepteur,* qui reçoit les signaux.

Dans le télégraphe Morse, le récepteur comprend un électro qui attire une lame de fer doux quand le courant passe. La lame de fer appuie alors sur un rouleau chargé d'encre une bande de papier qui se déroule d'une façon régulière. Si le courant dure peu, on a un point sur la feuille de papier ; si le courant dure plus longtemps, on a un trait. Une succession conventionnelle de traits et de points représente tous les signes de l'écriture.

EXERCICES

Comment pouvez-vous constituer une bobine ? — Quand un courant passe dans une bobine, que devient un barreau d'acier placé au centre de la bobine ? — Que devient dans les mêmes conditions une tige de fer doux? — Connaissant le sens du courant et le sens de l'enroulement de la bobine, pouvez-vous prévoir de quel côté de la bobine on aura un pôle nord ? — Comment pouvez-vous obtenir un électro-aimant? — Quelle différence faites-vous entre un électro-aimant et un aimant permanent? — De quoi se compose un galvanomètre? Comment doit être placée la bobine du galvanomètre ? — Qu'appelez-vous ampèremètre, voltmètre? — De quoi se compose une sonnerie électrique ? — Quelles sont les parties essentielles d'un télégraphe électrique ? — Donnez une idée de la façon dont fonctionne le télégraphe Morse.

27ᵉ LEÇON

EFFETS CHIMIQUES ET CALORIFIQUES DU COURANT ÉLECTRIQUE. — APPLICATIONS.

Matériel: Eau acidulée. — Eau additionnée de soude caustique (10 p. 100). — Pétrole, benzine, alcool. — Solution de sulfate de cuivre additionnée de 10 p. 100 d'acide sulfurique pour augmenter sa conductibilité. — Appareil galvanoplastique simple (*fig.* 313) ou appareil figure 314. — Moule en plâtre d'une médaille, pièce de monnaie, etc. Le moule est plongé dans de la paraffine ou de la bougie fondue ; le liquide remplit les pores du plâtre. On retire le moule, on le laisse sécher et, avec un pinceau doux, on enduit l'empreinte de mine de plomb. On entoure le moule d'un fil conducteur, en ménageant des contacts entre le fil et la partie recouverte de mine de plomb. — Petite lampe à incandescence. — Fils de ferro-nickel de divers diamètres. — Plombs fusibles. — Éther. — Tube à essais entouré d'une spirale de ferro-nickel à spires non contigües. On peut mettre la spirale dans l'éther. — Râpe de menuisier.

Électrolyse.

266. *Électrolyse de l'eau.* — Expériences. I. Dans un verre renfermant de l'eau ordinaire, plongeons les extrémités libres des conducteurs reliés aux pôles d'une pile : nous n'observons rien. Avec l'aiguille aimantée, nous constatons que le courant ne passe pas.

Remplaçons l'eau par de l'alcool, du pétrole, de la benzine : nous obtenons toujours le même résultat.

II. Au contraire, faisons la même expérience avec de l'eau additionnée de soude caustique : nous voyons des bulles de gaz se former dans le liquide sur les conducteurs ; nous savons que tout se passe comme si l'eau était décomposée, puisqu'on peut recueillir 2 volumes d'hydrogène pour 1 volume d'oxygène.

Avec des solutions d'acide chlorhydrique, d'acide sulfurique, d'un sel métallique quelconque, nous observons également le passage du courant et nous constatons un dégagement de gaz sur les conducteurs plongeant dans le liquide.

Ainsi l'eau, la benzine, l'alcool ne sont pas des liquides conducteurs du courant électrique ; au contraire, les solutions de sel métalliques sont conductrices, mais le passage du courant donne lieu à un autre phénomène, appelé *électrolyse,* que nous allons étudier en nous bornant à deux exemples : électrolyse de l'eau et électrolyse du sulfate de cuivre.

Un liquide conducteur du courant est un *électrolyte,* les conducteurs qui plongent dans le liquide sont des *électrodes.* L'électrode reliée au cuivre est dite électrode positive ou *anode,* l'électrode reliée au zinc soit la *cathode.* Dans l'électrolyte, le courant se dirige de l'anode vers la cathode.

III. Plongeons dans de l'eau acidulée par l'acide sulfurique les extrémités des conducteurs en cuivre de notre pile. Nous n'observons cette fois de dégagement gazeux que sur la cathode. Ce gaz étant recueilli, nous constatons que c'est de l'hydrogène.

Si nous voulons avoir un dégagement sur les deux électrodes, il nous faut employer des conducteurs sur lesquels l'acide sulfurique est sans action, par exemple des électrodes en platine. Comme le platine coûte très cher (6 fr. le gramme), on le remplace économiquement par de petits crayons cylindriques de charbon des cornues (baguettes de charbon pour lampes à arc).

Quand nous utilisons les électrodes de cuivre, nous pouvons voir au bout d'un certain temps que l'anode est rongée, et l'analyse du liquide nous montrerait la présence de sulfate de cuivre. C'est que le phénomène est un peu plus complexe que nous ne l'avons supposé.

En réalité, c'est l'acide sulfurique qui a été décomposé par le courant électrique.

La formule de cet acide est SO^4H^2. Le courant électrique a partagé la molécule en deux parties. L'hydrogène s'est rendu à l'électrode négative; le groupe SO^4 s'est rendu à l'électrode positive. Si cette électrode est en cuivre, elle est rongée et le groupe SO^4 se combinant au cuivre forme du sulfate de cuivre. Si au contraire l'anode est inattaquable, SO^4 reforme de l'acide sulfurique en se combinant à l'eau :

$$SO^4 + H^2O = SO^4 H^2 + O.$$

De l'oxygène se dégage alors sur l'électrode positive ou anode.

Le résultat est le même que si l'eau était décomposée, et on retrouve dans le liquide toujours la même quantité d'acide sulfurique.

267. Électrolyse du sulfate de cuivre. — Expérience. Dans un voltamètre à électrodes de charbon, électrolysons une solution de sulfate de cuivre. A l'électrode positive (reliée au pôle + de la pile), nous constatons un dégagement d'oxygène, tandis que le charbon qui constitue l'électrode négative se recouvre d'une couche de cuivre.

Que s'est-il passé? Rappelons que le sulfate de cuivre résulte du remplacement de l'hydrogène de l'acide sulfurique par le cuivre (voir *Chimie*). La formule du sulfate de cuivre est SO^4Cu. Le courant électrique a partagé en deux la molécule du sel. Le métal cuivre s'est rendu à l'électrode négative où il s'est déposé; le reste de la molécule, le groupe SO^4, s'est rendu à l'électrode positive. Mais là, ce groupe SO^4 a réagi sur l'eau, lui a enlevé de l'hydrogène pour former de l'acide sulfurique, et l'oxygène de l'eau s'est dégagé.

Chaque fois qu'un sel métallique fondu ou dissous est soumis à l'électrolyse, sa molécule se partage en deux. Le métal se rend à l'électrode négative, le reste de la molécule se dégage sur l'électrode positive.

Remarque. Au lieu d'électrodes de charbon, inattaquables par l'acide sulfurique, si nous prenons des électrodes de cuivre, *nous n'observons à l'anode aucun dégagement gazeux.* Par contre, l'anode se ronge peu à peu. C'est que le groupe SO^4, qui provient de la décomposition du sulfate de cuivre, attaque l'anode et reforme du sulfate de cuivre. La dissolution renferme ainsi une proportion constante de sulfate de cuivre. On dit qu'on a une *anode soluble.*

Ceci nous explique pourquoi, dans l'électrolyse de l'eau, on emploie souvent comme électrolyte non de l'eau acidulée, mais de l'eau additionnée de soude caustique. On peut alors utiliser des électrodes en fer, en cuivre, en nickel, tandis qu'avec l'eau acidulée ces électrodes seraient rongées.

Quand on électrolyse l'eau, l'hydrogène se comporte comme un métal et se dégage à la cathode (électrode négative).

Applications de l'électrolyse.

268. *Galvanoplastie.* — La galvanoplastie a pour but d'obtenir sur un moule un dépôt *non adhérent* d'un métal qui reproduise les détails de ce moule. Le métal est généralement du cuivre.

EXPÉRIENCE. Soit à reproduire une médaille. On fait un moule de cette médaille, soit au moyen du plâtre, soit au moyen de la gutta-percha. Le moule est ensuite enduit de plombagine d'une façon bien uniforme pour rendre sa surface conductrice; il est

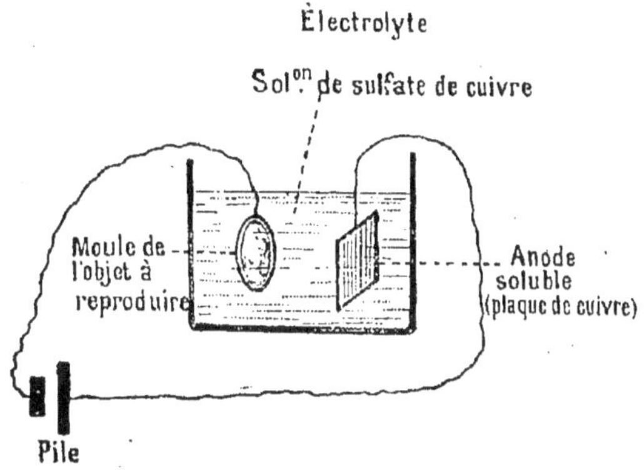

Fig. 313. — Cuve de galvanoplastie.

entouré d'un fil de cuivre conducteur. On plonge le moule dans une solution de sulfate de cuivre et on le fait communiquer avec le pôle négatif de la pile (*fig.* 313). A l'anode, on place une lame de cuivre (anode soluble). Le courant électrolyse le sulfate de cuivre; le métal se dépose sur la cathode, c'est-à-dire sur le moule; le groupe SO^4 reforme du sulfate de cuivre à l'anode en rongeant celle-ci. *Tout se passe donc comme si le cuivre était transporté de l'anode à la cathode.* Quand le dépôt a une épaisseur suffisante, on le détache du moule.

Bain simple. — On peut même adopter un dispositif, beaucoup plus simple, représenté par la figure 314. L'appareil n'est autre chose alors qu'une pile Daniell à deux liquides, dont le zinc est à l'intérieur du vase poreux. Au pôle positif la lame de cuivre est remplacée

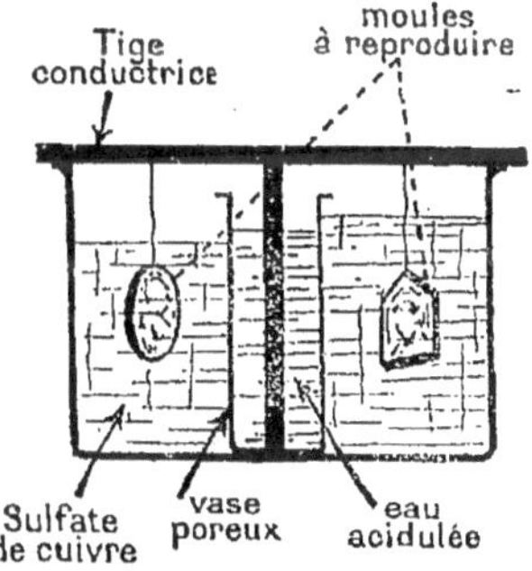

Fig. 314. — Bain simple pour galvanoplastie.

par les moules conducteurs que l'on veut recouvrir de métal. Ces moules sont suspendus par un fil conducteur à une tige de cuivre reliée au zinc du vase poreux.

269. *Cuivrage, argenture, dorure, nickelage galvaniques.* — EXPÉRIENCE. Soit une clé à recouvrir d'une couche *adhérente* de cuivre. On commence par nettoyer la surface du métal, c'est-à-dire enlever les

corps gras, les oxydes qui peuvent le recouvrir. Pour cela, on fait
d'abord bouillir la clé dans une solution de potasse caustique pendant un quart d'heure ; on peut se contenter de porter la clé au
rouge (dégraissage). On la passe ensuite dans un mélange d'acide
sulfurique et d'eau (dérochage), ou dans un bain d'acide azotique
étendu (décapage). On nettoie enfin la surface de l'objet au sable, à
la ponce pilée ou au tripoli, on rince à grande eau et on plonge cet
objet dans le bain électrolytique en l'attachant à la cathode par un
fil conducteur.

Au lieu d'une couche de cuivre, on peut recouvrir un objet métallique d'une couche d'argent, d'or, de nickel. On procède comme pour
le cuivrage ; on remplace le sulfate de cuivre par un bain renfermant
un sel convenable d'argent, d'or, de nickel. L'anode est une plaque du
métal que l'on veut déposer.

270. *Électrochimie*. — L'électrolyse est utilisée pour préparer
industriellement un grand nombre de corps. Nous ne signalerons ici
que les plus connues de ces applications.

a) **Affinage du cuivre.** Le cuivre employé dans l'industrie électrique doit être très pur. La purification, ou *affinage* de cuivre commer-
cial, se fait par électrolyse.

Supposons qu'à la cathode d'un électrolyte de sulfate de cuivre on
place une lame mince de cuivre pur et à l'anode une plaque de cuivre
impur. Quand le courant traversera l'électrolyte, tout se passera
comme s'il y avait transport du métal de l'anode à la cathode : l'anode
sera rongée, la cathode deviendra une épaisse plaque de cuivre pur.
Ce cuivre est employé pour fabriquer les fils conducteurs du courant
électrique. Les impuretés restent dans l'électrolyte.

b) **Préparation de divers corps.** Par électrolyse de certains de leurs
sels fondus, on obtient des métaux utilisés couramment dans
l'industrie.

Le *sodium*, le *potassium*, le *calcium*, le *magnésium* se préparent par
électrolyse de leurs chlorures fondus.

L'*aluminium* s'extrait par électrolyse de son oxyde (alumine) fondu.

c) **Électrolyse de l'eau.** Par électrolyse de l'eau, on en retire simultanément l'hydrogène et l'oxygène.

d) **Dérivés du chlorure de sodium.** L'électrolyse du chlorure de
sodium *dissous* permet d'obtenir à volonté du chlore gazeux et de la
soude caustique, ou de l'eau de Javel, ou du chlorate de sodium, suivant les conditions dans lesquelles on opère.

Résistance électrique.

Notion de résistance. EXPÉRIENCE. 1° Placer une boussole au
centre d'un cadre formé de deux ou trois tours de fil conducteur
isolé (fil de sonnerie). Le plan du cadre doit être dans la direction du

méridien magnétique. Faire passer dans le cadre le courant d'un élément de pile : l'aiguille subit une certaine déviation, 30° par exemple.

Dans le circuit, introduire quelques mètres de fil de fer très fin (2/10 de millimètre environ). On voit que la déviation de l'aiguille aimantée diminue. Or la déviation subie par l'aiguille nous permet d'apprécier l'intensité du courant. On peut dire : quand la longueur du circuit extérieur d'une pile augmente, l'intensité du courant que fournit cette pile diminue.

On traduit ce fait en disant encore que le circuit extérieur oppose une *résistance* au passage du courant.

271. *Unité de résistance. — Ohm.* — On a choisi une unité de résistance appelée *ohm*, du nom d'un physicien allemand qui le premier

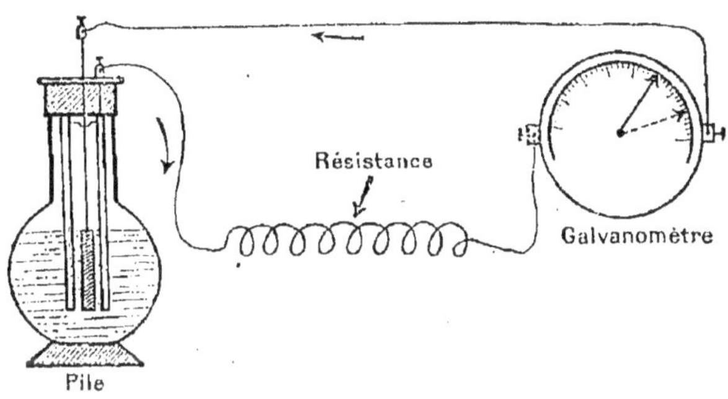

Fig. 315. — Quand on introduit dans le circuit d'une pile une résistance en fil de métal fin, l'intensité du courant diminue.

a mis en évidence les propriétés relatives à la résistance électrique.

L'ohm peut être représenté par la résistance d'un fil de ferronickel de 1 mètre de longueur et de 1 millimètre de diamètre. Un fil de cuivre de 1 millimètre de diamètre a une résistance de 20 ohms au kilomètre. Le fil de fer galvanisé de 4 millimètres de diamètre, utilisé pour les lignes télégraphiques, a une résistance de 10 ohms environ au kilomètre.

L'expérience montre que la résistance d'un fil métallique est :

1° Proportionnelle à sa longueur;

2° Inversement proportionnelle à sa section.

Loi d'ohm. Considérons deux points A et B d'un circuit dans lequel circule un courant de 2 ampères. Soit 4 ohms la résistance de cette portion du circuit. La force électromotrice entre A et B s'obtient en faisant le produit de la résistance entre A et B par l'intensité du courant. Dans notre exemple

$$\text{f. é. m. entre A et B} = 1 \text{ volt} \times 4 \times 2 = 8 \text{ volts.}$$

Échauffement des conducteurs.

272. Lorsqu'un conducteur est traversé par un courant, il s'échauffe. L'échauffement est d'autant plus rapide que le conducteur est plus résistant et que l'intensité du courant est plus grande.

EXPÉRIENCES. I. Faire passer le courant fourni par 3 ou 4 éléments au bichromate dans un fil de fer fin de 2/10 de millimètre environ de diamètre. Le fil s'échauffe, devient brûlant et peut même être porté à l'incandescence.

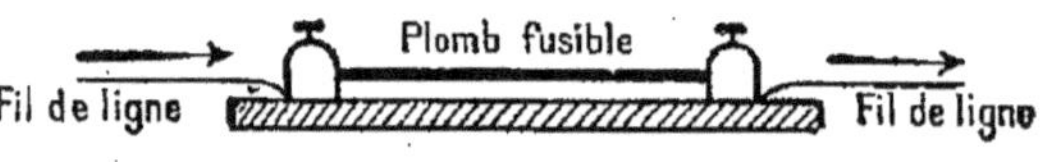

Fig. 316. — Schéma d'un coupe-circuit.

En remplaçant le fil de fer par un fil d'un alliage de plomb fusible à basse température, ce dernier peut être fondu. Cette expérience montre le rôle des appareils appelés *coupe-circuit* (*fig.* 316) dans les installations électriques. Quand des conducteurs voisins se trouvent réunis par un conducteur de faible résistance, celui-ci est parcouru par un courant intense, il s'échauffe, peut être porté à l'incandescence et enflammer les matières combustibles avoisinantes. On dit que les conducteurs sont en *court-circuit*. Pour éviter les accidents, on place sur le trajet des conducteurs quelques centimètres de « plomb fusible ». Quand l'intensité devient anormale dans le circuit, le plomb fond et le courant est interrompu.

II. Enrouler en spirale autour d'un tube à essais un fil de fer fin (ou un fil de ferro-nickel) dont les spires ne se touchent pas.

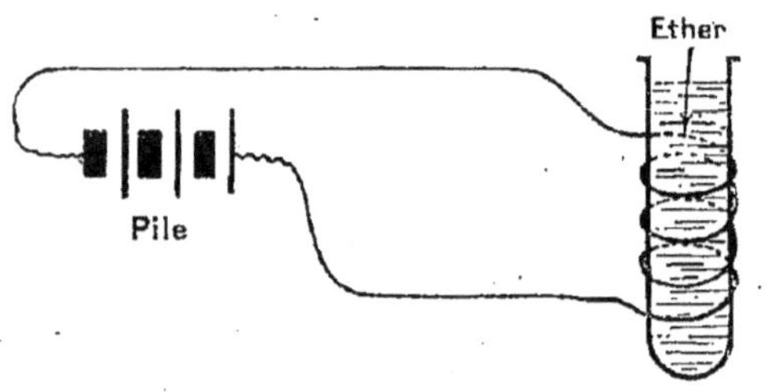

Fig. 317. — Le courant, passant dans la spirale en fil de fer, échauffe le métal et par suite le tube. L'éther que renferme ce dernier entre rapidement en ébullition.

Mettre de l'éther dans le tube. Faire passer le courant d'une pile de quelques éléments (*fig.* 317). L'éther est bientôt porté à l'ébullition par la chaleur dégagée dans le circuit.

273. *Éclairage par lampes à incandescence.* — En faisant passer un courant électrique dans un filament de charbon extrêmement fin, donc très résistant, on porte ce filament à l'incandescence. Comme le filament brûlerait rapidement dans l'air, on l'enferme dans une ampoule en verre et on réalise dans cette ampoule un vide aussi parfait que possible. Tel est le principe des lampes à incandescence, dues à l'Américain Edison. La figure 318 représente une de ces lampes.

Les filaments de charbon étaient autrefois des fibres de bambou cal-
cinées ; aujourd'hui, on utilise de la cellulose dissoute dans l'éther. On
forme une pâte qu'on fait passer à travers des filières. Les fils obtenus,

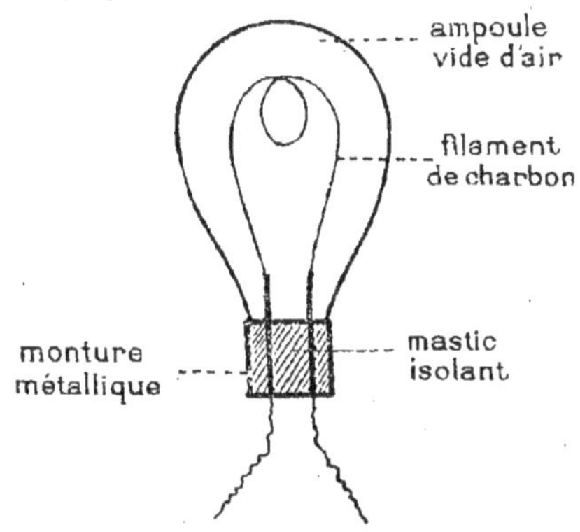

Fig. 318. — Schéma d'une lampe à incandescence à filament de charbon.

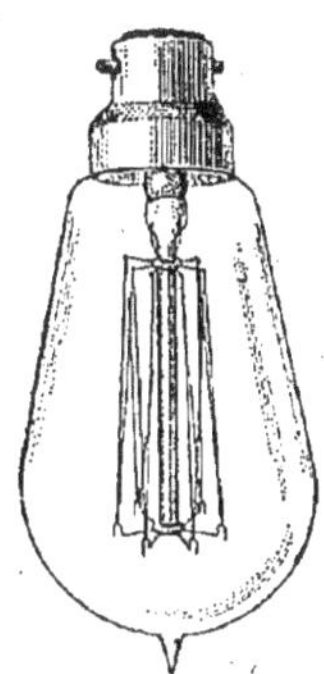

Fig. 319.— Lampe
à incandescence
à filament mé-
tallique.

qui ont bien partout le même diamètre, sont calcinés à l'abri de l'air.

Les lampes à incandescence à filament de charbon consomment 3 watts, 5
par heure environ et par bougie. La lampe ordinaire d'appartement est généralement de 16 bougies : on compte qu'elle consomme 55 watts à l'heure.
Pour l'éclairage, on vend l'énergie électrique de 0,50 à 1 fr. le kilowatt. Une
lampe à incandescense dure environ 800 heures. Depuis
quelques années, on remplace le filament de charbon par
un filament de métal rare (tantale, osmium). Les lampes à
filament métallique (*fig.* 316) consomment seulement 1 watt
à 1 w. 5 par bougie. Bien qu'elles soient plus coûteuses
que les lampes à incandescence, elles sont encore plus
avantageuses, et leur usage se développe rapidement.

274. Arc électrique. — Éclairage par lampes à arc.
— Expérience. Enrouler autour d'une râpe un fil
conducteur relié à l'un des pôles d'une pile. Frotter la surface de la râpe avec un fil relié à l'autre
pôle. On voit des étincelles jaillir chaque fois que
le fil rencontre une aspérité.

L'expérience précédente nous donne en petit
l'idée de l'arc électrique. Si l'on fait passer un courant assez intense dans deux charbons des cornues
à gaz terminés en pointe, en écartant légèrement
les charbons on voit jaillir entre les pointes une

Fig. 320.—Arc élec-
trique jaillissant
entre deux char-
bons.

lumière éblouissante, en forme d'arc quand les charbons sont horizontaux, et qu'on appelle pour cette raison *arc électrique* (*fig.* 320). Le
charbon positif se creuse en forme de cratère, l'extrémité du charbon

négatif reste pointue. Il y a transport de particules incandescentes du charbon positif au charbon négatif, et l'espace compris entre les charbons contient du carbone volatilisé. L'arc électrique constitue la source lumineuse artificielle la plus puissante que nous possédions.

Les charbons des lampes à arc s'usent assez rapidement et leurs pointes s'écartent. Les *régulateurs* (*fig.* 321) maintiennent les pointes à une distance constante.

275. *Four électrique.* — Quand on fait jaillir l'arc électrique dans un creuset réfractaire, en chaux ou en graphite, on a un *four électrique.* D'après les déterminations les plus récentes, la température du four électrique atteindrait 3 500°. Tous les corps sont fondus dans cet appareil; le carbone s'y volatilise. Enfin, à cette température, les équilibres chimiques ne sont pas les mêmes qu'aux températures ordinaires; par exemple, le carbone y réduit la chaux et donne du carbure de calcium, utilisé pour la production de l'acétylène. Les alliages du fer et de l'acier avec d'autres métaux, alliages difficiles à réaliser avec les fours ordinaires, s'obtiennent facilement dans le four électrique.

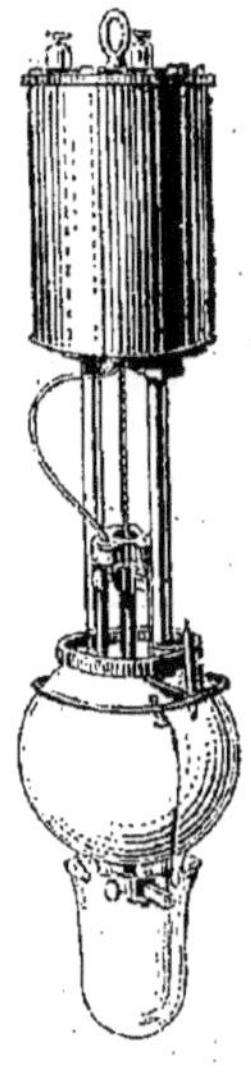

Depuis quelques années, on utilise un four électrique spécial pour provoquer la combinaison directe de l'oxygène et de l'azote de l'air et obtenir ainsi de l'acide nitrique et, par là, du nitrate de chaux de synthèse.

RÉSUMÉ

1. Les solutions de sels minéraux, les acides étendus, les sels métalliques fondus sont décomposés par le courant électrique : ce sont des *électrolytes;* la décomposition de ces corps par le courant s'appelle *électrolyse;* les conducteurs qui plongent dans le liquide sont des *électrodes.*

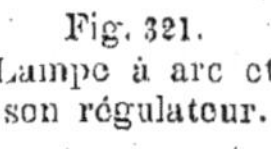

Fig. 321.
Lampe à arc et son régulateur.

2. Dans l'électrolyse, la molécule du corps se partage en deux parties : le métal ou l'hydrogène se dégage à l'électrode négative (cathode), le reste de la molécule se dégage sur l'électrode positive (anode). Les produits de la décomposition ne se dégagent que sur les électrodes.

3. L'électrolyse est appliquée dans la *galvanoplastie.* Cette opération consiste à obtenir sur un moule un dépôt *non adhérent* de cuivre qui en reproduit les détails.

Par électrolyse, on recouvre un métal d'une couche *adhérente* de cuivre, de nickel, d'argent et d'or qui protège le métal de l'oxydation et lui donne un aspect plus agréable : cuivrage, nickelage, argenture, dorure galvaniques.

L'électrolyse sert encore à la purification ou *affinage* de certains métaux (cuivre), à la préparation du sodium, du potassium, du magnésium, de l'aluminium; elle permet d'obtenir l'hydrogène, l'oxygène, le chlore et les chlorures décolorants.

4. Quand on augmente la longueur d'un conducteur traversé par un courant, l'intensité du courant diminue. On dit que le conducteur oppose une *résistance* au passage du courant. L'unité de résistance a été appelée *ohm ;* c'est à peu près la résistance que présente une longueur de 100 mètres de fil télégraphique.

5. Un conducteur traversé par un courant s'échauffe, peut être porté à l'incandescence et même fondu. Cette propriété est utilisée dans les *lampes à incandescence*. Ces lampes sont constituées par un filament de charbon très fin (ou de certains métaux rares) porté à l'incandescence par un courant électrique. Ces filaments sont placés dans une ampoule vide d'air.

6. L'*arc électrique* est une lumière éblouissante qui se produit entre deux charbons reliés aux pôles d'un générateur de courant électrique. L'arc électrique est la source lumineuse et calorifique la plus intense que nous sachions produire. Quand l'arc jaillit dans un creuset en chaux, on a le *four électrique* où tous les corps sont fondus. La température intérieure du four électrique atteint 3 500 degrés. Dans ce four on produit des combinaisons impossibles ou difficiles à réaliser avec les fours ordinaires : fabrication du *carbure de calcium*, des *aciers spéciaux*, synthèse des *nitrates*, etc.

EXERCICES

Citez des liquides non conducteurs du courant électrique. — Citez des électrolytes. — Comment peut-on électrolyser l'eau acidulée, le sulfate de cuivre? — Qu'arrive-t-il quand on électrolyse le sulfate de cuivre en prenant pour électrode positive une lame de cuivre ? — En quoi consiste la galvanoplastie ? — Comment se prépare un moule en plâtre pour galvanoplastie ? Décrivez le dispositif de l'opération. — Comment pourriez-vous cuivrer un objet en fer? — Que se produit-il dans un conducteur traversé par un courant? — Décrivez une lampe à incandescence à filament de charbon ? — En quoi consiste l'arc électrique ? — Qu'est-ce que le four électrique? — Citez quelques combinaisons réalisées au four électrique.

28ᵉ LEÇON

INDUCTION. — TÉLÉPHONE. — MACHINES D'INDUCTION.

MATÉRIEL : Pour les expériences sur l'induction, on utilise un électro-aimant à bobines séparées disposées comme dans la figure 322. On peut placer sur le circuit de la pile une dérivation comme le représente la figure 323. Un galvanomètre simple comme celui indiqué au n° 262 est suffisant si l'aiguille de la boussole est très mobile. — Bobine de Ruhmkorff. — Microphone simple. — Récepteur de Bell. — Il existe, à des prix abordables, de petits postes téléphoniques chez divers constructeurs.

Notions sommaires sur l'induction.

276. EXPÉRIENCES. Prenons un électro-aimant puissant, à bobines séparées. Mettons l'une des bobines dans le circuit d'une pile, et réunissons les extrémités de l'autre aux bornes d'un galvanomètre simple (Voir n° 262). L'appareil ainsi disposé est représenté schématiquement par la figure 322.

I. *a*) Le galvanomètre étant au repos, nous abaissons l'interrupteur : le courant passe dans la bobine A et y crée un champ magnétique.

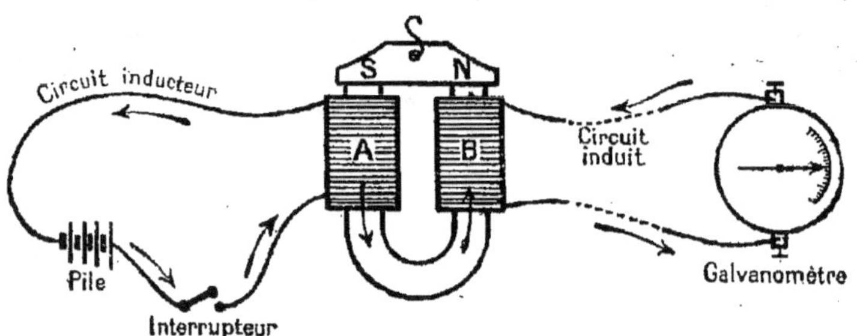

Fig. 322. — Appareil simple pour vérifier les principes de l'induction.

Le noyau de fer doux s'aimante, et si nous avons un pôle nord en B, par exemple, nous aurons un pôle sud en A. Or nous voyons l'aiguille du galvanomètre *dévier brusquement*. Pour préciser, admettons que la déviation se soit produite *vers la droite*. Le galvanomètre étant suffisamment loin de l'électro, ce n'est pas ce dernier qui a agi sur l'aiguille aimantée ; d'ailleurs, la déviation ne persiste pas, car *l'aiguille revient à sa position initiale*.

b) Relevons l'interrupteur : le courant ne passe plus, et l'aimantation cesse. L'aiguille du galvanomètre dévie encore *brusquement*, mais cette fois *vers la gauche, puis revient à sa position initiale*.

II. *a*) Enlevons l'armature, faisons passer le courant et attendons que l'aiguille du galvanomètre soit revenue au repos. Replaçons l'ar-

mature : l'aiguille aimantée *dévie brusquement vers la droite, puis revient
à sa position initiale.*

Remarquons ceci : la présence de l'armature entre les deux pôles
a pour effet d'augmenter l'aimantation, les lignes de force magnétiques se concentrant dans l'armature entre les deux pôles au lieu
de se disperser dans l'air.

b) Arrachons l'armature. L'aiguille aimantée *dévie brusquement vers
la gauche, puis revient à sa position initiale.*

III. *a)* Entre la pile et la bobine A, plaçons une *dérivation (fig. 323)*,
simple conducteur qui réunit les deux fils aux points C et D. Quand
le courant passe, il se partage entre la bobine et la dérivation.

b) Supprimons la dérivation : l'aiguille du galvanomètre *dévie
brusquement vers la droite, puis revient au repos.*

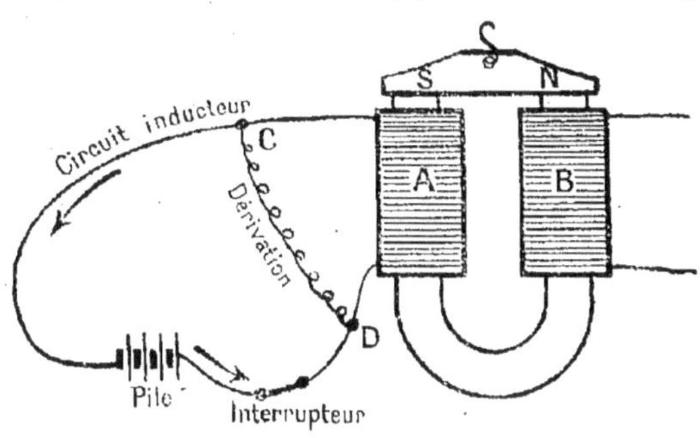

Fig. 323. — On fait varier l'intensité du courant qui passe
dans A en plaçant une dérivation dans le circuit de la pile.

c) Rétablissons la dérivation : l'aiguille aimantée *dévie vers la gauche, puis revient au repos.*

CONCLUSIONS. — Dans toutes ces expériences, nous avons augmenté, puis diminué l'aimantation de l'électro. Nous avons donc augmenté ou diminué le champ magnétique qui traverse la bobine B.

L'intensité d'un champ magnétique peut se déterminer; elle se traduit à nos yeux en une région donnée par les lignes de forces plus
ou moins serrées dans cette région. Nous pouvons donc dire que
nous avons fait varier le nombre de lignes de force qui traversent la
bobine B.

Des expériences nombreuses et très variées ont montré que le résultat observé ici est général, et nous pouvons dire :

Quand une bobine est placée dans un champ magnétique :

1° *A toute variation du nombre de lignes de force qui traversent la bobine
correspond dans le circuit de la bobine la production d'un courant électrique.*
(Le circuit de la bobine doit être *fermé*, c'est-à-dire que les deux extrémités du fil conducteur sont réunies.)

2° *Le courant dure autant que la variation qui lui a donné naissance.*

3° *Le courant est d'un certain sens quand le nombre des lignes de force
augmente, et il est de sens contraire quand le nombre des lignes de force
diminue.*

4° Enfin, une étude plus serrée du phénomène nous permettrait de
voir que le *sens du courant est tel que si l'électro a un pôle sud en A et
un pôle nord en B, et si le nombre des lignes de force qui traverse la bobine*

augmente, le courant produit en B tendra à créer un pôle sud en B et un pôle nord en A.

Les phénomènes précédents constituent *l'induction électro-magné-tique*, et les courants ainsi produits sont dis *courants d'induction* ou encore *courants induits*. La bobine A est dite *bobine inductrice*, la bobine B est la *bobine induite*.

Remarque. — Au lieu de laisser A et B fixes et de faire varier l'ai-mantation par les moyens précédents, nous aurions pu déplacer l'une des bobines, enlever B de son noyau, puis la replacer, ou bien enle-ver ou replacer A, le courant traversant la bobine A. Nous aurions constaté encore les résultats indiqués.

Les courants d'induction ont à l'heure actuelle une importance considérable ; ils sont appliqués dans les machines d'induction.

Principe des machines d'induction.

277. Toute machine d'induction comprend essentiellement :

1° Un champ magnétique *inducteur*, constitué par un *aimant perma-nent* dans les machines dites *magnétos*, par un ou plusieurs *électros* disposés sur une couronne circulaire dans les *dynamos*.

2° Des *bobines induites* avec noyau de fer doux, disposées sur un anneau, ou en couronne circulaire, et tournant dans le champ magnétique in-ducteur.

Pour préciser, examinons rapidement la machine-dynamo, de Gramme, à deux pôles, dont la figure 324 représente une vue d'ensemble. On aperçoit les électros inducteurs, dont les pôles sont creusés d'une cavité de forme cylindrique.

A l'intérieur de cette cavité est un anneau de fer doux tournant autour d'un axe. Sur cet anneau sont enroulées les bobines induites. Nous ne ferons pas la théorie de la dynamo ; nous nous con-tenterons de dire ceci :

Au cours d'une rotation de l'anneau, le nombre de lignes de force qui tra-

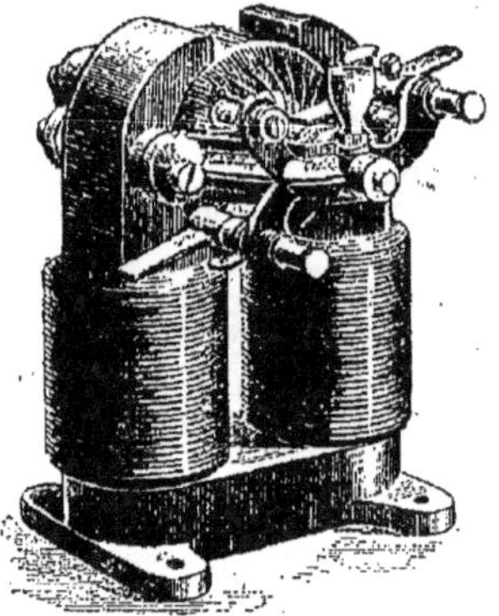

Fig. 324.—Dynamo à deux pôles.

verse une bobine augmente pendant un demi-tour, puis diminue ; chaque bobine est donc parcourue successivement par des courants de sens opposés. On s'arrange pour que les courants de même sens produits dans les différentes bobines s'ajoutent.

On pourrait recueillir ces courants dans un circuit extérieur. On aurait alors des courants dits *alternatifs*. Dans la machine de Gramme, une pièce auxiliaire appelée *collecteur* a pour rôle de redresser le courant, qui est alors toujours de même sens dans le circuit exté-rieur. La machine de Gramme donne du *courant continu*.

Ces machines productrices de courant sont dites *génératrices*. Mais si aux bornes d'une machine d'induction on fait arriver un courant de même nature que celui qu'elle produirait comme génératrice, cette machine se met en mouvement : elle devient une *réceptrice;* on dit encore un *moteur électrique.* On exprime ce fait en disant que les machines d'induction sont *réversibles.*

La **réversibilité** est une propriété précieuse au point de vue industriel; elle permet le *transport de la force à distance.*

Nous allons préciser ceci par un exemple :

Dans sa vallée haute, l'Isère est un torrent à pente assez forte, et dont le débit est considérable. Ce torrent présente des chutes nombreuses et pourrait actionner de puissantes usines, mais soit à cause de la difficulté des communications, soit à cause de l'absence de matières premières, la puissance disponible n'est pas utilisable sur place. Sur le cours de la rivière, on a établi des usines génératrices de courant. L'eau fait tourner des appareils appelés *turbines*, qui actionnent de puissantes dynamos. Le courant produit est transporté jusqu'à Lyon, où il est utilisé pour l'éclairage, pour faire marcher les tramways, les moteurs des soieries et de différentes usines, ainsi que pour diverses industries chimiques.

Ainsi, à Moûtiers, on a utilisé une chute de l'Isère qui fait tourner des turbines dont la puissance est de 6 300 HP. Ces turbines actionnent 16 dynamos génératrices. Le courant produit par ces dynamos est transporté à Lyon par un fil conducteur double de 9 millimètres de diamètre. La distance de Moûtiers à Lyon est de 180 kilomètres, et la perte de puissance sur la ligne n'atteint que 10 p. 100. On peut disposer à Lyon de 5 400 chevaux-vapeur.

Les affluents de l'Isère, les autres torrents des Alpes ont également été utilisés. Comme ces torrents ont leur débit régularisé par les neiges persistantes, on a donné le nom de *houille blanche* à l'énergie produite par ces cours d'eau. On utilise aussi les rivières de plaine; comme les forêts régularisent le débit de ces cours d'eau, on a appelé ceux-ci *houille verte.*

Bobine de Ruhmkorff.

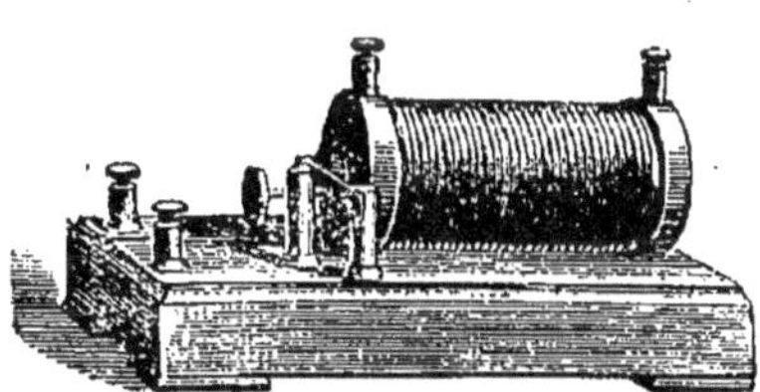

Fig. 325. — Bobine de Ruhmkorff.

278. C'est l'appareil le plus connu, qui applique les propriétés des courants induits. Elle comprend (*fig.* 325 et 327) :

1° Une bobine inductrice, placée dans le circuit d'une pile. Cette bobine est à fil gros et court, c'est le circuit *primaire;* en son centre est placé un noyau de fer doux. Sur le circuit de la pile est placé un *interrupteur*, destiné à provoquer automatiquement la rupture et le rétablissement du courant à intervalles rapprochés ;

2° Une bobine induite, entourant la première. La bobine induite

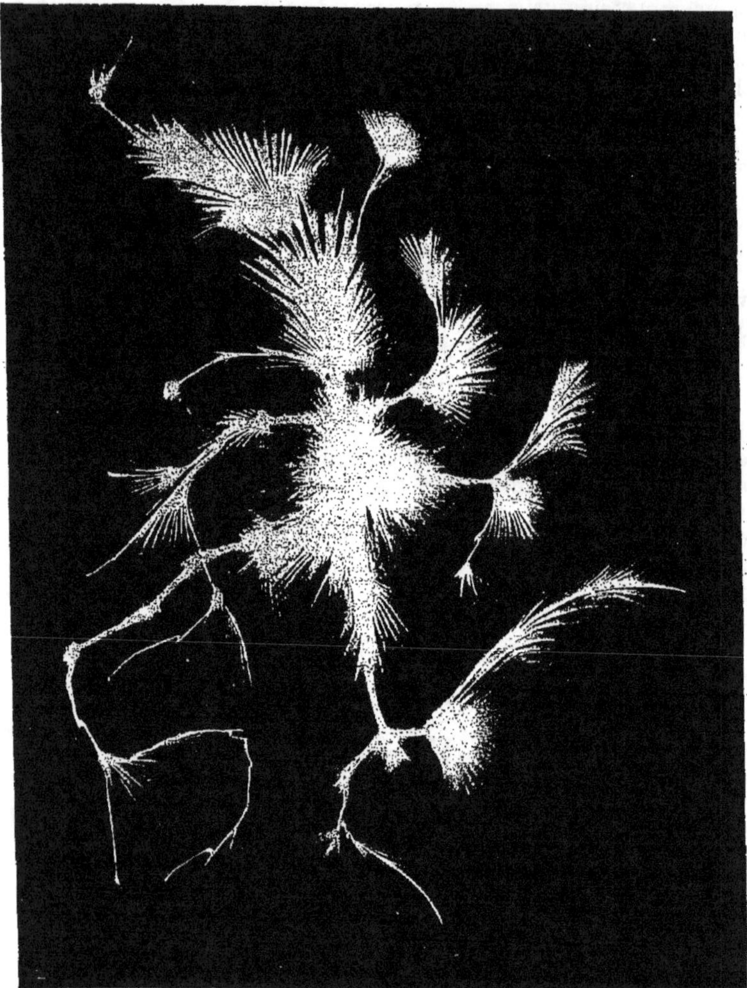

Fig. 326. — Étincelle électrique (effluve) négative obtenue directement sur
plaque photographique sans objectif, par E. Ducretet.

La plaque est placée à plat sur une feuille d'étain, la surface sensible en dessus. Les
extrémités de deux fils reliés aux pôles d'une bobine de 20 cm. d'étincelle sont amenées
en contact avec la plaque à un écartement l'une et de l'autre suffisant pour que l'étincelle
n'éclate pas. Une seule rupture brusque de courant est produite dans le circuit primaire de la bobine ; il se produit alors aux deux pôles des effluves presque invisibles
à l'œil, mais laissant néanmoins une empreinte sur la plaque photographique. On
remarque les caractères très différents des effluves au pôle positif (v. couverture de
l'ouvrage) et au pôle négatif (figure ci-dessus).

est à fil très fin et très long, faisant un nombre considérable de tours ; c'est le circuit *secondaire*.

A chaque rupture et à chaque rétablissement du courant dans le circuit primaire, il se produit un courant d'induction dans le circuit secondaire. Ces courants induits sont de courte durée et alternatifs, c'est-à-dire que deux courants successifs sont de sens inverse. Mais tandis que le courant inducteur est de faible force électromotrice et de grande intensité, *le courant induit est de faible intensité et de force*

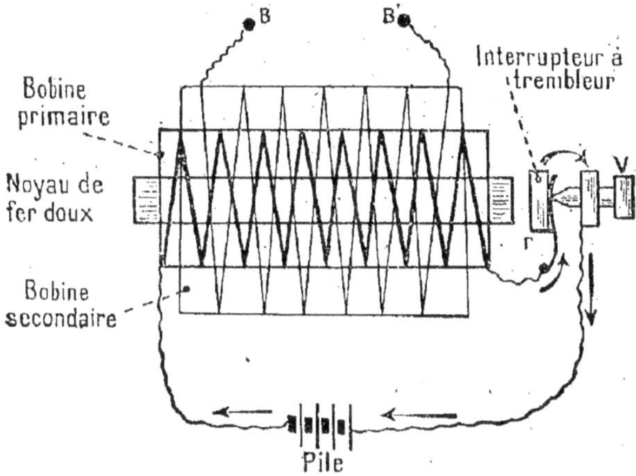

Fig. 327. — Schéma de la bobine de Ruhmkorff.

électromotrice élevée. Ce courant produit alors des effets analogues aux décharges électriques dont nous avons parlé (n° 244), de sorte qu'on peut, dans l'étude de ces décharges, remplacer une machine électrique par une bobine de Ruhmkorff.

Cette bobine peut donner des étincelles ayant jusqu'à 1 mètre de longueur entre les deux bornes extrêmes du circuit secondaire. La figure 326 et la gravure de la couverture représentent ainsi une étincelle électrique obtenue directement sur une plaque photographique, sans objectif.

Téléphonie.

La *téléphonie* utilise la production de courants électriques à la transmission de la parole à distance.

Une installation téléphonique *actuelle* comprend les parties suivantes :

1° Un transmetteur ou *parleur*, appareil devant lequel on produit les sons ;

2° Un récepteur ou *écouteur* ;

3° Un fil de ligne.

Transmetteur. — Le transmetteur ou *microphone* a été inventé par Hughes. L'appareil représenté par la figure 328 est un microphone simplifié. Une planchette très mince L supporte deux lames de charbon des cornues placées dans le circuit d'une pile. Deux petites cavités sont creusées dans ces charbons. Un crayon de charbon C des cornues terminé en pointe à ses extrémités est disposé entre les deux lames de charbon, les pointes étant engagées dans les cavités. Le charbon peut jouer légèrement sur ses supports.

Quand on produit un bruit devant la planchette L, celle-ci entre en vibration; le crayon de charbon vibre aussi; par suite, la surface de contact entre le crayon et ses supports se modifie de façon périodique, produisant ainsi des variations de résistance dans le circuit. Mais on sait que l'intensité du courant dépend de la résistance du circuit; il se produira donc des variations périodiques d'intensité du courant dans le circuit.

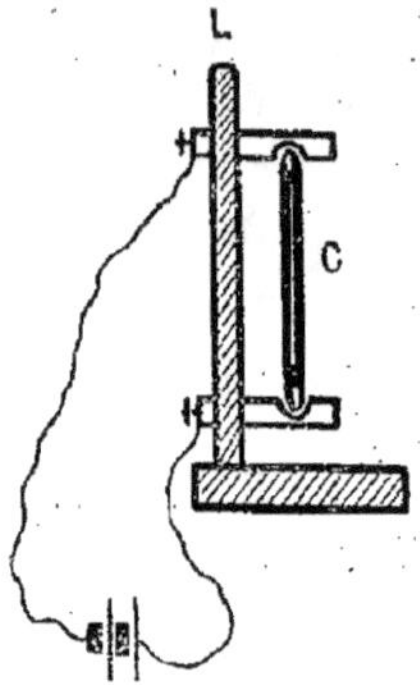

Fig. 328. — Microphone simplifié. — Les vibrations de la plaque L font varier périodiquement la résistance du circuit.

Récepteur. Le plus simple est le récepteur de Bell, que représente en coupe la figure 329. Il comprend un barreau aimanté dont une extrémité est entourée d'une bobine placée dans le circuit du transmetteur. *A toute variation du courant dans le circuit du transmetteur correspond une variation du champ magnétique du récepteur;* chaque variation produit une modification des lignes de force dans le voisinage de l'aimant. L'expérience permet de constater que *les variations périodiques du champ magnétique du récepteur donnent naissance à des vibrations sonores identiques à celles qui ont été produites devant le transmetteur.*

A une petite distance de la bobine réceptrice est placée une mince plaque métallique, dont le rôle est de concentrer les lignes de force magnétiques et d'augmenter l'intensité des vibrations sonores.

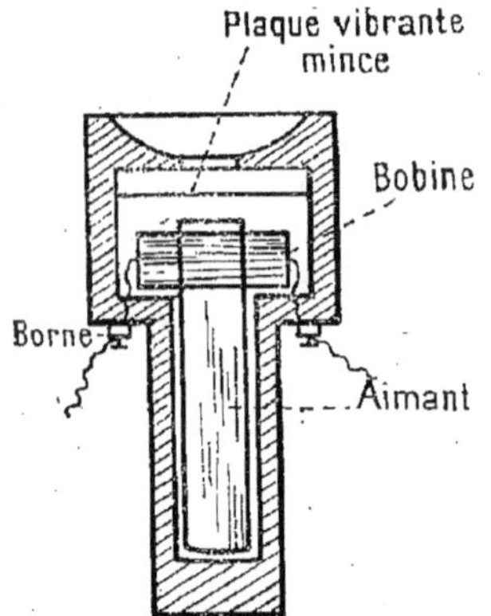

Fig. 329. — Récepteur téléphonique de Bell (schéma).

Fil de ligne. Le fil de ligne est en bronze, non en fer galvanisé comme pour les lignes télégraphiques; il est toujours double. On emploie le bronze et non le fer pour avoir des lignes dont la résistance soit faible. La figure 330 donne le schéma d'une installation téléphonique simple, qui permet de faire communiquer deux stations séparées par une faible distance.

RÉSUMÉ

1. Quand un *circuit fermé* est placé dans un champ magnétique, toute variation du nombre des lignes de force qui traversent ce circuit y fait naître un courant dit *courant d'induction.* Ce courant cesse avec la variation qui lui donne naissance. Il est d'un certain sens quand il y a augmentation et de sens inverse quand il y a diminution du nombre des lignes de force.

2. Dans les machines d'induction, on fait généralement varier

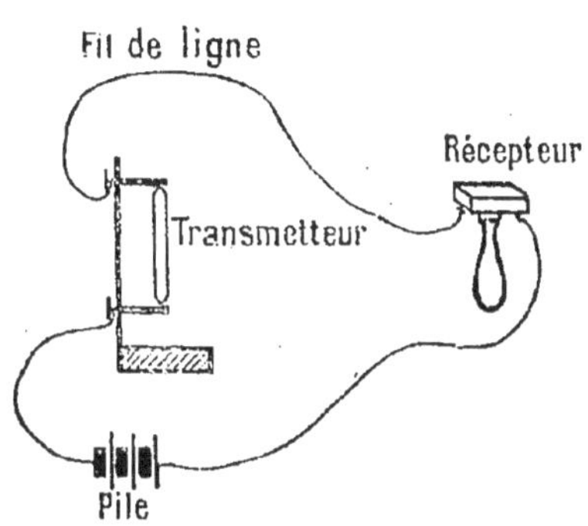

Fig. 330. — Schéma d'une installation téléphonique simple pour faibles distances (25 à 50 mètres).

Fig. 331. — Petit poste téléphonique. — En décrochant le récepteur, on ferme le circuit.

le nombre des lignes de force qui traversent une bobine en déplaçant cette bobine dans un champ magnétique.

Toute machine d'induction comprend : *a)* un *champ magnétique inducteur*, constitué par de puissants aimants permanents (magnétos) ou par des électros (dynamos); *b)* un *circuit induit*, formé de bobines qui se déplacent dans le champ inducteur.

Les machines d'induction donnent des courants *alternatifs*, qu'on transforme en courant continu au moyen d'une pièce appelée *collecteur.* Ces machines sont *réversibles;* quand on amène à leurs pôles du courant de même nature que celui qu'elles fournissent, elles deviennent des *moteurs électriques.* Cette propriété permet le transport de la force à distance.

3. La bobine de Ruhmkorff se compose : *a)* d'un circuit inducteur à fil gros et court placé dans le circuit d'une pile. Le courant de la pile ou courant primaire est interrompu et rétabli rapidement par un *interrupteur* automatique; *b)* d'un circuit induit à fil long et très fin qui entoure le premier. A chaque

fermeture et à chaque rupture de courant primaire, le circuit induit est parcouru par un courant dit *courant secondaire*.

Les courants donnés par la bobine d'induction sont de faible intensité et de f. é. m. élevée; leurs effets sont identiques aux effets des décharges électriques.

4. La *téléphonie* consiste dans la transmission de la parole à distance au moyen de courants électriques.

Une installation téléphonique actuelle comprend : *a*) un *transmetteur* ou *parleur*, constitué par un *microphone*. Dans tout microphone, le circuit d'une pile comprend un contact imparfait; les vibrations sonores produisent des variations périodiques de la résistance du circuit et par suite des variations d'intensité dans le courant qui traverse ce circuit; *b*) un *générateur* de courant, constitué par des éléments Leclanché dans les petites installations; *c*) un *fil de ligne*, toujours double; *d*) un *récepteur* ou *écouteur*, formé d'un barreau aimanté dont un pôle est entouré d'une bobine. Dans cette bobine passe le courant de la ligne. *Les variations périodiques du courant produisent des variations périodiques du flux magnétique du récepteur, et celles-ci donnent naissance à des vibrations sonores identiques à celles produites devant le transmetteur.* A une faible distance de la bobine réceptrice est placée une plaque métallique vibrante, dont le rôle est de concentrer les lignes de force magnétiques et d'augmenter l'intensité des vibrations sonores.

EXERCICES

Une bobine est placée dans un champ magnétique. Dans quelle position sera-t-elle traversée par le plus grand nombre de lignes de force, par le nombre minima ? — L'axe de la bobine étant parallèle à la direction des lignes de force, le nombre de celles-ci variera-t-il si on déplace la bobine dans la direction de l'axe, dans une direction perpendiculaire à l'axe ? — Comment peut-on faire varier le nombre de lignes de force qui traversent la bobine ? — Qu'appelle-t-on courants induits ? Quelle est leur durée ? — Que savez-vous de leurs sens ?

Décrivez une bobine de Ruhmkorff. Quelle différence y a-t-il entre le circuit inducteur et le circuit induit ? — Comment fonctionne l'interrupteur à trembleur ? — Quelle est la nature des courants que produit la bobine ?

Quelles sont les parties essentielles d'une installation téléphonique ? — Quelle est la nature du fil de ligne ? — Décrivez le transmetteur microphonique. — Décrivez le récepteur de Bell. Dessinez schématiquement une installation téléphonique simple et expliquez comment fonctionne le téléphone.

INDEX ALPHABÉTIQUE

Les chiffres renvoient aux pages.

TABLE DES MATIÈRES

Paris. — Imp. Larousse, 17, rue Montparnasse.